2019 年版

丛书主编 柯 洪

全国一级造价工程师职业资格考试考前冲关九套题

# 建设工程造价案例分析

## （土木建筑工程、安装工程）

天津理工大学造价工程师培训中心
吴 静 王 英 陈江潮 陈丽萍　主编

U0285587

中国建筑工业出版社
中国城市出版社

**图书在版编目（CIP）数据**

建设工程造价案例分析. 土木建筑工程、安装工程／天津理工大学造价工程师培训中心等主编. —北京：中国城市出版社，2019.9

2019 年版全国一级造价工程师职业资格考试考前冲关九套题

ISBN 978-7-5074-3197-1

Ⅰ.①建… Ⅱ.①天… Ⅲ.①土木工程-建筑造价管理-案例-资格考试-习题集②建筑安装-建筑造价管理-案例-资格考试-习题集 Ⅳ.①TU723.31-44

中国版本图书馆 CIP 数据核字（2019）第 179833 号

根据 20 余年造价工程师职业资格考试培训经验，结合考生在复习备考时遇到的各类困境和疑惑，编委会精心策划编写了本套试卷，目的是通过仿真模拟训练的方式增强考生对知识点的掌握程度，熟悉常见题型。与其他的模拟试卷相比，本套试卷独具以下特点：

1. 循序渐进，循环提高。本套试卷主要针对参加土建和安装专业的考生，四门专业课程都准备了九套仿真试题（除"案例分析"课程为七套外），并创新性地将其分为逆袭卷（五套）、黑白卷（三套）和定心卷（一套）。

2. 关注新增及修订的知识点。本套试卷对新增及修订知识点重点关注，反复用不同题型进行训练，提高考生掌握的熟练程度。

3. 配合解析，掌握易错考点。考生往往面临"知其然、不知其所以然"的困境。针对这一难题，本套试卷选择了部分考题进行详细解析，详尽深入阐述各易错考点。

责任编辑：朱晓瑜　王华月

责任校对：李欣慰

2019 年版全国一级造价工程师职业资格考试考前冲关九套题

**建设工程造价案例分析**

**（土木建筑工程、安装工程）**

天津理工大学造价工程师培训中心

吴　静　王　英　陈江潮　陈丽萍　主编

*

中国建筑工业出版社、中国城市出版社出版、发行（北京海淀三里河路 9 号）

各地新华书店、建筑书店经销

北京佳捷真科技发展有限公司制版

北京圣夫亚美印刷有限公司印刷

*

开本：787×1092 毫米　1/16　印张：15½　字数：352 千字

2019 年 9 月第一版　　2019 年 9 月第一次印刷

定价：**54.00** 元

ISBN 978-7-5074-3197-1

（904179）

# 前　言

**一、2019 年一级造价师职业资格考试的特点分析**

造价工程师职（执）业资格自从 1996 年建立以来，已历 20 余载，全国有近 20 万从业人员取得了相应专业的造价工程师职（执）业资格证书。2019 年恰逢考试制度做出重大调整，主要体现在以下几方面：

1. 2019 年是《造价工程师职业资格制度规定》和《造价工程师职业资格考试实施办法》（建人〔2018〕67）真正落地实施的第一年。国家组织一级造价工程师职业资格考试（分为四个专业），各地方组织二级造价工程师职业资格考试。为了体现出一级与二级造价工程师的级别差异，很有可能调整一级造价工程师的考核难度。

2. 2019 年采用了新版《造价工程师职业资格考试大纲》，进行了比较大的结构性调整。"建设工程计价"课程满分调整为 100 分，考试时间压缩为 150 分钟；"建设工程造价案例分析"课程满分调整为 120 分。这些考试形式和分值的变化对广大考生的应试备考提出了新的要求。

3. 2019 年使用新版"造价工程师职业资格考试培训教材"，各门课程的内容都进行了不同幅度的调整（大约在 15%~20%）。新修订及增加的内容在考核中如何要求，也是广大考生必须面临的一大问题。

**二、考生在复习备考时遇到的困难**

经过长期以来对考生复习状况的跟踪调研，以及与部分考生代表的当面沟通，大部分积极备考的考生普遍反映教材的内容并不难理解和掌握，但在考试时还是会不断出现判断、选择或计算错误。造成这些应考困境的主要原因是：

1. 造价工程师职业资格考试的教材内容就专业知识的层面来说并不很深，大多是从事专业领域工作应具备的基础知识。很多考生学习起来并不是很吃力，但经常出现顾此失彼的现象。因为同时进行四门课程的备考，不免在时间和精力分配上力不从心。并且各门课程的内容容易相互干扰，每一个知识点内容都不难掌握，但把四门课的知识点都集中在一起不免存在"丢东忘西"的状况。

2. 经过 20 多年的发展，造价工程师职业资格考试已经形成了比较稳定的模式。也就是不仅仅要求考生能够学会教材中的各个知识点，还必须能够牢固掌握并灵活运用。造价工程师职业资格考试的题目有时可能在一个相对简单的知识点上设计一些难度较大的题目，考生如不能掌握考试规律，很难得到理想的分数。

3. 考生备考时有时会有无从下手之感。面对厚厚的几百页教材，考生往往会抓不住重点，不了解主要的考点，不了解主要的题型，不了解主要的考试方式。如果在复习备考中不辅助以大量的高质量习题训练，可能最终会有事倍功半的结果。

### 三、本套试卷的主要特点

根据 20 余年造价工程师职业资格考试培训的经验，结合考生在复习备考时遇到的各类困境和疑惑。编委会精心策划编写了本套试卷，目的是通过真题模拟训练的方式增强考生的知识点的掌握程度，熟悉常见题型。与其他的模拟试卷相比，本套试卷独具以下特点：

1. 循序渐进，循环提高。本套试卷主要针对参加土建和安装专业的考生，四门专业课程（除"案例分析"课程为七套外）都准备了九套真题，并创新性地将其分为逆袭卷（五套）、黑白卷（三套）和定心卷（一套）。逆袭卷用于考前 45~60 天的阶段，主要特点是覆盖面广，对所有知识点和考点全面覆盖，以帮助考生深入掌握教材内容；黑白卷用于考前 30 天的阶段，主要特点是集中于教材的重点、难点及高频考点，以帮助考生最快速度最大程度掌握考试中分值占比最大的知识点；定心卷用于考前 7~15 天的阶段，主要特点是全真模拟考题难度，考生可以更加真实地测定出知识的掌握程度。

2. 关注新增及修订的知识点。每次教材改版时，新增及新修订的考点通常都会作为重点考核的内容。本套试卷针对这些知识点亦重点关注，反复用不同题型进行训练，提高考生掌握的熟练程度。

3. 配合解析，掌握易错考点。考生往往面临"知其然、不知其所以然"的困境。针对这一难题，本套试卷选择了部分考题进行详细解析，详尽深入阐述各易错考点。考生可举一反三，避免在考试中被类似题型迷惑，可以取得更好的成绩。

相信通过对本书中各套真题的学习，考生可以大幅度提高对各知识点的掌握程度，取得理想的考试结果。由于编者水平有限，难免会有疏漏，还望各位考生原谅并提出宝贵意见。

杨涛

2019 年 8 月

# 目　录

# 逆袭卷

# 模拟题一

## 试题一：

某拟建项目有关资料如下：

1. 项目工程费用中，建筑工程费 3500 万元，设备全部为进口，设备货价（离岸价）为 230 万美元（假定，1 美元＝6.8 元人民币），国际运费率为 7%，运输保险费率费 3.6‰，银行财务费率为 4.5‰，其余为其他从属费用和国内运杂费合计 6 万元。安装工程费 450 万元。

2. 项目建设前期年限为 1 年，项目建设期 2 年，运营期 10 年，项目建设投资来源为自有资金和贷款，贷款总额为 3000 万元，贷款年利率 5%（按年计息），运营期前 4 年等额还本付息。自有资金和贷款在建设期内均衡投入。工程建设其他费用 50 万元。基本预备费率为 10%，不考虑价差预备费。

3. 根据市场询价，假设建设投资 6000 万元（不含建设期贷款利息），预计全部形成固定资产。

4. 项目固定资产使用年限 10 年，残值为 420 万元，直线法折旧。

5. 流动资金 300 万元由项目自有资金在运营期第 1 年投入（流动资金不用于项目建设期贷款的偿还）。

6. 设计生产能力为年产量 70 万件某产品，产品不含税售价为 14 元/件，增值税税率为 17%，增值税附加综合税率为 9%，所得税率为 25%，经营成本为 220 万元（不含进项税额），进项税额为 60 万元。

7. 运营期第 1 年达到设计产能的 80%，该年的营业收入及所含销项税额、经营成本及所含进项税额均为正常年份的 80%，以后各年均达到设计产能。

8. 在建设期贷款偿还完成之前，不计提盈余公积金，不分配投资者股利。

9. 假定建设投资中无可抵扣固定资产进项税额，不考虑增值税对固定资产投资、建设期利息计算、建设期现金流量的可能影响。

### 问题：

1. 列式计算项目建设期的贷款利息、建设项目总投资。

2. 列式计算年固定资产折旧及项目运营期第 1、2 年应偿还的贷款本金和利息。

3. 列式计算项目运营期第 1、2 年的总成本费用、所得税。

4. 假设项目的投资额、单位产品价格和年经营成本在初始值的基础上分别变动±10% 时对应的财务净现值的计算结果见题 1-1 表。根据该表的数据列式计算各因素的敏感系数，并对 3 个因素的敏感性进行排序。根据表中的数据绘制单因素敏感性分析图，列式计

算并在图中标出单位产品价格的临界点。（计算结果均保留两位小数）

题 1-1 表　　　　　单因素变动情况下的财务净现值表（单位：万元）

| 变化幅度<br>因素 | -10% | 0 | +10% |
|---|---|---|---|
| 投资额 | 271.51 | 141.75 | 12.01 |
| 单位产品价格 | -104.26 | 141.75 | 387.76 |
| 年经营成本 | 237.80 | 141.75 | 45.69 |

# 试题二：

　　某设计单位为拟建工业厂房提供三种屋面防水保温工程设计方案，供业主选择，屋面面积为 2000m²。三种方案的综合单价、使用寿命、拆除费用等相关数据，见题 2-1 表，拟建工业厂房的使用寿命为 50 年，不考虑物价变动因素，基准折现率为 8%。规费费率和增值税税率合计为 16%（以不含规费、税金的人工费、材料费、施工机具使用费、管理费和利润为基数）。

题 2-1 表　　　　　各方案相关数据

| 序号 | 项目 | A | B | C |
|---|---|---|---|---|
| 1 | 建筑工程费用综合单价（元/m²） | 260 | 152 | 186 |
| 2 | 大修周期（年） | 30 | 10 | 15 |
| 3 | 大修费（万元/次） | 30 | 21 | 26 |
| 4 | 残值（万元） | 10 | 12 | 15 |

## 问题：

　　1. 分别列式计算拟建工业厂房寿命期内屋面防水保温工程各方案合同价的现值。用现值比较法确定屋面防水保温工程经济最优方案。

　　2. 为控制工程造价和进一步降低费用，拟针对所选的最优设计方案的分部分项工程费用为对象开展价值工程分析。分为三个功能项目，各功能项目得分值及其目前成本见题 2-2 表，按限额和优化设计要求，目标成本额应控制在 60 万元。

题 2-2 表　　　　　功能项目得分及其目前成本表

| 功能项目 | 功能得分 | 目前成本（万元） |
|---|---|---|
| 找平层 | 13 | 15.8 |
| 保温层 | 21 | 19.4 |
| 防水层 | 39 | 38.1 |

　　试分析各功能项目的目标成本及其可能降低的额度，填入题 2-3 表，并确定功能改进顺序。

题 2-3 表　　　　　　　　　　功能指数和目标成本降低额计算表

| 功能项目 | 功能评分 | 功能指数 | 目前成本（万元） | 目标成本（万元） | 目标成本降低额（万元） |
|---|---|---|---|---|---|
| 面层 | | | | | |
| 基层 | | | | | |
| 保温层 | | | | | |
| 合计 | | | | | |

3. 若某承包商以题 2-2 表中的总成本加 3% 的利润报价中标并与业主签订了固定总价合同，而在施工过程中该承包商的实际成本为 70 万元，则该承包商在该工程上的实际利润率为多少？

（功能指数计算结果保留四位小数，其余均保留两位小数）

# 试题三：

某省使用国有资金投资的某重点工程项目计划于 2018 年 9 月 8 日开工，招标人拟采用公开招标方式进行项目施工招标，并委托某具有招标代理和造价咨询资质的招标代理机构编制了招标文件，文件中允许联合体投标。招标过程中发生了以下事件：

事件 1：招标人规定 1 月 20~25 日为招标文件发售时间。2 月 16 日下午 4 时为投标截止时间。投标有效期自投标文件发售时间算起总计 60 天。

事件 2：2 月 10 日招标人书面通知各投标人，删除该项目所有房间精装修的内容，代之以水泥砂浆地面、抹灰墙及抹灰天棚，投标文件可顺延至 21 日。

事件 3：投标人 A、B 组织了联合体，资格预审通过后，为提高中标概率，在编制投标时又邀请了比 A、B 企业资质高一级的企业 C 共同组织联合体。

事件 4：评标委员会于 4 月 29 日提出了书面评标报告：E、F 企业分列综合得分第一、第二名。4 月 30 日招标人向 E 企业发出了中标通知书，5 月 2 日 E 企业收到中标通知书，双方于 6 月 1 日签订了书面合同，合同工期为 2 年。6 月 15 日，招标人向其他未中标企业退回了投标保证金。

双方依据《建设工程工程量清单计价规范》GB 50500 及 2013 版合同示范文本采用了单价合同方式，承包商包工包料。其中专用条款的部分条款约定如下：

1. 开工前 7 天发包方向承包方支付签约合同价（扣除暂列金额）的 8% 作为材料预付款。

2. 开工后的第 21 天内发包方向承包方支付当年安全文明施工费总额的 40%。

3. 工程进度款按月结算，发包方按每次承包方应得工程款的 50% 计。

## 问题：

1. 该项目必须编制招标控制价吗？招标控制价应根据哪些依据编制与复核？如投标人认为招标控制价编制过低，应在什么时间内向何机构提出投诉？

2. 请指出事件 1 的不妥之处，说明理由。

3. 事件 2 中招标人做法妥否？说明理由。

4. 事件 3 中投标人做法妥否？说明理由。

5. 请指出事件 4 的不妥之处，说明理由。

6. 该合同条款有哪些不妥之处？说明理由。

# 试题四：

某工程，建设单位通过招标与甲施工单位签订了土建工程施工合同，包括 A ~ I 共 9 项工作，合同工期 200 天；与乙施工单位签订了设备安装施工合同，包括 P、Q 共 2 项工作，合同工期 70 天。

经甲乙双方协调，管费按人材机费用之和的 10% 计取，利润按人材机费用和管理费之和的 6% 计取，规费按人材机费用、管理费和利润之和的 4% 计取，增值税率为 9%，施工机械台班单价为 1500 元/台班，施工机械闲置补偿按施工机械台班单价的 60% 计取，人员窝工补偿为 50 元/工日，人工窝工补偿、施工待用材料损失补偿、机械闲置补偿不计取管理费和利润，措施费按分部分项工程费的 25% 计取。经项目监理机构批准的施工进度计划如题 4-1 图所示。

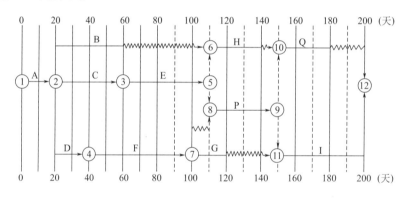

题 4-1 图    施工进度计划

工程施工过程中发生如下事件：

事件 1：工作 B、C 和 H 均需使用土方施工机械，由于机械调配原因，施工单位仅安排一台土方施工机械进行工作 B、C 和 H 的施工作业。

事件 2：基坑开挖工作（A 工作）施工过程中，遇到了持续 10 天的季节性大雨，在第 11 天，大雨引发了附近的山体滑坡和泥石流。受此影响，施工现场的施工机械、施工材料、已开挖的基坑及施工单位周转材料、施工办公设施等受损，部分施工人员受伤。

经施工单位和项目监理机构共同核实，该事件中，季节性大雨造成施工单位人员窝工 180 工日，机械闲置 60 个台班。山体滑坡和泥石流事件使 A 工作停工 30 天，造成施工机械损失 8 万元，施工待用材料损失 24 万元，施工单位周转材料损失 30 万元，施工办公设施损失 3 万元，施工人员受伤损失 2 万元。修复工作发生分部分项和措施项目人材机费用共 21 万元。灾后，施工单位及时向项目监理机构提出费用索赔和工期延期 40 天的要求。

事件 3：甲施工单位施工的设备基础（工作 F）验收时，项目监理机构发现设备基础预埋件位置与运抵施工现场待安装的设备尺寸不一致。经查，是因设计单位原因所致。

设计单位修改了设备基础设计图纸并按程序进行了审批与会签，甲施工单位按照变更后的设计图纸进行了返工处理，由此造成施工单位人员窝工 150 工日，机械闲置 20 个台班，修改后的基础分部分项工程增加人材机费用 25 万元，处理该变更用时 20 天。

事件 4：受到事件 3 的影响，乙施工单位 20 名工人窝工 200 工日，索赔工期 20 天。

事件 5：施工到 190 天时甲方要求变更，甲乙双方会签变更单内容如题 4-1 表。

题 4-1 表

| 工程名称 | ××土建工程 | 建设单位 | ××机场有限公司 |
|---|---|---|---|
| 签证项目 | 土石方工程 | 监理单位 | ××监理有限责任公司 |
| 签证部位 | 基坑底部 | 施工单位 | ××建筑安装工程公司 |

现场签证原因及主要内容（附工程联络单）：

基坑开挖至设计基底标高（-5m）后，由建设单位、勘察设计单位、监理单位、施工单位共同进行验槽，在基底 -5m 以下局部，发现有地质勘察资料中没有载明的建筑垃圾，根据编号 007 的设计变更通知单，应将建筑垃圾清除，用其他部位的原挖方土料回填。

具体工程量如下：

1. 建筑垃圾（Ⅲ类土）挖掘与运输 1500m³；

2. 回填土 1500m³；

3. 建筑垃圾排放量 1500m³

| 签证意见 | 建设单位 | 监理单位 | 施工单位 |
|---|---|---|---|
| | 业主代表： | 专业监理工程师： | 专业工程师： |
| | | 总监理工程师： | 项目经理： |
| | 2019 年 7 月 4 日 | 2019 年 7 月 4 日 | 2019 年 7 月 4 日 |

（以上各费用项目价格均不包含增值税可抵扣进项税额）

**问题：**

1. 事件 1 中，在不改变施工总工期和各项工作工艺关系的前提下，甲施工单位应如何安排 B、C 和 H 三项工作的施工顺序？为完成 B、C 和 H 三项工作，土方施工机械在施工现场的最少闲置时间是多少天？

2. 事件 2 中，确定施工单位和建设单位在山体滑坡和泥石流事件中各自应承担损失的内容；列式计算施工单位可以获得的补偿数额；确定建设单位应批准的工期延期天数，并说明理由。

3. 事件 3 中，甲施工单位提出的费用索赔和工期索赔多少？

4. 事件 4 中，项目监理机构是否应批准乙施工单位提出的费用补偿和工程延期要求？分别说明理由。

5. 事件 5 中，请指出现场签证单中的不妥之处，并说明理由（计算结果以万元为单位，保留两位小数）。

## 试题五：

某工程，签约合同价为 30850 万元，合同工期为 30 个月，预付款为签约合同价的 20%，从开工后第 5 个月开始分 10 个月等额扣回。工程质量保证金为签约合同价的 3%，开工后每月按进度款的 10% 扣留，扣留至足额为止。施工合同约定，工程进度款按月结算。1 月到 15 月施工土建工程部分，因清单工程量偏差和工程设计变更等导致的实际工程量偏差超过 15% 时，可以调整综合单价，实际工程量增加 15% 以上时，超出部分的工程量综合单价调值系数为 0.9；实际工程量减少 15% 以上时，减少后剩余部分的工程量综合单价调值系数为 1.1。第 16 月开始装饰工程，当装饰工程变更导致实际完成的变更工程量与已标价工程量清单中列明的该项目工程量的变化幅度超过 15% 且投标报价清单综合单价与招标控制价偏差超过 15% 时，应结合承包人报价浮动率确定是否调价。

按照项目监理机构批准的施工组织设计，施工单位计划完成的工程价款见题 5-1 表。

题 5-1 表　　　　　　　　　计划完成工程价款表

| 时间（月） | 1 | 2 | 3 | 4 | 5 | 6 | 7 | … | 15 | … |
|---|---|---|---|---|---|---|---|---|---|---|
| 工程价款（万元） | 700 | 1050 | 1200 | 1450 | 1700 | 1700 | 1900 | … | 2100 | … |

工程实施过程中发生如下事件：

事件 1：由于设计差错修改图纸使局部工程量发生变化，由原招标工程量清单中的 1320m³ 变更为 1670m³，相应投标综合单价为 378 元/m³。施工单位按批准后的修改图纸在工程开工后第 5 个月完成工程施工，并向项目监理机构提出了增加合同价款的申请。

事件 2：原工程量清单中暂估价为 300 万元的专业工程，建设单位组织招标后，由原施工单位以 357 万元的价格中标，招标采购费用共花费 3 万元。施工单位在工程开工后第 7 个月完成该专业工程施工，并要求建设单位对该暂估价专业工程增加合同价款 60 万元。

事件 3：在第 16 个月施工中由于设计变更，导致某装饰分部分项工程的工程量由原清单量的 1824m² 变更为 1520m²，已知施工单位该清单投标报价的综合单价为 45 元/m²，招标控制价中对应项目的综合单价为 60 元/m²。

（以上各费用项目价格均不包含增值税可抵扣进项税额。）

**问题：**

1. 计算该工程质量保证金和第 7 个月应扣留的预付款各为多少万元？工程质量保证金扣留至足额时预计应完成的工程价款及相应月份是多少？该月预计应扣留的工程质量保证金是多少万元？

2. 事件 1 中，综合单价是否应调整？说明理由。项目监理机构应批准的合同价款增加额是多少万元？

3. 针对事件 2，计算暂估价工程应增加的合同价款，说明理由。

4. 项目监理机构在第 3、5、7 个月和第 15 个月签发的工程款支付证书中实际应支付的工程进度款各为多少万元？

5. 事件 3 中，若承包人的报价浮动率 $L=6\%$，该装饰专业分部分项工程的综合单价是否可以调整，说明理由（计算结果以万元为单位，保留两位小数）。

# 试题六：

本试题共分三个专业（Ⅰ土木建筑工程、Ⅱ管道和设备工程、Ⅲ电气和自动化控制工程），任选其中一题作答。

## Ⅰ. 土木建筑工程

某工程为砖混结构，地下 0 层，地上 2 层，外墙为 300mm 厚砌体，矩形柱 260mm×260mm，基础平面图如题 6-1-1 图所示，墙下现浇钢筋混凝土条形基础，柱下独立基础，基础的剖面图尺寸如题 6-1-2 图所示，基础底标高为 -2.2m。基础垫层混凝土强度等级为 C15，基础混凝土强度等级为 C20，均按外购商品混凝土考虑。

说明：计算结果保留小数点后两位。

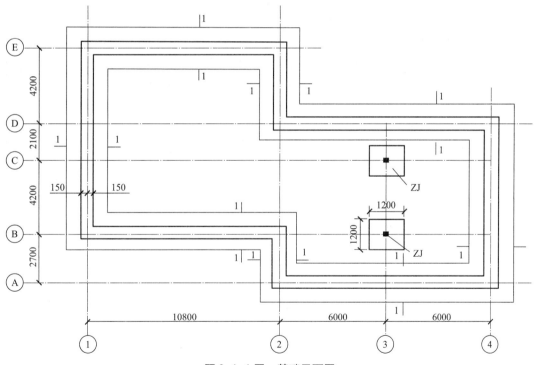

题 6-1-1 图　基础平面图

## 问题：

1. 依据《房屋建筑与装饰工程工程量计算规范》GB 50854，计算该工程的挖沟槽土方、挖基坑土方、现浇混凝土带形基础、现浇混凝土独立基础、混凝土基础垫层、基础回填土的工程量，将计算过程及结果填写入题 6-1-1 表中。

棱台体体积公式为 $V=1/3\times h\times(a^2+b^2+a\times b)$

或 $V=1/6\times h\times[a\times b+A\times B+(a+A)\times(b+B)]$

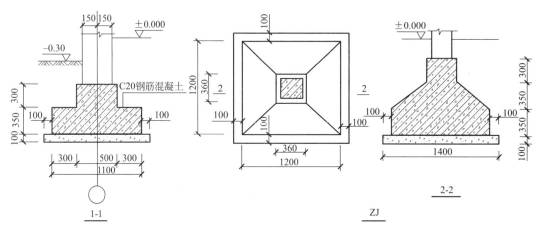

题 6-1-2 图　基础剖面图

题 6-1-1 表　　　　　　　　　分部分项工程清单工程量计算表

| 序号 | 分项工程名称 | 计量单位 | 工程数量 | 计算过程 |
|---|---|---|---|---|
| 1 | 挖沟槽土方 | | | |
| 2 | 挖基坑土方 | | | |
| 3 | 混凝土带形基础 | | | |
| 4 | 混凝土独立基础 | | | |
| 5 | 混凝土基础垫层 | | | |
| 6 | 基础土方回填 | | | |

2. 依据《房屋建筑与装饰工程工程量计算规范》GB 50854，计算独立基础的模板工程量（坡面不计算模板工程量），将计算过程及计算结果填入题 6-1-2 表。

题 6-1-2 表　　　　　　　　　模板清单工程量计算表

| 序号 | 模板名称 | 计量单位 | 工程数量 | 计算过程 |
|---|---|---|---|---|
| 1 | 独立基础<br>组合钢模板 | | | |

3. 某施工单位承担该工程土建部分的施工，拟定的基础挖土技术方案为矩形大开

挖方式，即按最外边线墙下垫层尺寸另加工作面宽度 300mm 开挖，放坡系数取 0.33，放坡至垫层底，计算该施工单位挖一般土方的方案工程量，将计算结果填入题 6-1-3 表中。

基坑放坡体积公式为 $V=(a+2c+KH)\times(b+2c+KH)\times H+1/3\times K^2\times H^3$

题 6-1-3 表　　　　　　　　　方案工程量计算表

| 序号 | 项目名称 | 计量单位 | 工程数量 | 计算过程 |
|------|----------|----------|----------|----------|
| 1 | 挖一般土方 | $m^3$ | | |

4. 假定该工程混凝土基础垫层清单量为 $10m^3$，垫层采用木模板，已知模板工程量为 $15.52m^2$，垫层混凝土量同清单量，混凝土垫层施工定额及模板措施费用详见题 6-1-4 表、题 6-1-5 表；管理费费率 12%，以人工费、材料费和机械使用费之和为基数；利润率 6%，以人工费、材料费、机械使用费、利润之和为基数。试计算该垫层的清单综合单价（含模板工程），并将计算过程及结果填入题 6-1-6 表、题 6-1-7 表。

题 6-1-4 表　　　　　　混凝土垫层施工定额表（/$10m^3$）（价格不含税）

| 项目 | | | 混凝土垫层 |
|------|------|------|------|
| 名称 | 单位 | 单价（元） | 消耗量 |
| 综合人工 | 工日 | 96 | 13.07 |
| 预拌混凝土 | $m^3$ | 345 | 10.10 |
| 水 | $m^3$ | 7.85 | 10.52 |
| 草袋片 | $m^2$ | 3.95 | 33.03 |
| 电动夯实机 | 台班 | 30.67 | 0.52 |
| 小型机具 | 元 | | 3.27 |

题 6-1-5 表　　　　　　混凝土垫层模板项目单价表（/$m^2$）（价格不含税）

| 序号 | 项目名称 | 计量单位 | 费用组成（元） | | | |
|------|----------|----------|------|------|------|------|
| | | | 人工费 | 材料费 | 机械使用费 | 预算单价 |
| 1 | 垫层木模板 | $m^2$ | 3.58 | 21.64 | 0.46 | 25.68 |

题 6-1-6 表　　　　　　　　　综合单价计算过程

| |
|---|
| |

题 6-1-7 表    分部分项工程清单与计价表

| 序号 | 项目编码 | 项目名称 | 项目特征描述 | 计量单位 | 工程量 | 金额（元） | |
|---|---|---|---|---|---|---|---|
| | | | | | | 综合单价 | 合价 |
| 1 | 010501001001 | 混凝土垫层 | 1. 商品混凝土<br>2. C15 | | | | |

5. 某施工单位拟投标该项目的土建工程，经造价工程师测算该项目分部分项工程费用为 858000 元，措施项目费用为 171600 元，暂列金额 6 万元，专业工程暂估价 3 万元，总包服务费按专业工程暂估价的 3% 计，计日工 60 工日（工日综合单价按 180 元计），规费率与税金税率分别按 7%、9% 计取，补充完成单位工程投标报价汇总表，见题 6-1-8 表（该表直接填写计算结果）。

题 6-1-8 表    单位工程投标报价汇总表

| 序号 | 项目名称 | 金额（元） |
|---|---|---|
| 1 | 分部分项工程量清单合计 | |
| 2 | 措施项目清单合计 | |
| 3 | 其他项目清单合计 | |
| 3.1 | 暂列金额 | |
| 3.2 | 材料暂估价 | |
| 3.3 | 专业工程暂估价 | |
| 3.4 | 计日工 | |
| 3.5 | 总包服务费 | |
| 4 | 规费 | |
| 5 | 税金 | |
| | 合计 | |

## II. 管道和设备工程

管道工程有关背景资料如下：

1. 某办公楼卫生间给水排水施工图如题 6-2-1 图、题 6-2-2 图所示。

2. 给水排水管道系统及卫生器具相关分部分项工程量清单项目的统一编码，见题 6-2-1 表。

3. 该工程室内给水管道 DN32 安装定额的相关数据资料见题 6-2-2 表。

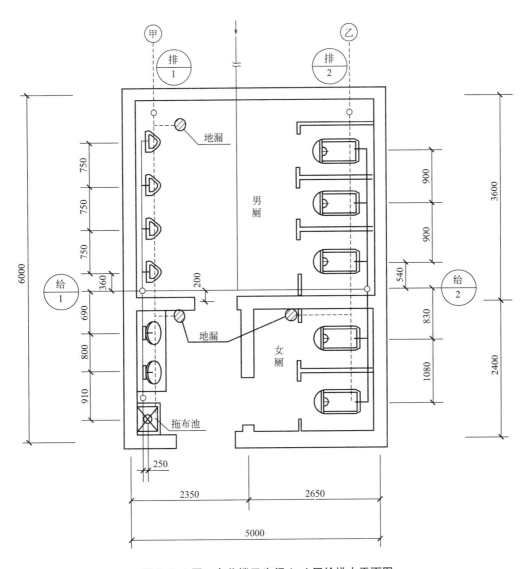

题 6-2-1 图 办公楼卫生间 1~4 层给排水平面图

说明：

（1）图示为某办公楼卫生间，共 4 层，层高为 3m，图中平面尺寸以"mm"计，标高均以"m"计。墙体厚度为 240mm。

（2）给水管道均为镀锌钢管，螺纹连接。给水管道与墙体的中心距离为 200mm。

（3）卫生器具全部为明装，安装要求均符合《全国统一安装工程预算定额》所指定标准图的要求，给水管道工程量计算至与大便器、小便器、洗面盆支管连接处止。其安装方式为：蹲式大便器为手压阀冲洗；挂式小便器为延时自闭式冲洗阀；洗脸盆为普通冷水嘴；混凝土拖布池为 500×600 落地式安装，普通水龙头，排水地漏带水封；立管检查口设在各层排水立管上，距地面 0.5m 处。

（4）给水排水管道穿外墙均采用防水钢套管，穿内墙及楼板均采用普通钢套管。套管比管子均大两号。

（5）给水排水管道安装完毕，按规范进行消毒、冲洗、水压试验和试漏。

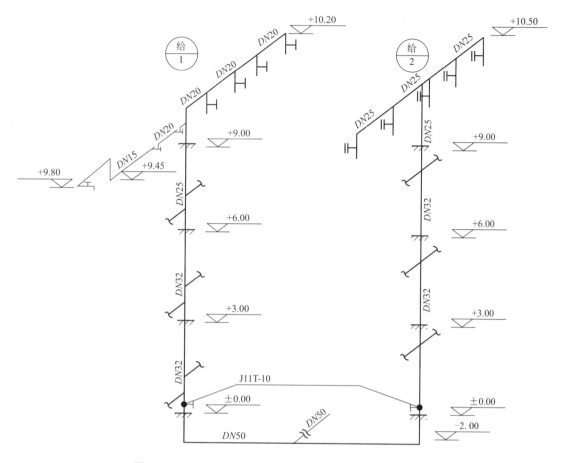

**题 6-2-2 图　办公楼给水系统图（一、二、三层同四层）**

**题 6-2-1 表**

| 项目编码 | 项目名称 | 项目编码 | 项目名称 |
|---|---|---|---|
| 031001001 | 镀锌钢管 | 031001002 | 钢管 |
| 031001005 | 铸铁管 | 031002003 | 套管 |
| 031003001 | 螺纹阀门 | 031003003 | 焊接法兰阀门 |
| 031004002 | 洗脸盆 | 031004006 | 大便器 |
| 031004007 | 小便器 | 031004014 | 给、排水附（配）件 |

**题 6-2-2 表**

| 定额编号 | 项目名称 | 单位 | 安装基价（元） | | | 未计价主材 | |
|---|---|---|---|---|---|---|---|
| | | | 人工费 | 材料费 | 机械费 | 单价 | 耗量 |
| 8-176 | DN32 镀锌钢管安装，螺纹连接 | 10m | 248.60 | 48.06 | 1.12 | 6.80 元/m | 10.2m |
| | 镀锌钢管管件（综合） | 个 | | | | 5.00 元/个 | 8.03 个/10m |

续表

| 定额编号 | 项目名称 | 单位 | 安装基价（元） | | | 未计价主材 | |
|---|---|---|---|---|---|---|---|
| | | | 人工费 | 材料费 | 机械费 | 单价 | 耗量 |
| 8-187 | DN32 焊接钢管安装，螺纹连接 | 10m | 248.60 | 53.36 | 1.12 | 6.45 元/m | 10.2m |
| | 焊接钢管管件（综合） | 个 | | | | 4.60 元/个 | 10.88 个/10m |
| | DN50 以内成品管卡安装 | 个 | 2.50 | 3.50 | | 2.00 元/个 | 2.06 个/10m |
| 8-441 | 套管制安 | 个 | 11.30 | 7.67 | 0.96 | | 0.318 |
| 8-478 | DN50 以内管道消毒冲洗 | 100m | 58.76 | 40.24 | 0 | | |
| 8-487 | 管道水压试验 | 100m | 300.58 | 8.88 | 1.69 | | |

注：1. 表内费用均不包含增值税可抵扣进项税额。

2. 该工程的人工费单价综合为 120 元/工日，管理费和利润分别按人工费的 40%和 20%计算。

**问题：**

1. 按照题 6-2-1 图、题 6-2-2 图所示内容，依据《通用安装工程工程量计算规范》GB 50856 及其相关规定，计算出所有给水管道的清单工程量，并写出其计算过程。

2. 按照背景资料中的相关数据和题 6-2-1 图、题 6-2-2 图中所示要求，根据《通用安装工程工程量计算规范》GB 50856 和《建设工程工程量清单计价规范》GB 50500 的规定，编列出给水管道系统的分部分项工程量清单项目，相关数据填入题 6-2-3 表"分部分项工程和单价措施项目清单与计价表"中。

3. 按照背景资料中的相关数据和题 6-2-1 图、题 6-2-2 图中所示要求，根据《通用安装工程工程量计算规范》GB 50856 和《建设工程工程量清单计价规范》GB 50500 的规定，编制题 6-2-1 图、题 6-2-2 图中室内给水镀锌钢管 DN32（安装、冲洗、消毒）的安装项目分部分项工程量清单的综合单价，并填入题 6-2-4 表"综合单价分析表"中。

4. 有一 150t 金属设备框架制作安装工程的发承包施工合同中约定：所用钢材由承包方采购供应，钢材单价变化超过 5%时，其超过的部分按实调整。该工程招标时，发包方招标控制价按当地造价管理部门发布的市场基准价（信息指导价）为 4520 元/t 编制，承包方中标价为 4500 元/t。要求：（1）计算填列题 6-2-5 表"施工期间钢材价格动态情况"中各施工时段第四、五、六栏的内容；（2）列出各个时段钢材材料费当期结算值的计算式。

（计算结果保留两位小数）

**题 6-2-3 表**　　　　　　　**分部分项工程和单价措施项目清单与计价表**

| 序号 | 项目编码 | 项目名称 | 项目特征描述 | 计量单位 | 工程量 | 金额（元） | |
|---|---|---|---|---|---|---|---|
| | | | | | | 综合单价 | 合价 |
| | | | | | | — | — |
| | | | | | | — | — |
| | | | | | | — | — |
| | | | | | | — | — |
| | | | | | | — | — |
| | | | | | | — | — |
| | | | | | | — | — |
| | | | | | | — | — |
| | | | | | | — | — |
| | | | | | | — | — |
| | | | | | | — | — |
| | | | | | | — | — |
| | | | | | | — | — |
| | | | | | | — | — |

**题 6-2-4 表**　　　　　　　**综合单价分析表**

工程名称：某厂区　　　　　　标段：办公楼卫生间给水管道安装　　　　第 1 页　共 1 页

| 项目编码 | | 项目名称 | | 计量单位 | | 工程量 | |
|---|---|---|---|---|---|---|---|

清单综合单价组成明细

| 定额编号 | 定额名称 | 定额单位 | 数量 | 单价 | | | | 合价 | | | |
|---|---|---|---|---|---|---|---|---|---|---|---|
| | | | | 人工费 | 材料费 | 机械费 | 管理费和利润 | 人工费 | 材料费 | 机械费 | 管理费和利润 |
| | | | | | | | | | | | |
| | | | | | | | | | | | |
| | | | | | | | | | | | |
| 人工单价 | | | 小　计 | | | | | | | | |
| | | 未计价材料费 | | | | | | | | | |
| 清单项目综合单价 | | | | | | | | | | | |

| 材料费明细 | 主要材料名称、规格、型号 | | 单位 | | 数量 | | 单价（元） | 合价（元） | 暂估单价（元） | 暂估合价（元） |
|---|---|---|---|---|---|---|---|---|---|---|
| | | | | | | | | | | |
| | | | | | | | | | | |
| | | | | | | | | | | |
| | 其他材料费 | | | | | | | | | |
| | 材料费小计 | | | | | | | | | |

题6-2-5表　　　　　　　　施工期间钢材价格动态情况

| 施工时段 | 钢材用量（t） | 当期市场价格（元） | 价格变化幅度（100%） | 是否调整及其理由 | 钢材材料费当期结算值（元） |
|---|---|---|---|---|---|
| 一 | 二 | 三 | 四 | 五 | 六 |
| 1 | 60 | 4941 | | | |
| 2 | 50 | 4683 | | | |
| 3 | 40 | 4150 | | | |

## Ⅲ. 电气和自动化控制工程

工程背景资料如下：

1. 题6-3-1图、题6-3-2图所示为某砖混结构住宅楼一楼的照明平面图。

2. 该工程的相关定额、主材单价及损耗率见题6-3-1表。

题6-3-1表

| 定额编号 | 项目名称 | 定额单位 | 安装基价（元） | | | 主材 | |
|---|---|---|---|---|---|---|---|
| | | | 人工费 | 材料费 | 机械费 | 单价 | 损耗率（%） |
| | 照明配电箱嵌入式安装 半周长≤1.0m | 台 | 102.30 | 10.60 | 0 | 900.00 元/台 | |
| | 插座箱嵌入式安装 半周长≤1.0m | 台 | 102.30 | 10.60 | 0 | 500.00 元/台 | |
| | 砖、混凝土结构暗配 刚性阻燃管 PC20 | 10m | 54.00 | 5.20 | 0 | 2.00 元/m | 6 |
| | 砖、混凝土结构暗配 刚性阻燃管 PC40 | 10m | 66.00 | 14.30 | 0 | 5.00 元/m | 6 |
| | 管内穿照明线 BV1.5mm² | 10m | 9.20 | 2.30 | 0 | 2.00 元/m | 16 |
| | 管内穿照明线 BV2.5mm² | 10m | 8.10 | 2.70 | 0 | 3.00 元/m | 16 |
| | 管内穿照明线 BV4mm² | 10m | 5.40 | 3.00 | 0 | 4.20 元/m | 10 |
| | 暗装灯头盒 86H50 型 | 个 | 3.30 | 0.96 | 0 | 3.00 元/个 | 2 |
| | 暗装插座盒 86H50 型 | 个 | 3.30 | 0.96 | 0 | 3.00 元/个 | 2 |
| | 暗装空调插座盒 100H60 型 | 个 | 3.30 | 0.96 | 0 | 10.00 元/个 | 2 |
| | 单相带接地暗插座 10A | 套 | 6.80 | 1.85 | 0 | 12.00 元/套 | 2 |
| | 单相带接地空调暗插座 16A | 套 | 7.80 | 2.85 | 0 | 90.00 元/套 | 2 |
| | 单联单控暗开关安装 | 10 个 | 68.00 | 11.18 | 0 | 12.00 元/个 | 2 |
| | 双联单控暗开关安装 | 10 个 | 71.21 | 15.45 | 0 | 15.00 元/个 | 2 |
| | 三联单控暗开关安装 | 10 个 | 74.38 | 19.70 | 0 | 18.00 元/个 | 2 |
| | 装饰灯 吸顶安装 | 10 套 | 280.00 | 70.00 | 0 | 120.00 元/套 | 1 |
| | 排风扇 吸顶安装 | 10 套 | 185.00 | 60.00 | 0 | 70.00 元/套 | 1 |
| | 普通灯具 吸顶安装 | 10 套 | 170.00 | 30.00 | 0 | 50.00 元/套 | 1 |

3. 该工程人工费单价（综合普工、一般技工和高级技工）为100元/工日，管理费和利润分别按人工费的30%和10%计算。

4. 相关分部分项工程量清单项目编码及项目名称见题6-3-2表。

**题 6-3-2 表**

| 项目编码 | 项目名称 | 项目编码 | 项目名称 |
|---|---|---|---|
| 030404017 | 配电箱 | 030404034 | 照明开关 |
| 030412001 | 普通灯具 | 030404035 | 插座 |
| 030412004 | 装饰灯 | 030411005 | 接线箱 |
| 030404033 | 排风扇 | 030411006 | 接线盒 |
| 030404019 | 控制开关 | 030411001 | 配管 |
| 030404031 | 小电器 | 030411004 | 配线 |

## 问题：

1. 按照背景资料 1～4 项和题 6-3-1 图、题 6-3-2 图所示内容，根据《建设工程工程量清单计价规范》GB 50500 和《通用安装工程工程量计算规范》GB 50856 的规定，计算各分部分项工程量，并将配管（PC20、PC40）和配线（BV1.5mm$^2$、BV2.5mm$^2$、BV4mm$^2$）的工程量计算式与结果填写清楚；计算各分部分项工程的综合单价与合价，编制完成题 6-3-3 表“分部分项工程和单价措施项目清单与计价表”。

2. 设定该工程“管内穿线 BV2.5mm$^2$”的清单工程量为 60m，其余条件均不变，根据背景材料 2 中的相关数据，编制完成题 6-3-4 表“综合单价分析表”。

（计算结果保留两位小数）

| 序号 | 图例 | 名称型号规格 | 备注 |
|---|---|---|---|
| 1 | ▬ | 配电箱，嵌入式安装，500mm×300mm×150mm（宽×高×厚） | 箱底高度 1.5m |
| 2 | ⊗ | 普通灯具 YJ-BCD-9 | 吸顶安装 |
| 3 | ○ | 装饰灯 LEDX101 | 吸顶安装 |
| 4 | ◣P | 普通 300 型轴流排风扇 | 吸顶安装 |
| 5 | ◀ | 普通暗插座 10A | 安装高度 0.3m |
| 6 | ◀K | 空调暗插座 16A | 安装高度 1.8m |
| 7 | ● | 单联单控暗开关 250V 10A | 安装高度 1.3m |
| 8 | ● | 双联单控暗开关 250V 10A | 安装高度 1.3m |

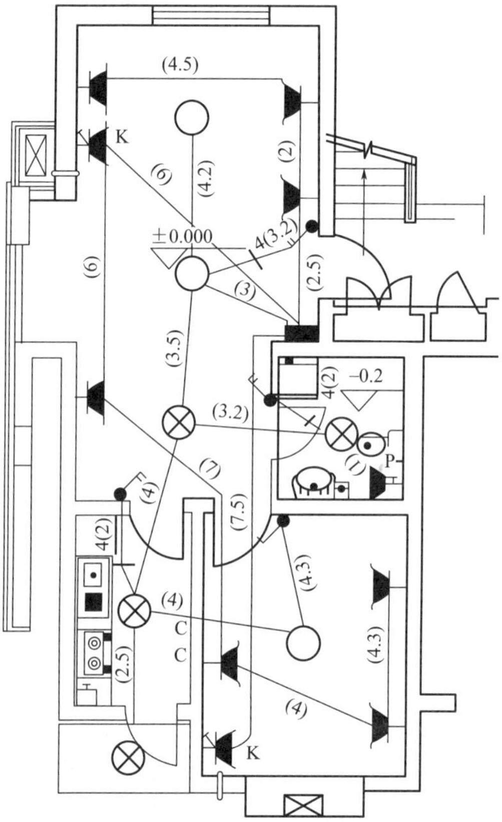


题 6-3-1 图 照明平面图

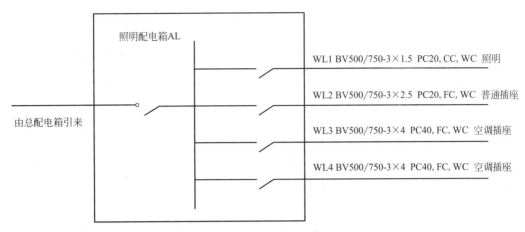

**题 6-3-2 图   照明系统图**

说明：

1. 照明配电箱电源由本层总配电箱引来。

2. 管路均为塑料管 PC20 或 PC40 沿墙、楼板或顶板暗配，室内地坪标高除卫生间为-0.2m 外，其余均为±0.000。配管进入地面或顶板内深度均按 0.05m，顶管距本房间地坪均为 3m 高。

3. 配管水平长度见括号内数字，单位为 m。

4. 图中水平配管括号外的数字代表该管内穿线的根数，其余未标注的水平配管穿线根数均为 3 根。

**题 6-3-3 表**      **分部分项工程和单价措施项目清单与计价表**

工程名称：住宅楼                                           标段：一层照明

| 序号 | 项目编码 | 项目名称 | 项目特征描述 | 计量单位 | 工程量 | 金额（元） | | |
|---|---|---|---|---|---|---|---|---|
| | | | | | | 综合单价 | 合价 | 其中：暂估价 |
| | | | | | | | | |
| | | | | | | | | |
| | | | | | | | | |
| | | | | | | | | |
| | | | | | | | | |
| | | | | | | | | |
| | | | | | | | | |
| | | | | | | | | |
| | | | | | | | | |
| | | | | | | | | |
| | | | | | | | | |
| | | | | | | | | |
| | | | | | | | | |
| | | | | | | | | |
| | | | | | | | | |
| | | | | | | | | |
| | | | | | | | | |
| | | | | | | | | |
| | 合 计 | | | | | | | |

**题 6-3-4 表**　　　　　　　　　　　　**综合单价分析表**

工程名称：住宅楼　　　　　　　　　　标段：一层照明

| 项目编码 | | | | 项目名称 | | | | 计量单位 | | 工程量 | |
|---|---|---|---|---|---|---|---|---|---|---|---|
| 清单综合单价组成明细 | | | | | | | | | | | |
| 定额编号 | 定额项目名称 | 定额单位 | 数量 | 单价 | | | | 合价 | | | |
| | | | | 人工费 | 材料费 | 机械费 | 管理费和利润 | 人工费 | 材料费 | 机械费 | 管理费和利润 |
| | | | | | | | | | | | |
| | | | | | | | | | | | |
| 人工单价 | | | | 小　计 | | | | | | | |
| | | | | 未计价材料费 | | | | | | | |
| 清单项目综合单价 | | | | | | | | | | | |
| 材料费明细 | 主要材料名称、规格、型号 | | 单位 | | 数量 | | 单价（元） | 合价（元） | 暂估单价（元） | 暂估合价（元） | |
| | | | | | | | | | | | |
| | | | | | | | | | | | |
| | | | | | | | | | | | |
| | 其他材料费 | | | | | | — | | — | | |
| | 材料费小计 | | | | | | — | | — | | |

# 模拟题二

## 试题一：

某生产建设项目有关基础数据如下：

1. 按当地现行价格计算，项目的设备购置费为 3100 万元，已建类似项目的建筑工程费、安装工程费占设备购置费的比例分别为 35%、30%，由于时间、地点因素引起的上述两项费用变化的综合调整系数为 1.08，项目的工程建设其他费用按 900 万元估算。

2. 项目建设期 1 年，运营期 6 年。项目投产第一年可获得当地政府扶持该产品生产的补贴收入 500 万元。

3. 假设该项目的建设投资为 6000 万元，预计全部形成固定资产（包括可抵扣固定资产进项税额 100 万），固定资产使用年限 10 年，按直线法折旧，期末残值率 4%，固定资产余值在项目运营期末收回。投产当年需要投入运营期流动资金 300 万元。

4. 正常年份年营业收入为 3000 万元（其中销项税额为 600 万），经营成本为 2000 万元（其中进项税额为 500 万）；增值税附加按应纳增值税的 9% 计算，所得税税率为 25%。

5. 投产第一年仅达到设计生产能力的 80%，预计这一年的营业收入、经营成本和总成本均达到正常年份的 80%；以后各年均达到设计生产能力。

### 问题

1. 列式计算项目的建设总投资。

2. 列式计算融资前第 3 年的净现金流量。

3. 若该项目的初步融资方案为：贷款 500 万元用于建设投资，贷款年利率为 8%（按年计息），还款方式为运营期前 4 年等额还本付息，剩余建设投资及流动资金来源于项目资本金，计算第 3 年的净现金流量。

（计算结果均保留两位小数）

## 试题二：

某市政工程公司决定更新设备，购买 25 台新型推土机。根据统计资料每台推土机每年可工作 220 个台班。

1. 购买新型国产推土机的基础数据估算如题 2-1 表。

2. 国产推土机费用单价的相关数据如下：

（1）人工消耗：0.03 工日/m³；日工资单价：50 元。

题 2-1 表　　　　　　　　　国产推土机的基础数据估算表

| | 设备购置费（万元/台） | 寿命期（年） | 期末残值率 | 大修周期（年） | 大修费（万元/台） | 经常修理费〔万元/（台·年）〕 | 年运行费（万元/台） | 台班时间利用率 | 纯工作1小时的推土量（m³） |
|---|---|---|---|---|---|---|---|---|---|
| 国产设备 | 40 | 8 | 5% | 3 | 5 | 1 | 6 | 80% | 200 |

（2）机械消耗：0.04 台班/m³；台班单价：800 元。

（3）管理费费率为 12%（以人工费、材料费、施工机具使用费为基数），利润率为 7%（以人工费、材料费、施工机具使用费、管理费为基数），规费费率和增值税税率合计为 16%（以人工费、材料费、施工机具使用费、管理费、利润为基数）。

**问题：**

1. 计算每台国产设备寿命周期的年费用。若已知考虑资金时间价值的条件下每台进口设备寿命周期的年费用为 50 万元，应购买何种设备？（行业基准收益率 $i_c = 10\%$）

2. 计算用国产机械推土每立方米的全费用综合单价为多少？

3. 若已知进口设备的费用效率为 30，从寿命周期成本理论的角度，应购买何种设备？

4. 假定该设备公司采用固定总价合同，购买国产设备的合同价为 5600 万元，按合同工期、成本最低的工期和最可能的工期组织施工的利润额分别为 390 万元、420 万元和 480 万元，根据本公司类似工程的历史资料，该工程按合同工期、成本最低的工期和最可能的工期完成的概率分别为 0.5、0.4 和 0.1。购买进口设备的合同价为 5800 万元，按合同工期、成本最低的工期和最可能的工期组织施工的利润额分别为 375 万元、416 万元和 473 万元，根据本公司类似工程的历史资料，该工程按合同工期、成本最低的工期和最可能的工期完成的概率分别为 0.6、0.2 和 0.2。该设备公司应选择购买哪种设备？相应的产值利润率为多少？

（计算结果均保留两位小数）

# 试题三：

某承包商参与了某施工项目的施工投标，在通过资格预审后，对招标文件进行了详细分析，发现业主所提出的工期要求过于苛刻，且合同条款中规定每拖延 1 天工期罚合同价的 1‰。若要保证实现该工期要求，必须采取特殊措施，从而大大增加成本；还发现原设计结构方案采用框架剪力墙体系过于保守。因此，该承包商采取了以下做法：

做法 1：在投标文件中说明业主的工期要求难以实现，因而按自己认为的合理工期（比业主要求的工期增加 6 个月）编制施工进度计划并据此报价。

做法 2：经造价工程师的初步测算，拟投标报价 9000 万元。该施工企业投标时为了不影响中标，又能在中标后取得较好的收益，决定采用不平衡报价法对原估价作适当调整，具体数据见题 3-1 表。

题 3-1 表　　　　　　　报价调整前后对比表（单位：万元）

| | 基础工程 | 上部结构工程 | 装饰和安装工程 | 总造价 | 总工期 |
|---|---|---|---|---|---|
| 调整前（投标估价） | 1100（工期 6 月） | 4560（工期 12 月） | 3340（工期为 6 月） | 9000 | 24 月 |
| 调整后（正式报价） | 1200（工期 6 月） | 4800（工期 12 月） | 3000（工期为 6 月） | 9000 | 24 月 |

调整后，该承包商将技术标和商务标分别封装，在投标截止日期前 1 天上午将投标文件报送业主。

做法 3：在规定的开标时间前 1 小时，该承包商又递交了一份补充材料，其中声明将原报价降低 4%，并详细说明了需调整的各分部分项工程的综合单价及相应总价。但是，招标单位的有关工作人员认为，根据国际上"一标一投"的惯例，一个承包商不得递交两份投标文件，因而拒收承包商的补充材料。

### 问题：

1. 招标人对投标人进行资格预审应包括哪些内容？

2. 做法 1 中，该承包商运用了哪种报价技巧？其运用是否得当？

3. 做法 2 中，该承包商运用了哪种报价技巧？其运用是否得当？不平衡报价后，承包商所得工程款的终值比原报价增加多少万元？（假定工程进度均衡进行，以预计的竣工时间为终点，月利率按 1% 计）

4. 做法 3 中，该承包商运用了哪种报价技巧？其运用是否得当？招标人的做法是否得当？说明理由。

## 试题四：

发包人与承包人按照《建设工程施工合同（示范文本）》GF-2017-0201 签订了工程施工合同。合同约定：采用工程量清单计价方式计价，由 4 栋宿舍楼组成。按设计文件项目所需的设备由发包人采购，管理费和利润为人材机费用之和 18%，规费和增值税综合费率为人材机费用与管理费和利润之和的 16.5%，人工工资标准为 80 元/工日，窝工补偿标准为 50 元/工日，施工机械窝工闲置台班补偿标准为正常台班费的 60%，人工窝工和机械窝工闲置不计取管理费和利润，工期 240 天，每提前或拖后一天奖励（或罚款）5000 元（含税费）。

开工前，承包人编制施工进度计划时采取横道图流水施工方法，将每栋宿舍楼作为一个施工段，施工过程划分为基础工程、结构安装工程、室内装饰工程和室外工程 4 个施工过程，每个施工过程投入 1 个专业工作队，拟采取异步距异节奏流水施工。监理工程师批准了该计划，施工进度计划如题 4-1 图所示。

施工过程中发生了如下事件：

事件 1：开工后第 10 天，在进行基础工程施工时，遇到持续 2 天的特大暴风雨，造成工地堆放的承包人部分模板损失费用 2 万元，特大暴风雨结束后，承包人安排该作业队中 20 人修复损坏的模板及支撑花费 1.5 万元，30 人进行工程修复和场地清理，其他人在现场停工待命，修复和清理工作持续了 1 天时间。施工机械 A、B 持续窝工闲置 3 个台班

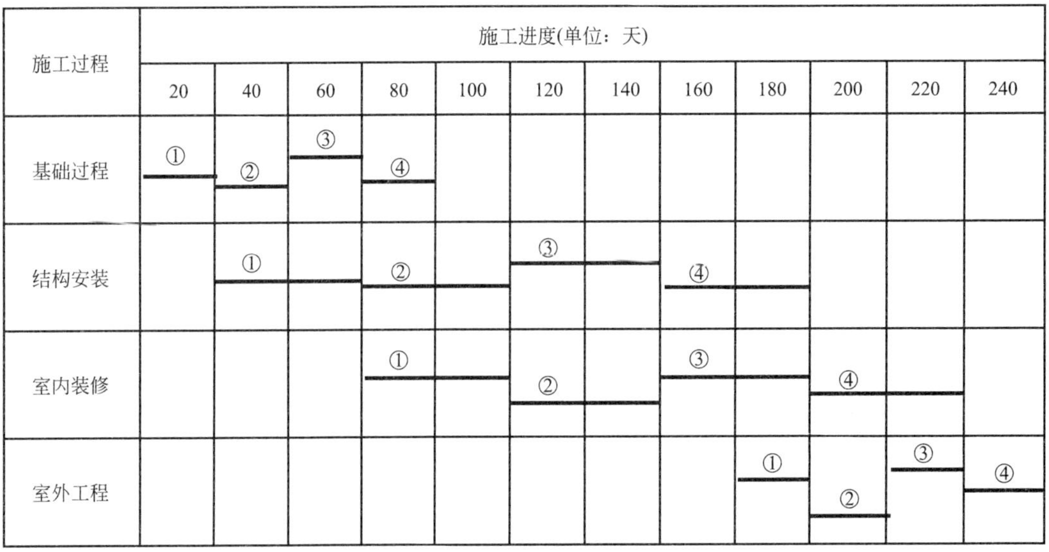

| 施工过程 | 施工进度(单位：天) | | | | | | | | | | | |
|---|---|---|---|---|---|---|---|---|---|---|---|---|
| | 20 | 40 | 60 | 80 | 100 | 120 | 140 | 160 | 180 | 200 | 220 | 240 |
| 基础过程 | ① | ② | ③ | ④ | | | | | | | | |
| 结构安装 | | ① | | ② | | ③ | | ④ | | | | |
| 室内装修 | | | | | ① | ② | | ③ | | ④ | | |
| 室外工程 | | | | | | | | | ① | ② | ③ | ④ |

题 4-1 图　流水施工进度计划

(台班费用分别为：1200 元/台班、900 元/台班)。

事件 2：工程进行到第 30 天时，监理单位检查施工段 2 的基础工程时，发现有部分预埋件位置与图纸偏差过大，经沟通，承包人安排 10 名工人用了 6 天时间进行返工处理，发生人材费用 1260 元，结构安装工程按计划时间完成。

事件 3：工程进行到第 35 天时，结构安装的设备与管线安装工作中，因发包人采购设备的配套附件不全，承包人自行决定采购补全，发生采购费用 3500 元，并造成作业队整体停工 3 天，每天人员窝工 30 个工日，因受干扰降效增加作业用工 60 个工日，施工机械 C 闲置 6 个台班（台班费 1600 元/台班) 设备与管线安装工作持续时间增加 3 天。

事件 4：为抢工期，经监理工程师同意，承包人将室内装修和室外工程搭接作业 5 天，因搭接作业相互干扰降效使费用增加 20000 元。

其余各项工作的持续时间和费用没有发生变化。

上述事件发生后，承包人均在合同规定的时间内向发包人提出索赔，并提交了相关索赔资料。(计算相关增值税时，除了奖罚款外本题背景中费用均为不含税费用)

**问题：**

1. 分别说明各事件工期，费用索赔能否成立？简述其理由。

2. 各事件工期索赔分别为多少天？总索赔工期为多少天？实际工期为多少天？

3. 承包人可以得到的各事件索赔价款为多少元？总费用索赔价款为多少元？工期奖励（或罚款）为多少元？

4. 在原施工计划编制时，若承包人采取增加作业队伍，按等步距组织施工，请画出流水施工横道图。按此施工时，计划工期为多少天？可以提前多少天完成项目？可以得到多少工期提前奖励？

# 试题五：

某工程建设单位与施工单位按照工程量清单计价规范结算。施工单位进度计划经建设单位批准，工期20个月，项目监理机构批准的施工总进度计划如题5-1图所示，各项工作在其持续时间内均按匀速进展，每月完成投资如题5-1表所示。

题5-1表　　　　　　每月完成投资（单位：万元）

| 工作 | A | B | C | D | E | F | J |
|---|---|---|---|---|---|---|---|
| 计划完成投资 | 60 | 70 | 90 | 120 | 60 | 150 | 30 |

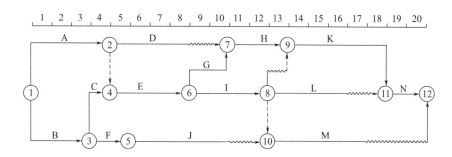

题5-1图　施工进度计划

施工过程中发生如下事件：

事件1：建设单位要求调整场地标高，设计单位修改施工图，A工作开始时间推迟1个月，致使施工单位机械闲置和人员窝工损失。

事件2：4月份因材料价格上涨，使C工增加造价10万元，施工单位如期完成了C工作。

事件3：D、E工作受A工作的影响，开始时间也推迟了1个月，由于物价上涨原因，6~7月D、E工作的实际完成投资较计划完成投资增加了10%。D、E工作均按原持续时间完成，由于施工机械故障，J工作7月实际完成计划工程量的80%，J工作持续时间最终延长1个月。

事件4：G、I工作的实施过程中遇到非常恶劣的气候，导致G工作持续时间延长0.5个月；施工单位采取了赶工措施，使I工作能按原持续时间完成，但需增加赶工费0.5万元。

以上事件1~4发生后，施工单位均在规定时间内提出工期顺延和费用补偿要求。

题5-2表　　　　　　1~7月投资情况（单位：万元）

| 月份 | 1 | 2 | 3 | 4 | 5 | 6 | 7 | 合计 |
|---|---|---|---|---|---|---|---|---|
| 拟完工程计划投资 | 130 | 130 | 130 | 300 | 330 | 210 | 210 | 1440 |
| 已完工程计划投资 | | 130 | 130 | | | | | |
| 已完工程实际投资 | | 130 | 130 | | | | | |

（以上各费用项目价格均不包含增值税可抵扣进项税额）

事件5：若竣工时该工程含税造价为2100万元，增值税率为9%，其中成本为1800万元（含进项税专票100万元，普票50万元，规费50万元）。

**问题：**

1. 事件1中，施工单位顺延和补偿费用的要求是否成立？说明理由。

2. 事件4中，施工单位顺延和补偿费用的要求是否成立？说明理由。

3. 针对施工过程中发生的事件，项目监理机构的工程延期为多少个月？该工程实际工期为多少个月？

4. 填写题5-2表中空格处的已完工程计划投资、已完工程实际投资，并分析7月末的投资偏差和进度偏差。

5. 事件5中，计算该项目的应纳增值税和成本利润率是多少（计算结果以万元为单位，保留两位小数)。

# 试题六：

本试题共分三个专业（Ⅰ土木建筑工程、Ⅱ管道和设备工程、Ⅲ电气和自动化控制工程)，任选其中一题作答。

## Ⅰ.土木建筑工程

某工程二楼结构平面图如题6-1-1图所示，所有墙厚均为240mm，KZ-1、Z-1及GZ

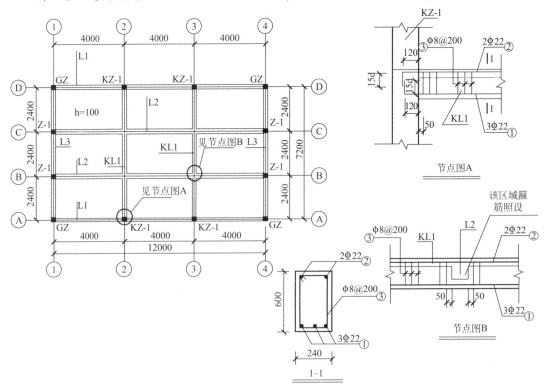

**题6-1-1图　楼层结构平面图**

截面尺寸均为 240mm×240mm，柱高 4.8m，所有板厚均为 100mm，KL1（1）240mm× 600mm，L1（3）240mm×500mm，L2（3）240mm×450mm，L3（3）240mm×400mm，未标注的定位轴线均位于柱的中心线。柱、梁、板的钢筋保护层厚度分别为 30mm、25mm、20mm。

该工程分部分项工程量清单项目综合单价的费率：管理费率 12%，利润率 7%，管理费、利润均以人工费、材料费、机械费之和为基数计取，不考虑风险。

分项工程项目统一编码为：现浇混凝土异形柱 010502003；现浇混凝土矩形柱 010502001；现浇混凝土构造柱 010502002；现浇混凝土矩形梁 010503002；现浇混凝土异形梁 010503003；现浇混凝土板 010505001。

**问题：**

1. 依据《建设工程工程量清单计价规范》，补充完成题 6-1-1 表中分部分项工程量清单表中矩形柱、构造柱、矩形梁、有梁板的现浇混凝土项目编码、计量单位、工程数量。要求写出工程量计算过程，否则不得分（计算结果保留小数点后两位）。

题 6-1-1 表　　　　　　　　　分部分项工程量清单表

| 序号 | 项目编码 | 项目名称 | 项目特征描述 | 计量单位 | 工程数量 |
|------|---------|---------|-------------|---------|---------|
| 1 | | 矩形柱 | 1. 预拌混凝土<br>2. 强度 C30 | | |
| 2 | | 构造柱 | 1. 预拌混凝土<br>2. 强度 C30 | | |
| 3 | | 矩形梁 | 1. 预拌混凝土<br>2. 强度 C30 | | |
| 4 | | 现浇板 | 1. 预拌混凝土<br>2. 强度 C30 | | |

2. 钢筋的理论重量见题 6-1-2 表，已知 KL1 的上部通长筋为 2Φ22，下部通长筋为 3Φ22，箍筋为 Φ8@100/200（2），计算 KL1 上部通长筋、下部通长筋、箍筋（绑扎接头按 10d 计）的单根重量，并将计算过程填写在题 6-1-3 表中（计算结果保留小数点后三位）。

题 6-1-2 表　　　　　　　　　钢筋单位理论质量表

| 钢筋直径/$d$ | Φ8 | Φ10 | Φ12 | Φ20 | Φ22 | Φ25 |
|------------|-----|------|------|------|------|------|
| 理论重量（kg/m） | 0.395 | 0.617 | 0.888 | 2.466 | 2.984 | 3.850 |

题 6-1-3 表　　　　　　　　　KL1 钢筋工程量计算表

| 位置 | 型号及直径 | 钢筋图形 | 计算式 | 单根长度（m） | 单根重量（kg） |
|------|-----------|---------|--------|--------------|---------------|
| | | | | | |
| | | | | | |
| | | | | | |

3. 假定某施工单位中标此项目，其现浇板的企业定额情况见题 6-1-4 表，计算该企业现浇混凝土板的综合单价（计算结果保留小数点后两位）。

题 6-1-4 表 　　　　　　　现浇板混凝土定额与定价（除税）

| 编号 | 项目 | 单位 | 人工 | | 材料 | | | | 机械 |
| | | | 综合工 | 其他人工费 | 预拌混凝土 C30 | 水 | 草袋 | 其他材料费 | 小型机械 |
| | | | 工日 | 元 | m³ | m³ | m² | 元 | 元 |
| | | | 96 元/工日 | | 420 元/m³ | 7.80 元/m³ | 2.00 元/m² | | |
| 4-40 | 现浇板 | 10m³ | 9.94 | 11.63 | 10.15 | 9.91 | 10.99 | 90.75 | 7.12 |

4. 假定该工程二楼现浇板的现浇混凝土清单量同方案量均按 7.5m³ 计，模板工程量按 75m² 计，招标工程量清单中要求单价措施项目中模板项目的清单不单独列项，按现行规范模板费应综合考虑在相应混凝土分部分项的单价中，根据问题 3 的计算结果及题 6-1-5 表中单价措施项目消耗定额费用表，列式计算该工程二楼包含模板费用的混凝土现浇板工程的综合单价，并填写综合单价分析表，见题 6-1-6 表（计算结果保留小数点后两位）。

题 6-1-5 表 　　　　　　　单价措施项目消耗量定额费用表（除税）

| 定额编号 | 项目名称 | 计量单位 | 人工费（元） | 材料费（元） | 施工机具使用费（元） |
| --- | --- | --- | --- | --- | --- |
| 13-37 | 现浇板复合模板钢支撑 | 100m² | 2388.82 | 3435.27 | 291.52 |

题 6-1-6 表 　　　　　　　现浇板综合单价分析表

| 项目编码 | | | 项目名称 | | | 计量单位 | | 工程量 | |
| --- | --- | --- | --- | --- | --- | --- | --- | --- | --- |
| 清单综合单价组成明细 | | | | | | | | | |
| 定额编号 | 定额名称 | 定额单位 | 数量 | 单价（元） | | | | 合价（元） | | | |
| | | | | 人工费 | 材料费 | 施工机具使用费 | 管理费和利润 | 人工费 | 材料费 | 施工机具使用费 | 管理费和利润 |
| | | | | | | | | | | | |
| | | | | | | | | | | | |
| 人工单价 | | | | 小　计 | | | | | | | |
| 元/工日 | | | | 未计价材料费（元） | | | | | | | |
| 清单项目综合单价（元/m³） | | | | | | | | | | | |
| | 主要材料名称、规格、型号 | | | 单位 | | 数量 | | 单价（元） | 合价（元） | 暂估单价（元） | 暂估合价（元） |
| | 预拌混凝土 C30 | | | | | | | | | | |
| | 草袋 | | | | | | | | | | |
| | 其他材料费（元） | | | | | | | | | | |
| | 材料费小计（元） | | | | | | | | | | |

5. 招标工程量清单的其他项目清单中已明确：暂列金额 300000 元，发包人供应材料价值为 320000 元（总承包服务费按 1% 计取）。专业工程暂估价 200000 元（总承包服务费按 5% 计取），计日工中暂估普工 10 个，综合单价为 110 元/工日，水泥 2.6t，综合单价为 410 元/t；中砂 10m³，综合单价为 120 元/m³，灰浆搅拌机（400L）2 个台班，综合单价为 30.50 元/台班。填写完成其他项目清单与计价汇总表，见题 6-1-7 表。

题 6-1-7 表　　　　　　　　　　　其他项目清单与计价汇总表

| 序号 | 项目名称 | 计量单位 | 金额（元） | 结算金额（元） | 备注 |
|---|---|---|---|---|---|
| 1 | 暂列金额 | 元 | | | |
| 2 | 材料暂估价 | 元 | | | |
| 3 | 专业工程暂估价 | 元 | | | |
| 4 | 计日工 | 元 | | | |
| 5 | 总包服务费 | 元 | | | |
| | 合计 | | | | |

## Ⅱ. 管道和设备工程

某管道工程有关背景资料如下：

1. 某氧气加压站的部分工艺管道系统如题 6-2-1 图所示。

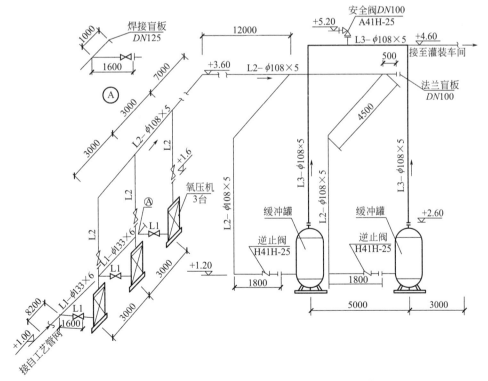

图 6-2-1 图　某氧气加压站的部分工艺管道安装系统图

说明：

（1）本图为氧气加压站的部分工艺管道。该管道系统工作压力为 3.2MPa。图中标注尺寸标高以

"m" 计，其他均以 "mm" 计。

（2）管道：采用碳钢无缝钢管，系统连接均为电焊弧；管件：弯头采用成品冲压弯头，三通现场挖眼连接。

（3）阀门、法兰：所有法兰为碳钢对焊法兰；阀门型号除图中说明外，均为 J41H-25，采用对焊法兰连接。

（4）管道支架为普通支架，其中：φ133×6 管支架共 5 处，每处 26kg；φ108×5 管支架共 20 处，每处 25kg。

（5）管道安装完毕做水压试验和空气吹扫，然后对 L3-φ108×5 管道焊接口均做 X 光射线无损探伤，胶片规格为 80mm×150mm，其焊口数量为 6 个。

（6）管道安装就位后，所有管道外壁刷油漆。缓冲罐引出管线 L3-φ108×5 采用岩棉管壳（厚度为60mm）做绝热层，外缠铝箔保护层。

2. 工程相关分部分项工程量清单项目的统一编码见题 6-2-1 表。

题 6-2-1 表

| 项目编码 | 项目名称 | 项目编码 | 项目名称 |
|---|---|---|---|
| 030802001 | 中压碳钢管道 | 030816003 | 焊缝 X 光射线探伤 |
| 030805001 | 中压碳钢管件 | 030816005 | 焊缝超声波探伤 |
| 030808003 | 中压法兰阀门 | 031201001 | 管道刷油 |
| 030811002 | 中压碳钢焊接法兰 | 031201003 | 金属结构刷油 |
| 030815001 | 管架制作安装 | 030808005 | 中压安全阀 |
| 031208002 | 管道绝热 | 030801001 | 低压碳钢管道 |
| 031208007 | 铝箔保护 | 030804001 | 低压碳钢管件 |

3. φ133×6 碳钢无缝钢管安装工程定额的相关数据资料见题 6-2-2 表。

题 6-2-2 表

| 序号 | 项目名称 | 计量单位 | 安装费单价（元） | | | 主材 | |
|---|---|---|---|---|---|---|---|
| | | | 人工费 | 材料费 | 机械费 | 单价 | 主材消耗量 |
| 1 | 中压碳钢管（氩电连焊）DN200 内 | 10m | 84.22 | 25.65 | 138.71 | 5.5 元/kg | 9.41m |
| 2 | 中压碳钢管（电弧焊）DN200 内 | 10m | 184.22 | 15.65 | 158.71 | 5.5 元/kg | 9.41m |
| 3 | 低中压管道液压试验 DN200 内 | 100m | 599.96 | 76.12 | 32.30 | | |
| 4 | 管道水冲洗 DN200 内 | 100m | 360.4 | 68.19 | 37.75 | 3.75 元/m³ | 43.74m³ |
| 5 | 管道空气吹扫 DN200 内 | 100m | 205.63 | 75.67 | 32.60 | | |
| 6 | 手工除管道轻锈 | 10m² | 34.98 | 3.64 | 0.00 | | |
| 7 | 管道刷红丹防锈漆第一遍 | 10m² | 27.24 | 13.94 | 0.00 | | |
| 8 | 管道刷红丹防锈漆第二遍 | 10m² | 27.24 | 12.35 | 0.00 | | |
| 9 | 管道橡塑保温管（板）φ325 内 | m³ | 745.18 | 261.98 | 0.00 | 1500.00 | 1.04m³ |

注：人工日工资单价 100 元/工日，管理费按人工费的 50% 计算，利润按人工费的 30% 计算。表中费用均不含增值税可抵扣的进项税值。

## 问题：

1. 按照题 6-2-1 图所示内容，分别列式计算管道、管件、阀门、法兰、管架、X 光射线无损探伤、管道刷油、绝热、保护层的清单工程量。

2. 根据背景资料及题 6-2-1 图中所示要求，按《通用安装工程工程量计算规范》GB 50856 的规定分别编列管道系统的分部分项工程量清单，并填入题 6-2-3 表"分部分项工程量和单价措施项目清单与计价表"中。

3. 按照背景资料中的相关定额，根据《通用安装工程工程量计算规范》GB 50856 和《建设工程工程量清单计价规范》GB 50500 规定，编制 $\phi133\times6$ 管道（单重 62.54kg/m）安装分部分项工程量清单"综合单价分析表"，见题 6-2-4 表。

（计算结果保留两位小数）

题 6-2-3 表　　　　　　　　分部分项工程和单价措施项目清单与计价表

| 序号 | 项目编码 | 项目名称 | 项目特征描述 | 计量单位 | 工程量 | 金额（元） | | |
|---|---|---|---|---|---|---|---|---|
| | | | | | | 综合单价 | 合价 | 其中：暂估价 |
| | | | | | | | | |
| | | | | | | | | |
| | | | | | | | | |
| | | | | | | | | |
| | | | | | | | | |
| | | | | | | | | |
| | | | | | | | | |
| | | | | | | | | |
| | | | | | | | | |
| | | | | | | | | |
| | | | | | | | | |
| | | | | | | | | |
| | | | | | | | | |
| | | | | | | | | |
| | | | | | | | | |
| | | | | | | | | |
| | | | | | | | | |

题 6-2-4 表　　　　　　　　　　综合单价分析表

| 项目编码 | | | 项目名称 | | | | 计量单位 | | 工程量 | |
|---|---|---|---|---|---|---|---|---|---|---|
| 清单综合单价组成明细 | | | | | | | | | | |
| 定额编号 | 定额项目名称 | 定额单位 | 数量 | 单价（元） | | | | 合价（元） | | | |
| | | | | 人工费 | 材料费 | 机械费 | 管理费和利润 | 人工费 | 材料费 | 机械费 | 管理费和利润 |
| | | | | | | | | | | | |
| | | | | | | | | | | | |
| | | | | | | | | | | | |
| 人工单价 | | | 小　计 | | | | | | | | |
| | | | 未计价材料费（元） | | | | | | | | |
| 清单项目综合单价（元/m） | | | | | | | | | | | |
| 材料费明细 | 主要材料名称、规格、型号 | | | 单位 | 数量 | 单价（元） | 合价（元） | 暂估单价（元） | 暂估合价（元） | | |
| | | | | | | | | — | — | | |
| | | | | | | | | — | — | | |
| | 其他材料费（元） | | | | | | | — | | | |
| | 材料费小计（元） | | | | | | | — | | | |

# Ⅲ. 电气和自动化控制工程

工程背景资料如下：

1. 某氮气站动力安装工程如题 6-3-1 图所示。

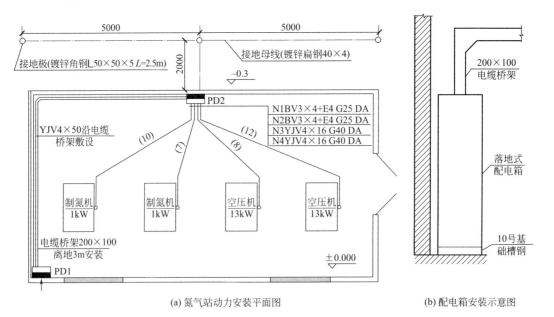

(a) 氮气站动力安装平面图　　　　　　　　(b) 配电箱安装示意图

题 6-3-1 图

说明：

1. PD1、PD2 均为定型动力配电箱，落地式安装，其尺寸为 900×2000×600（宽×高×厚）。基础型钢用 10 号槽钢制作，其重量为 10kg/m。

2. PD1 至 PD2 电缆沿桥架敷设，其余电缆、电线均穿钢管敷设，埋地钢管标准高为 -0.2m。埋地钢管至动力配电箱出口处高出地坪 +0.1m。

3. 4 台设备基础标高均为 +0.3m，至设备电机处的配管管口高出基础面 0.2m，均连接 1 根长 0.8m 同管径的金属软管。

4. 连接电机处，出管口后电线、电缆的全部预留长度为 1m。电缆头为户内干包式，配电箱内的电力电缆头需要预留最小检修长度。穿电缆保护管的电缆不计附加长度。

5. 电缆桥架（200×100）的水平长度为 22m。

6. 电缆保护管水平长度见图中括号内数字，单位为 m。

7. 接地母线采用 40×4 镀锌扁钢，埋深 0.7m，由室外进入外墙皮后的水平长度为 0.5m，出地面后至配电箱内的长度为 0.8m，室内外地坪高差 0.3m。

8. 接地电阻要求小于 4Ω。

9. 题 6-3-1 表中数据为计算该动力安装工程的相关费用。

2. 该工程的相关定额、主材单价及损耗率表见题 6-3-1 表。

题 6-3-1 表

| 序号 | 项目名称 | 单位 | 安装费（元） | | | 主材 | |
|------|---------|------|------|------|------|------|------|
| | | | 人工费 | 材料费 | 机械费 | 单价（元） | 损耗率（%） |
| 1 | 成套配电箱安装（落地式） | 台 | 69.66 | 31.83 | 0 | 2000 元/台 | |
| 2 | 基础槽钢制作 | kg | 5.02 | 1.32 | 0.41 | 3.50 | 5 |
| 3 | 基础槽钢安装 | m | 9.62 | 3.35 | 0.93 | | |
| 4 | 钢管 φ25 沿砖、混凝土结构暗配 | 100m | 785.70 | 144.94 | 41.50 | 9.30 元/m | 3 |
| 5 | 钢管 φ40 沿砖、混凝土结构暗配 | 100m | 1341.60 | 248.40 | 59.36 | 12.80 元/m | 3 |
| 6 | 铜芯电力电缆敷设 16m² | m | 3.26 | 1.64 | 0.05 | 81.79 | 1 |
| 7 | 户内干包式电力电缆终端头制作安装 16m² | 个 | 12.77 | 67.14 | 0 | | |
| 8 | 角钢接地极制作安装 | 根 | 14.51 | 1.89 | 14.32 | 42.40 元/根 | 3 |
| 9 | 接地母线敷设 | 10m | 71.40 | 0.90 | 2.10 | 6.30 元/m | 5 |
| 10 | 接地电阻测试 | 系统 | 30.00 | 1.49 | 14.52 | | |
| 11 | 管内穿照明线 BV4mm² | 10m | 5.40 | 3.00 | 0 | 4.20 元/m | 10 |
| 12 | 铜芯电力电缆敷设 50m² | m | 12.56 | 4.34 | 0.25 | 380.60 | 1 |
| 13 | 户内干包式电力电缆终端头制作安装 50m² | 个 | 30.67 | 125.62 | 0 | | |
| 14 | 电缆桥架 | 10m | 353.50 | 62.73 | 2.32 | 6.07 元/m | 5 |

注：表内费用均不包含增值税可抵扣的进项税额。

3. 该工程的人工费单价（综合普工、一般技工和高级技工）为 100 元/工日，管理费和利润分别按人工费的 55% 和 45% 计算。

4. 相关分部分项工程量清单编码及项目名称见题 6-3-2 表。

题 6-3-2 表

| 项目编码 | 项目名称 | 项目编码 | 项目名称 |
|---|---|---|---|
| 030404017 | 配电箱 | 030411001 | 配管 |
| 030408003 | 电缆保护管 | 030411004 | 配线 |
| 030408001 | 电力电缆 | 030409002 | 接地母线 |
| 030411003 | 电缆桥架 | 030409001 | 接地极 |
| 030408006 | 电力电缆头 | 030414011 | 接地装置电气调整试验 |

## 问题：

1. 根据图示内容和《通用安装工程工程量计算规范》GB 50856 的规定，列式计算电缆保护管、电缆敷设、电缆桥架、接地母线、配管、配线的工程量。

2. 依据《通用安装工程工程量计算规范》GB 50856 的规定和所给出的项目编码，填写题 6-3-3 表"分部分项工程和单价措施项目清单与计价表"。

3. 据定额表，填写完成题 6-3-4 表"综合单价分析表"。

4. 某投标人拟按以下数据进行该工程的投标报价。假设该安装工程计算出的各分部分项工程工料机费用合计为 100 万元，其中人工费占 10%。安装工程脚手架搭拆的工料机费用，按各分部分项工程人工费合计的 8% 计取，其中人工费占 25%；安全防护、文明施工措施费用，按当地工程造价管理机构发布的规定计 2 万元，其他措施项目清单费用按 3 万元计。施工管理费、利润分别按人工费的 54%、46% 计。暂列金额 1 万元，专业工程暂估价 2 万元（总承包服务费按 3% 计取），不考虑计日工费用。规费按 5% 费率计取；前述费用中均不含可抵扣的进项税税额。增值税税率按一般计税方法计取。编制题 6-3-5 表"单位工程投标报价汇总表"，并列出计算过程。（计算过程和结果均保留两位小数）

题 6-3-3 表　　　　　　　　分部分项工程和单价措施项目清单与计价表

| 序号 | 项目编码 | 项目名称 | 项目特征描述 | 计量单位 | 工程量 | 金额（元） | |
|---|---|---|---|---|---|---|---|
| | | | | | | 综合单价 | 合价 |
| | | | | | | | |
| | | | | | | | |
| | | | | | | | |
| | | | | | | | |
| | | | | | | | |
| | | | | | | | |
| | | | | | | | |
| | | | | | | | |
| | | | | | | | |
| | | | | | | | |
| | | | | | | | |
| 小计 | | | | | | | |

**题 6-3-4 表**　　　　　　　　　　　　　**综合单价分析表**

| 项目编码 | | | 项目名称 | | | 计量单位 | | |
|---|---|---|---|---|---|---|---|---|
| **清单综合单价组成明细** | | | | | | | | |

| 定额编号 | 定额名称 | 定额单位 | 数量 | 单价（元） | | | | 合价（元） | | | |
|---|---|---|---|---|---|---|---|---|---|---|---|
| | | | | 人工费 | 材料费 | 机械费 | 管理费和利润 | 人工费 | 材料费 | 机械费 | 管理费和利润 |
| | | | | | | | | | | | |
| | | | | | | | | | | | |
| | | | | | | | | | | | |
| | | | | | | | | | | | |
| | | | | | | | | | | | |

| 人工单价 | | 小　计 | | | | |
|---|---|---|---|---|---|---|
| | | 未计价材料费（元） | | | | |
| 清单项目综合单价（元/m²） | | | | | | |

| 材料费明细 | 主要材料名称、规格、型号 | | 单位 | 数量 | 单价（元） | 合价（元） | 暂估单价（元） | 暂估合价（元） |
|---|---|---|---|---|---|---|---|---|
| | | | | | | | | |
| | | | | | | | | |
| | | | | | | | | |
| | 其他材料费（元） | | | | | | | |
| | 材料费小计（元） | | | | | | | |

**题 6-3-5 表**　　　　　　　　　　　　　**单位工程投标报价汇总表**

| 序号 | 汇总内容 | 金额（万元） | 其　中 | | |
|---|---|---|---|---|---|
| | | | 暂估价（万元） | 安全文明施工费（万元） | 规费（万元） |
| 1 | | | | | |
| 1.1 | | | | | |
| 1.2 | | | | | |
| 1.3 | | | | | |
| …… | | | | | |
| 2 | | | | | |
| 2.1 | | | | | |
| 2.2 | | | | | |
| 3 | | | | | |
| 3.1 | | | | | |
| 3.2 | | | | | |

续表

| 序号 | 汇总内容 | 金额（万元） | 其 中 | | |
|---|---|---|---|---|---|
| | | | 暂估价（万元） | 安全文明施工费（万元） | 规费（万元） |
| 3.3 | | | | | |
| 3.4 | | | | | |
| 4 | | | | | |
| 5 | | | | | |
| | | | | | |

# 模拟题三

## 试题一：

某拟建项目有关资料如下：

1. 该项目为拟建一条 20 万 t 防水材料生产线，厂房的建筑面积为 5000m²，项目建设资金来源为自有资金和贷款，建设期 2 年，分年度按投资比例发放，第一年投入 40%，第二年投入 60%，贷款为 7000 万元，贷款利率 8%（按年计息）。同行业已建类似项目的建筑安装工程费用为 2000 元/m²，所含的人工费、材料费、施工机具使用费和综合税费占建筑安装工程造价的比例分别为 17.18%、58.31%、9.18%、15.33%。因建设时间、地点、标准等不同，相应的综合调整系数分别为 1.21、1.26、1.38、1.41。设备及工器具购置费为 5000 万元，工程建设其他费用为 1200 万元。预计建设期物价年平均上涨率 3%，投资估算到开工的时间按一年考虑，基本预备费率为 10%。若单位产量占用流动资金额为：45 元/t。

2. 假设项目全部建设投资为 9000 万元，其中，预计全部形成固定资产（包括可抵扣固定资产进项税额 70 万），固定资产使用年限 8 年，按直线法折旧，残值率为 5%，运营期 6 年，固定资产余值在项目运营期末收回。

3. 假设运营期第 1 年投入流动资金 150 万元，全部为自有资金，流动资金在计算期末全部收回。

4. 在运营期间，正常年份每年的营业收入为 2800 万元（其中销项税额为 200 万），经营成本为 350 万元（其中进项税额为 80 万）；增值税附加按应纳增值税的 9% 计算，所得税率为 25%，行业所得税后基准收益率为 10%，行业基准投资回收期为 8 年。

5. 投产第 1 年生产能力达到设计生产能力的 60%，营业收入与经营成本也为正常年份的 60%。投产第 2 年及第 2 年后各年均达到设计生产能力。

6. 为简化起见，将"调整所得税"列为"现金流出"的内容。

### 问题：

1. 列式计算项目的建筑安装工程费用。

2. 列式计算建设项目总投资。

3. 列式计算融资前的年固定资产折旧费和计算期第 8 年的固定资产余值。

4. 编制融资前该项目的投资现金流量表，将数据填入题 1–1 表中，并计算项目投资财务净现值（所得税后）。列式计算该项目的动态投资回收期（所得税后），并评价该项目是否可行。（计算结果保留两位小数）

题 1-1 表                    项目的投资现金流量表

| 序号 | 项目 | 建设期 | | 运营期 | | | | | |
|------|------|--------|--------|--------|--------|--------|--------|--------|--------|
| | | 1 | 2 | 3 | 4 | 5 | 6 | 7 | 8 |
| 1 | 现金流入 | | | | | | | | |
| 1.1 | 营业收入（不含销项税额） | | | | | | | | |
| 1.2 | 销项税额 | | | | | | | | |
| 1.3 | 补贴收入 | | | | | | | | |
| 1.4 | 回收固定资产余值 | | | | | | | | |
| 1.5 | 回收流动资金 | | | | | | | | |
| 2 | 现金流出 | | | | | | | | |
| 2.1 | 建设投资 | | | | | | | | |
| 2.2 | 流动资金投资 | | | | | | | | |
| 2.3 | 经营成本（不含进项税额） | | | | | | | | |
| 2.4 | 进项税额 | | | | | | | | |
| 2.5 | 应纳增值税 | | | | | | | | |
| 2.6 | 增值税附加 | | | | | | | | |
| 2.7 | 维持运营投资 | | | | | | | | |
| 2.8 | 调整所得税 | | | | | | | | |
| 3 | 所得税后净现金流量 | | | | | | | | |
| 4 | 累计税后净现金流量 | | | | | | | | |
| 5 | 折现系数（10%） | 0.9091 | 0.8264 | 0.7513 | 0.683 | 0.6209 | 0.5645 | 0.5132 | 0.4665 |
| 6 | 折现后净现金流 | | | | | | | | |
| 7 | 累计折现净现金流量 | | | | | | | | |

# 试题二：

某承包人在一建筑面积为 3000m² 的多层仓库工程中，拟定了三个可供选择的施工方案 A、B、C。A 方案的单方造价为 1500 元/m²，B 方案的单方造价为 1200 元/m²，C 方案的单方造价为 1050 元/m²。专家组为此进行技术经济分析，对各方案的技术经济指标打分见题 2-1 表，并一致认为各技术经济指标的重要程度为：$F_1$ 相对于 $F_2$ 很重要，$F_1$ 相对于 $F_3$ 较重要，$F_2$ 和 $F_4$ 同等重要，$F_3$ 和 $F_5$ 同等重要。

题 2-1 表                    各方案的技术经济指标得分

| 技术经济指标 \ 方案 | A | B | C |
|------|------|------|------|
| $F_1$ | 9 | 8 | 8 |
| $F_2$ | 7 | 10 | 9 |

右上角：续表

| 技术经济指标＼方案 | A | B | C |
|---|---|---|---|
| $F_3$ | 10 | 9 | 8 |
| $F_4$ | 7 | 8 | 10 |
| $F_5$ | 8 | 8 | 7 |

## 问题：

1. 采用 0-4 评分法计算各技术经济指标的权重，将计算结果填入题 2-2 表中。

题 2-2 表　　　　　　　各技术经济指标权重计算表

| | $F_1$ | $F_2$ | $F_3$ | $F_4$ | $F_5$ | | |
|---|---|---|---|---|---|---|---|
| $F_1$ | | | | | | | |
| $F_2$ | | | | | | | |
| $F_3$ | | | | | | | |
| $F_4$ | | | | | | | |
| $F_5$ | | | | | | | |
| 合计 | | | | | | | |

2. 列表计算各方案的功能指数，将计算结果填入题 2-3 表中。

题 2-3 表　　　　　　　　各方案功能指数

| | 权重 | A | B | C |
|---|---|---|---|---|
| $F_1$ | | | | |
| $F_2$ | | | | |
| $F_3$ | | | | |
| $F_4$ | | | | |
| $F_5$ | | | | |
| 合计 | | | | |
| 功能指数 | | | | |

3. 请采用价值指数法选择最佳施工方案。

4. 该工程合同工期为 110 天。承包人报送并已获得监理工程师审核批准的施工网络进度计划如题 2-1 图所示。箭线上方括号外为正常工作时间直接费（万元），括号内为最短工作时间直接费（万元），箭线下方括号外为正常工作持续时间（天），括号内为最短工作持续时间（天）。正常工作时间的间接费为 15.8 万元，间接费率为 0.20 万元/天。建设方提出若用 98 天完成该项目，可得奖励 6000 元，对施工方是否有利？相对于正常工期下的总费用，施工方节约（或超支）多少费用？

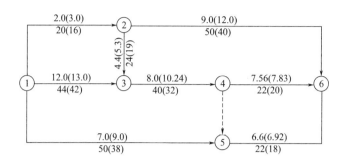

**题 2-1 图　施工网络进度计划图（单位：天）**

（功能指数和价值指数的计算结果保留三位小数，其他计算结果保留两位小数）

# 试题三：

某国有资金投资占控股地位的公用建设项目，施工图设计文件已经相关行政主管部门批准，建设单位采用了公开招标方式进行施工招标。

2018 年 4 月 1 日招标人向通过资格预审的 A、B、C、D、E 五家施工单位发售招标文件，各施工单位按招标单位的要求在领取招标文件的同时提交了投标保证金，在同一张表格上进行了登记签收，招标文件中的评标标准如下：

1. 该项目的要求工期不超过 18 个月。

2. 对各投标报价进行初步评审时，若最低报价低于有效标书的次低报价 15% 及以上，视为最低报价低于其成本价。

3. 在详细评审时，对有效标书的各投标单位自报工期比要求工期每提前 1 个月给业主带来的提前投产效益在评审时可在报价的基础上扣减 40 万元计算；施工单位承诺争做文明施工示范基地的在评审时可在报价的基础上扣减 10 万元；申报绿色施工的在评审时可在报价的基础上扣减 15 万元；申报建筑业新技术应用示范工程的在评审时可在报价的基础上扣减 20 万元；申报省优工程的在评审时可在报价的基础上扣减 30 万元。

4. 经初步评审后确定的有效标书在详细评审时，除报价外，应考虑将工期、示范文明工地、绿色施工、新技术、省优工程折算为货币，计算其评审价格。

5. 投标单位的投标情况如下：A、B、C、D、E 五家投标单位均在招标文件规定的投标截止时间前提交了投标文件。在开标会议上招标人宣读了各投标文件的主要内容，见题 3-1 表、题 3-2 表。

**问题：**

1. 指出招标人在发售招标文件过程中的不妥之处，并说明理由。

2. 通过评审各投标人的自报工期和标价，判别各投标文件是否有效？

3. 若不考虑资金的时间价值，仅考虑工期提前、文明施工、绿色施工、新技术、创优工程申报给业主带来效益，确定各投标人的综合报价（评审价）并从低到高进行排列。

题 3-1 表　　　　　　　　　　投标主要内容汇总表

| 投标人 | 基础工程 | | 结构工程 | | 装修工程 | | 结构工程与装修工程搭接时间（月） |
|---|---|---|---|---|---|---|---|
| | 报价（万元） | 工期（月） | 报价（万元） | 工期（月） | 报价（万元） | 工期（月） | |
| A | 420 | 4 | 1000 | 10 | 800 | 6 | 0 |
| B | 390 | 3 | 1080 | 9 | 960 | 6 | 2 |
| C | 420 | 3 | 1100 | 10 | 1000 | 5 | 3 |
| D | 480 | 4 | 1040 | 9 | 1000 | 5 | 1 |
| E | 400 | 4 | 830 | 10 | 850 | 6 | 2 |

题 3-2 表　　　　　　　　　　投标主要内容汇总

| 投标人 | 文明施工示范基地 | 采用绿色施工技术 | 新技术应用示范工程 | 省优工程 |
|---|---|---|---|---|
| A | √ | √ | √ | √ |
| B | √ | | √ | |
| C | √ | √ | | √ |
| D | √ | | √ | |
| E | √ | √ | | |

# 试题四：

某工业项目发包人采用工程量清单计价方式，与承包人按照《建设工程施工合同（示范文本）》GF-2017-0201 签订了工程施工合同。合同约定：项目的成套生产设备由发包人采购；管理费和利润为人材机费用之和的 18%（其中现场管理费为 5%，窝工时计取），规费和税金为人材机费用与管理费和利润之和的 15%；人工工资标准为 80 元/工日，窝工补偿标准为 50 元/工日，施工机械窝工闲置台班补偿标准为正常台班费的 60%；工期 270 天，每提前（或拖后）1 天奖励（或罚款）5000 元（含税费）。

承包人经发包人同意将设备与管线安装作业分包给某专业分包人，分包合同约定，分包工程进度必须服从总包施工进度计划的安排，各项费用、费率标准约定与总承包施工合同相同。开工前，承包人编制并得到监理工程师批准的施工网络进度计划如题 4-1 图所示。图中箭线下方括号外数字为工作持续时间（单位：天），括号内数字为每天作业班组工人数。所有工作均按最早可能时间安排作业。

施工过程中发生了如下事件：

事件 1：主体结构作业 20 天后，遇到持续 2 天的特大暴风雨，造成工地堆放的承包人部分周转材料损失费用 2000 元；特大暴风雨结束后，承包人安排该作业队中 20 人修复倒塌的模板及支撑，30 人进行工程修复和场地清理，其他人在现场停工待命，修复和清理工作持续了 1 天时间。施工机械 A、B 持续窝工闲置 3 个台班（台班费分别为：1200 元/台班、900 元/台班）。

事件 2：设备基础与管沟完成后，专业分包人对其进行技术复核，发现有部分基础尺寸和地脚螺栓预留孔洞位置偏差过大。经沟通，承包人安排 10 名工人用了 6 天时间进行

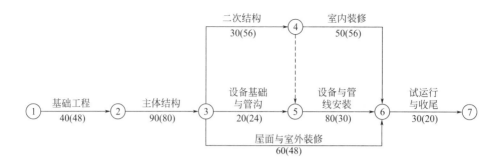

**题 4-1 图　施工网络进度计划**

返工处理，发生人材机费用 1260 元，并使设备基础与管沟工作持续时间增加 4 天。

事件 3：设备与管线安装作业中，因发包人采购成套生产设备的配套附件不全，专业分包人自行决定采购补全，发生采购费用 3500 元，并造成作业班组整体停工 3 天，因受干扰降效增加作业用工 60 个工日，施工机械 C 闲置 6 个台班（台班费：1600 元/台班），设备与线安装工作持续时间增加 3 天。

事件 4：8 月 7 日至 10 日室内装修施工时，乙方租赁的大模板未能及时进场，随后的 8 月 9~12 日，装修施工的材料供应中断（建设单位提供），造成 40 名工人持续窝工 6 天，所用机械持续闲置 6 个台班（台班费：900 元/台班）。

事件 5：为抢工期，经监理工程师同意，承包人将试运行部分工作压缩 5 天，费用增加 10000 元。其余各项工作的持续时间和费用没有发生变化。

上述事件发生后，承包人均在合同规定的时间内向发包人提出索赔，并提交了相关索赔资料。（上述各项费用除了奖罚款其余都不含税）

**问题：**

1. 分别说明各事件工期、费用索赔能否成立？简述其理由。

2. 各事件工期索赔分别为多少天？总工期索赔为多少天？实际工期为多少天？

3. 专业分包人可以得到的费用索赔为多少元？专业分包人应该向谁提出索赔？

4. 承包人可以得到的各事件费用索赔为多少元？总费用索赔额为多少元？工期奖励（或罚款）为多少元？

# 试题五：

某工程采用工程量清单招标，确定某承包商中标。甲乙双方签订的承包合同包括的分项工程量清单工程量和投标综合单价见题 5-1 表。工程合同工期 12 个月，措施费 84 万元（含安全文明施工费为 16 万元），其他项目费 100 万元（含暂列金额 30 万元，计日工 3 万元，其他均为专业工程暂估价），规费和增值税为分部分项工程费、措施费、其他项目费之和的 15%。有关工程付款的条款如下：

1. 工程材料预付款为合同价（扣除暂列金额）的 20%，在开工前 7 日支付，在第 2~9 个月均匀扣回。

2. 安全文明施工费在开工后的第 1 个月支付 60%，剩余的安全文明施工费在第 2~6

个月的工程进度款中均匀支付。其他措施费在前 9 个月的工程进度款中均匀支付。

3. 工程进度款按月结算，在每次工程款中按 3% 的比例扣留工程质量保证金。

4. 当每项分项工程的工程量增加（或减少）幅度超过清单工程量的 15% 时，调整综合单价，调整系数为 0.9（或 1.1）。

5. 施工期间第 2~6 月分项工程结算价格综合调整系数为 1.1，第 7~12 月分项工程结算价格综合调整系数为 1.2。

题 5-1 表　　　　　　　　　　分项工程计价数据表

| 分项工程数据名称 | A | B | C | D | E | F | G | 合计 |
|---|---|---|---|---|---|---|---|---|
| 清单工程量（m²） | 15000 | 36000 | 22500 | 30000 | 18000 | 20000 | 18000 | — |
| 综合单价（元/m²） | 180 | 200 | 150 | 160 | 140 | 220 | 150 | — |
| 分项工程项目费用（万元） | 270 | 720 | 337.5 | 480 | 252 | 440 | 270 | 2769.5 |

经监理工程师批准的进度计划，如题 5-1 图所示（各分项工程各月计划进度和实际进度均为匀速进展）。

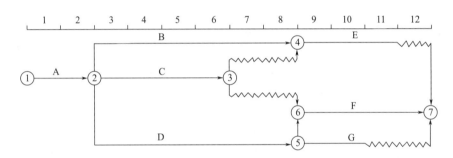

题 5-1 图　进度计划表

根据核实的有关记录，有如下几项事件应该在工程进度款中予以考虑：

1. 第 1 个月现场签证的计日工费用为 3 万元，其作业对工期无影响。

2. 第 2 个月业主甲供材费用为 2 万元。

3. 第 6 个月末检查工程进度时，A 工作已按照计划全部完成，B 工作已完成 1/2，C 工作刚好完成，D 工作已完成 1/3（经监理工程师核实，均为施工方责任）。

4. 第 11 月业主批复专业工程实际费用 67 万元。

5. 第 12 月业主批复的索赔款 5 万元，工期不受影响。

6. 实际工期与计划工期一致。

（以上各费用项目价格均不包含增值税可抵扣进项税额）。

**问题：**

1. 列式计算该项目的签约合同价及材料预付款。

2. 第 1 个月业主应支付工程款为多少万元？

3. 第 2 个月业主应支付工程款为多少万元？

4. 根据第 6 个月末检查结果，绘制实际进度前锋线，并分析第 6 个月末 B、C、D 三项工作分项工程费用的进度偏差，如果后 6 个月按原计划进行，分析说明 B、D 工作对合同工期的影响。

5.不考虑问题 4 的影响，按照原计划网络图和实际价格列式计算该项目的实际总造价。(计算结果均保留两位小数)

# 试题六：

本试题共分三个专业（Ⅰ土木建筑工程、Ⅱ管道和设备工程、Ⅲ电气和自动化控制工程)，任选其中一题作答。

## Ⅰ.土木建筑工程

**背景资料：**

某别墅部分设计如题 6-1-1 图~题 6-1-5 图所示。该工程为混合结构，室外地坪标高

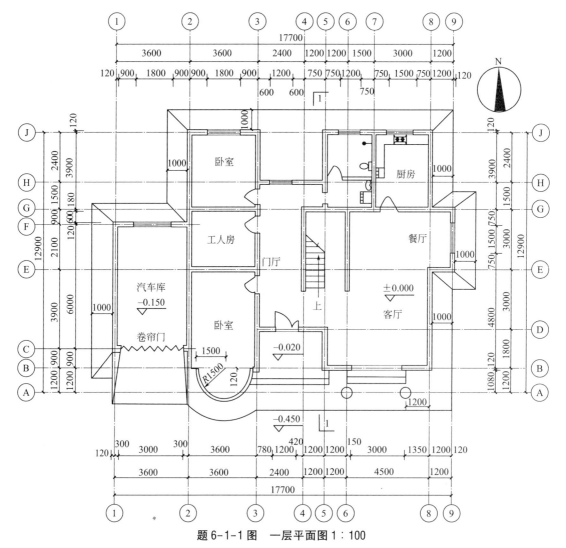

题 6-1-1 图　一层平面图 1：100

注：弧形落地窗半径 $R=1500$ mm（为 B 轴外墙外边线到弧形窗边线的距离，弧形窗的厚度忽略不计)

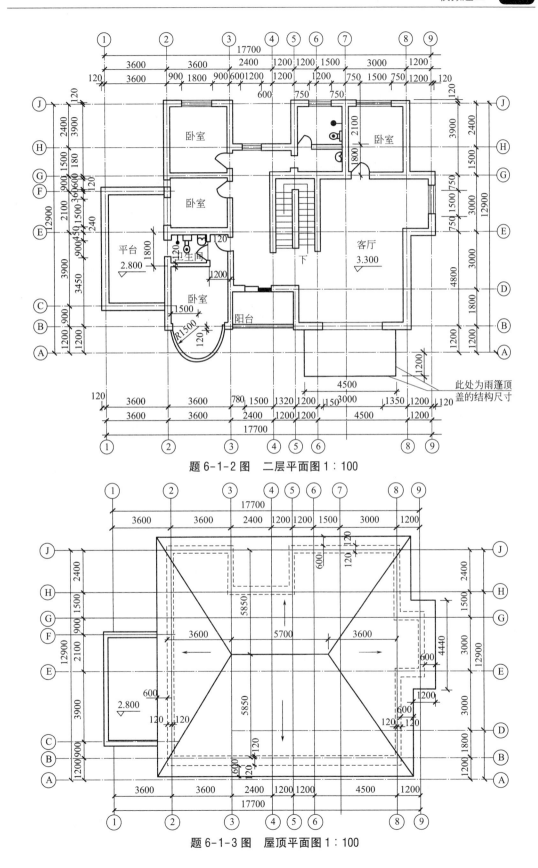

题 6-1-2 图　二层平面图 1：100

题 6-1-3 图　屋顶平面图 1：100

题 6-1-4 图　南立面图 1：100

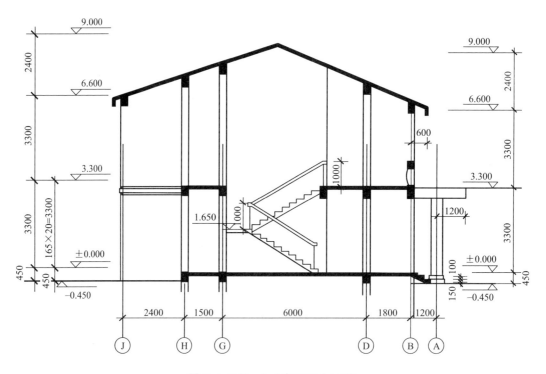

题 6-1-5 图　1-1 剖面图 1：100

为 -0.450m，檐口标高为 6.6m。墙体为 MU25 普通黏土砖墙，采用 M7.5 混合砂浆砌筑，砖墙除注明外均为 240mm 厚，外墙外侧均做 35 厚聚苯颗粒保温层（弧形处墙不计保温，即不考虑 2~3 轴与 B 轴相交处的墙）。楼板均为 120 厚 C25 现浇混凝土楼板。工程做法详见题 6-1-1 表。

工程量计算说明：

1. 内墙门窗侧面、顶面和窗底面均抹灰后刷乳胶漆，其乳胶漆计算宽度均按 100mm

计算，并入内墙面刷乳胶漆项目内。

2. 贴块料的内墙，其门窗侧面、顶面和窗底面要计算，计算宽度均按 150mm 计算，归入零星项目。

3. 门洞侧壁不计算踢脚线。

4. 所有房间室内门的洞口尺寸均按 900mm×2100mm 计；所有北面外墙上窗的洞口尺寸按 1500mm×1800mm，窗台高 900mm。

5. 二层平面图：卧室中卫生间处 1200mm 为卫生间墙中线尺寸。②-③轴之间的阳台按照主体结构内计算。

题 6-1-1 表 　　　　　　　　　　　工程做法一览表

| 序号 | 工程部位 | 工程做法 |
|---|---|---|
| 1 | 不上人屋面 | 1. 铺红色水泥瓦；<br>2. 25 厚 1∶1∶4 水泥石灰浆；<br>3. 1.5 厚聚氨酯涂膜防水层三遍；<br>4. 20 厚 1∶3 水泥砂浆找平层；<br>5. 40 厚现喷硬质发泡聚氨保温层；<br>6. 10 厚 1∶3 水泥砂浆找平层；<br>7. 3 厚 SBS 卷材隔气层；<br>8. 5 厚 1∶3 水泥砂浆找平层；<br>9. 120 厚现浇混凝土楼板 |
| 2 | 水泥砂浆楼地面 | 1. 部位：门厅、客厅、餐厅、工人房、汽车库；<br>2. 20 厚 1∶2.5 水泥砂浆抹面压实赶光；<br>3. 30 厚 C15 细石混凝土随打随抹；<br>4. 3 厚聚氨酯防水涂膜两遍；<br>5. 120 厚 C20 混凝土垫层；<br>6. 素土夯实 |
| 3 | 木地板地面 | 1. 部位：卧室；<br>2. 8 厚强化企口复合木地板，板缝用胶粘剂粘铺，5 厚泡沫塑料衬垫；<br>3. 15 厚 1∶2.5 水泥砂浆找平；<br>4. 30 厚 C15 细石混凝土随打随抹；<br>5. 3 厚聚氨酯防水涂膜两遍；<br>6. 120 厚 C15 混凝土垫层；<br>7. 素土夯实 |
| 4 | 块材地面 | 1. 部位：厨房、卫生间；<br>2. 5 厚 300×300 防滑地砖，干水泥擦缝；<br>3. 30 厚 1∶3 干硬性水泥砂浆，表面撒水泥粉；<br>4. 最薄处 30 厚 C20 细石混凝土找坡抹平（地漏其周围半径 1m 范围内的地面做 1% 坡度，坡向地漏），水泥浆一道（内掺建筑胶）；<br>5. 120 厚 C15 混凝土；<br>6. 素土夯实 |

续表

| 序号 | 工程部位 | 工程做法 |
|---|---|---|
| 5 | 水泥砂浆踢脚线（150mm 高) | 1. 部位：门厅、客厅、餐厅、工人房、汽车库；<br>2. 6 厚 1：2.5 水泥砂浆罩面压实赶光；<br>3. 素水泥浆一道；<br>4. 8 厚 1：3 水泥砂浆打底扫毛划出纹道；<br>5. 素水泥浆一道甩毛（掺建筑胶) |
| 6 | 木质踢脚线（150mm 高) | 1. 部位：卧室；<br>2. 做法：选用 05J909/TJ13 踢 9D 高 150，去掉 1、4，改 2 为 8 厚强化企口复合木地板与上下木条及木砖钉牢； |
| 7 | 内墙面装饰抹灰 | 1. 部位：除卫生间、厨房以外墙面；<br>2. 内墙立邦乳胶漆三遍（底漆一遍，面漆两遍)；<br>3. 满刮普通成品腻子膏两遍；<br>4. 面层 5mm 厚 1：0.5：3 水泥石灰砂浆罩面压光；<br>5. 底层 15mm 厚 1：1：6 水泥石灰砂浆；<br>6. 5 厚 1：2.5 水泥砂浆打底 |
| 8 | 块料内墙面 | 1. 部位：厨房、卫生间；<br>2. 150mm×300mm×5mm 釉面砖，白水泥擦缝；<br>3. 5 厚 1：2 建筑水泥砂浆粘结层；<br>4. 素水泥浆一道；<br>5. 6 厚 1：2.5 水泥砂浆打底压实抹平 |
| 9 | 顶棚涂料 | 1. 部位：除卧室以外顶棚；<br>2. 喷合成树脂乳胶涂料面层二道（每道隔 2h)；<br>3. 封底漆一道（干燥后再做面涂)；<br>4. 3 厚 1：0.5：2.5 水泥石灰膏砂浆找平；<br>4. 5 厚 1：0.5：3 水泥石灰膏砂浆找平；<br>5. 素水泥浆一道甩毛（内掺建筑胶) |
| 10 | 顶棚吊顶（吊顶高度为 3000) | 1. 部位：卧室；<br>2. 12 厚岩棉吸声板面层，规格 592×592，燃烧性能为 A 级；<br>3. T 形轻钢次龙骨 TB24×28，中距 600；<br>4. T 形轻钢主龙骨 TB24×38，中距 600，找平后与钢筋吊杆固定；<br>5. Φ8 钢筋吊杆，双向中距 ≤1200；<br>6. 现浇混凝土板底预留 φ10 钢筋吊环，双向中距 ≤1200 |

**问题：**

1. 依据《建筑工程建筑面积计算规范》GB/T 50353 的规定，计算别墅的建筑面积。将计算过程及计量单位、计算结果填入题 6-1-2 表"建筑面积计算表"（计算结果均保留两位小数)。

题 6-1-2 表　　　　　　　　　　建筑面积计算表

| 序号 | 部位 | 计量单位 | 建筑面积 | 计算过程 |
|---|---|---|---|---|
| 1 | 一层 | | | |
| 2 | 二层 | | | |
| 3 | 阳台 | | | |
| 4 | 雨篷 | | | |
| | 合计 | | | |

2. 依据《房屋建筑与装饰工程工程量计算规范》GB 50854，填写题 6-1-3 表"分部分项工程量计算表"（计算结果均保留两位小数）。

题 6-1-3 表　　　　　　　　　　分部分项工程量计算表

| 序号 | 分项工程名称 | 计量单位 | 工程数量 | 计算过程 |
|---|---|---|---|---|
| 1 | 瓦屋面 | | | |
| 2 | J~H 轴与 5 轴相交砖墙（不考虑其中的圈梁与构造柱所占的体积） | | | |
| 3 | 厨房墙面镶贴块材 | | | |
| 4 | 工人房水泥砂浆地面 | | | |
| 5 | 工人房踢脚线 | | | |
| 6 | 工人房顶棚涂料 | | | |

3. 根据《建设工程工程量清单计价规范》GB 50500、《房屋建筑与装饰工程工程量计算规范》GB 50854 及题 6-1-4 表，补充完成该房屋建筑与装饰工程分部分项工程和单价措施项目清单与计价表，见题 6-1-5 表（画—处不要求填写）（计算结果均保留两位小数）。

题 6-1-4 表　　　　　　　　　　项目编码表

| 项目编码 | 项目名称 | 项目编码 | 项目名称 | 项目编码 | 项目名称 |
|---|---|---|---|---|---|
| 010401003 | 实心砖墙 | 011104002 | 竹木地板 | 011206002 | 镶贴零星块料 |
| 010901001 | 瓦屋面 | 011105001 | 水泥砂浆踢脚线 | 011302001 | 吊顶天棚 |
| 010902002 | 屋面涂膜防水 | 011105003 | 块料踢脚线 | 011407002 | 天棚喷刷涂料 |
| 011001001 | 屋面保温 | 011105005 | 木质踢脚线 | 011701001 | 综合脚手架 |
| 011101001 | 水泥砂浆楼地面 | 011201001 | 墙面一般抹灰 | 011703001 | 垂直运输 |
| 011102003 | 块料楼地面 | 011204003 | 块料墙面 | 011704001 | 超高施工增加 |
| 011101002 | 外墙保温 | | | | |

题 6-1-5 表　　　　　分部分项工程和单价措施项目清单与计价表

| 序号 | 项目编码 | 项目名称 | 项目特征描述 | 计量单位 | 工程量 | 金额 | | |
|---|---|---|---|---|---|---|---|---|
| | | | | | | 综合单价 | 合价 | 其中：暂估价 |
| 1 | | 二楼 7 轴~8 轴与 J 轴~G 轴卧室内墙面抹灰 | | | | — | — | — |
| 2 | | 瓦屋面 | | | | — | — | — |
| 3 | | 屋面涂膜防水 | | | | — | — | — |
| 4 | | 屋面保温 | | | | — | — | — |
| 5 | | 综合脚手架 | | | | — | — | — |
| 6 | | 垂直运输 | | | | — | — | — |
| 7 | | 超高工程附加 | | | | — | — | — |

4. 根据工人房水泥砂浆地面的清单项目特征题 6-1-6 表，施工企业的定额消耗量及市场资源价格表题 6-1-7 表~题 6-1-10 表，已知该企业的管理费率为 12%（以工料机和为基数计算），利润率和风险系数为 4.5%（以工料机和管理费为基数计算），计算水泥砂浆地面的清单综合单价，并填写完成清单计价表。

题 6-1-6 表　　　　　工人房水泥砂浆地面清单与计价表

| 序号 | 项目编码 | 项目名称 | 项目特征描述 | 计量单位 | 工程量 | 金额 | | |
|---|---|---|---|---|---|---|---|---|
| | | | | | | 综合单价 | 合价 | 其中：暂估价 |
| 1 | | 工人房水泥砂浆地面 | 1. 20 厚 1：2.5 水泥砂浆抹面压实赶光；<br>2. 40 厚 C15 细石混凝土随打随抹；<br>3. 3 厚聚氨酯防水涂膜两遍；<br>4. 120 厚 C20 混凝土垫层；<br>5. 素土夯实 | | | | | — |

题 6-1-7 表　　　　水泥砂浆面层（20 厚）企业定额消耗量（单位：100m²)

| 项目 | 人工 | 材料 | | | | | 机械 |
|---|---|---|---|---|---|---|---|
| | 综合工 | 水泥砂浆 | 水泥 | 水 | 阻燃防火保温草袋片 | 材料采购保管费 | — |
| 单位 | 综合工日 | m³ | kg | m³ | m² | 元 | — |
| 数量 | 9.59 | 2.02 | 150.20 | 3.86 | 22 | 23.94 | — |
| 市场资源价格表（元) | 77 元/工日 | 480.66 元/m³ | 0.42 元/kg | 7.85 元/m³ | 3.44 元/m² | | |

**题 6-1-8 表　　C15 细石混凝土（40 厚）企业定额消耗量（单位：100m²）**

| 项目 | 人工 | 材料 | | 机械 |
|---|---|---|---|---|
| | 综合工 | C15 细石混凝土 | 材料采购保管费 | 小型机具 |
| 单位 | 综合工日 | m³ | 元 | 元 |
| 数量 | 13.43 | 4.04 | 41.64 | 2.54 |
| 市场资源价格表（元） | 77/工日 | 380/m³ | | |

**题 6-1-9 表　聚氨酯涂膜防水层（3 厚，二遍）企业定额消耗量（单位：100m²）**

| 项目 | 人工 | 材料 | | | 机械 |
|---|---|---|---|---|---|
| | 综合工 | 聚氨酯防水涂膜 | 固化剂 | 材料采购保管费 | — |
| 单位 | 综合工日 | kg | kg | 元 | — |
| 数量 | 32.24 | 102.4 | 7.65 | 70.52 | — |
| 市场资源价格表（元） | 77/工日 | 17/kg | 52/kg | | — |

**题 6-1-10 表　　C20 混凝土垫层（120 厚）企业定额消耗量（单位：10m³）**

| 项目 | 人工 | 材料 | | 机械 |
|---|---|---|---|---|
| | 综合工 | C20 预拌混凝土 | 材料采购保管费 | 电动夯实机械 |
| 单位 | 综合工日 | m³ | 元 | 台班 |
| 数量 | 10.13 | 10.10 | 49.97 | 0.25 |
| 市场资源价格表（元） | 77/工日 | 400/m³ | | 26.02 |

5. 假定该工程分部分项工程费为 100000 元；单价措施项目费为 75000 元，总价措施项目仅考虑安全文明施工费，安全文明施工费按分部分项工程费的 3.5%计取；其他项目考虑基础基坑开挖的土方、护坡、降水专业工程暂估价为 5500 元；人工费占比分别为分部分项工程费的 8%、措施项目费的 15%；规费按照人工费的 21%计取，增值税税率按 9%计取。按《建设工程工程量清单计价规范》GB 50584 的要求，列示计算安全文明施工费、措施项目费、人工费、规费、增值税；并在题 6-1-11 表"单位工程最高投标限价汇总表"中填写该单位工程最高投标限价。

**题 6-1-11 表　　　　　　　　单位工程最高投标限价汇总表**

| 序号 | 汇总内容 | 金额（元） | 其中暂估价（元） |
|---|---|---|---|
| 1 | 分部分项工程 | | |
| 2 | 措施项目 | | |
| 2.1 | 其中：安全文明措施费 | | |
| 3 | 其他项目费 | | |
| 4 | 规费（人工费 21%） | | |
| 5 | 增值税 9% | | |
| | 最高总价合计 = 1+2+3+4+5 | | |

（上述问题中提及的各项费用均不包含增值税可抵扣进项税额。所有计算结果均保留

两位小数)

## Ⅱ.管道和设备工程

管道工程有关背景资料如下：

1.某娱乐中心共两层，外墙厚度 370mm。喷淋立管的中心线至墙壁的安装距离为 250mm。该建筑的自动喷淋消防工程的平面图、系统图如题 6-2-1 图~题 6-2-3 图所示。系统户外设有阀门井，内设消防水泵接合器，各层均设自动排气阀，丝扣自动泄水阀、信号蝶阀、水流指示器。

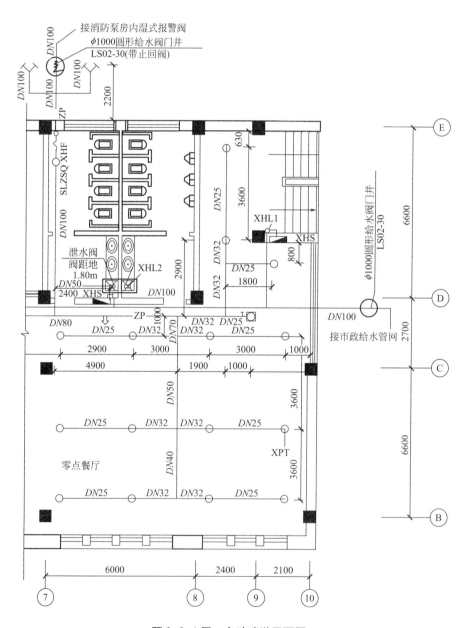

题 6-2-1 图　自动喷淋平面图

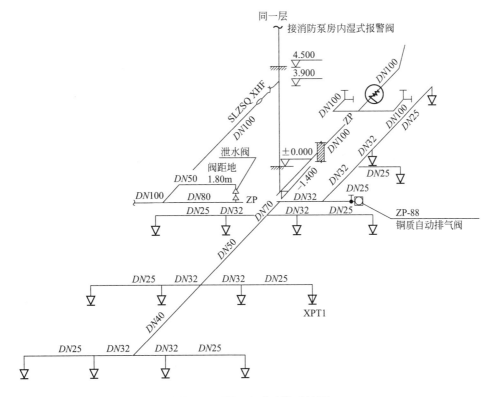

题 6-2-2 图　自动喷淋系统图

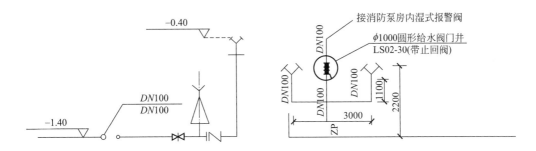

题 6-2-3 图　节点图：地下式消防水泵接合器 SQX100

说明：

1. 如图所示为某娱乐中心消防自动喷淋系统平面图、系统图和详图。管道系统工作压力为 1.0MPa。图中平面尺寸均以"mm"计；标高以"m"计。

2. 管道采用镀锌无缝钢管，管件采用碳钢成品螺纹管件，管道支架为现场制作安装。

3. 消防水泵接器为 SQX100 地下式安装，ZSJZ·F 水流指示器 DN100 与管道采用法兰连接，消防专用信号蝶阀 BWSX100，自动泄水阀 DN50，ZP—88 铜制自动排气阀 DN25 等阀门与管道的连接均为螺纹连接。

4. DN25 的水喷淋头为下垂式安装，距离顶部供水横支管的距离为 0.3m。

5. 消防自动喷淋管网安装完毕进行水压试验和水冲洗。

2. 假设消防管网工程量如下：

管道 *DN*100 35m、*DN*50 20m、*DN*32 30m、*DN*25 60m、消防水泵接合器 2 套，ZSJZ·F 水流指示器为 *DN*100 2 个，消防专用信号蝶阀 2 个，ZP—88 铜制自动排气阀 2 个，丝扣自动泄水阀 2 个，喷淋头 26 个，管道支架 120kg，水灭火控制装置调试 2 点。

3. 消防管道工程相关分部分项工程量清单项目的统一编码见题 6-2-1 表。

4. *DN*25 水喷淋管道的相关定额见题 6-2-2 表。

题 6-2-1 表

| 项目编码 | 项目名称 | 项目编码 | 项目名称 |
| --- | --- | --- | --- |
| 030901001 | 水喷淋钢管 | 030807001 | 低压螺纹阀门 |
| 030901006 | 水流指示器 | 031003001 | 螺纹阀门 |
| 030901012 | 消防水泵接合器 | 031002001 | 管道支架（kg 或套） |
| 030901003 | 水喷淋喷头 | 030905001 | 水灭火控制装置调试<br>（按水流指示器数量以点计算） |

注：编码前四位 0308 为"工业管道工程"，0309 为"消防工程"，0310 为"给水排水、采暖、燃气工程"。

题 6-2-2 表

| 定额编号 | 工程项目名称 | 计量单位 | 工料机单价（元） | | | 未计价材料（元） | |
| --- | --- | --- | --- | --- | --- | --- | --- |
| | | | 人工费 | 材料费 | 机械费 | 单价 | 耗用量 |
| 7-1 | *DN*25 水喷淋管安装，螺纹连接 | 10m | 205.66 | 10.33 | 5.35 | 5.63 元/m | 10.2 |
| | 管件（综合） | 个 | | | | 8.37 元/个 | 7.23 个/10m |
| 7-130 | 管道支架制作安装 | 100kg | 1005.70 | 218.90 | 125.87 | | 0.106t/100kg |
| 7-57 | *DN*50 以内自动喷水灭火系统管网水冲洗 | 100m | 285.89 | 129.54 | 11.28 | | |
| 7-208 | 自动喷水灭火系统调试 | 点 | 227.13 | 10.54 | 19.31 | | |

注：1. 该表中的费用均不含增值税可抵扣的进项税额；

　　2. 人工日工资单价 120 元/工日，管理费按人工费的 50% 计算，利润按人工费的 30% 计算。

**问题：**

1. 根据《通用安装工程工程量计算规范》GB 50856 的规定，按照题 6-2-1 图~题 6-2-3 图所示内容，列式计算水喷淋消防管道、水喷淋头的清单工程量。

2. 根据背景资料 2、3，以及题中规定的管道安装技术要求，编列出管道、管道支架、消防水泵接合器、水流指示器、阀门、水喷淋头以及自喷淋系统调试的分部分项工程量清单，填入题 6-2-3 表"分部分项工程和单价措施项目清单与计价表"中。

3. 根据《通用安装工程工程量计算规范》GB 50856、《建设工程工程量清单计价规范》GB 50500 规定，按照背景资料 4 中的相关定额数据，编制 *DN*25 水喷淋管安装项目的"综合单价分析表"，填入题 6-2-4 表。

4. 厂区综合楼消防工程单位工程招标控制价中的分部分项工程费为 216.70 万元，中标人投标报价中的分部分项工程费为 198.45 万元。在施工过程中，发包人向承包人提出增加安装 5 套消防水泵接合器的工程变更，消防水泵接合器由承包方采购。合同约定：招标工程量清单中没有适用的类似项目，按照《建设工程工程量清单计价规范》GB 50500 规定和消防工程的报价浮动率确定清单综合单价。经查当地工程造价管理机构发布的消防泵接合器安装定额价目表为 476.42 元，其中人工费 274.59 元；消防水泵接合器安装定额未计价主要材料费为 504 元/套。列式计算消防水泵接合器安装项目的清单综合单价。

题 6-2-3 表　　　　　　　　　分部分项工程和单价措施项目清单与计价表

工程名称：某建筑　　　　　　　　标段：自动喷淋系统安装　　　　　第 1 页　共 1 页

| 序号 | 项目编码 | 项目名称 | 项目特征描述 | 计量单位 | 工程量 | 金额（元） | | |
| --- | --- | --- | --- | --- | --- | --- | --- | --- |
| | | | | | | 综合单价 | 合价 | 其中：暂估价 |
| | | | | | | | | |
| | | | | | | | | |
| | | | | | | | | |
| | | | | | | | | |
| | | | | | | | | |
| | | | | | | | | |
| | | | | | | | | |
| | | | | | | | | |
| | | | | | | | | |
| | | | | | | | | |
| | | | | | | | | |
| | | | | | | | | |

题 6-2-4 表　　　　　　　　　　　　综合单价分析表

工程名称：某厂区　　　　　　　　标段：室外消防给水管网安装　　　　第 1 页　共 1 页

| 项目编码 | | 项目名称 | | 计量单位 | | 工程量 | |
| --- | --- | --- | --- | --- | --- | --- | --- |
| 清单综合单价组成明细 | | | | | | | |
| 定额编号 | 定额名称 | 定额单位 | 数量 | 单价 | | | | 合价 | | | |
| | | | | 人工费 | 材料费 | 机械费 | 管理费和利润 | 人工费 | 材料费 | 机械费 | 管理费和利润 |
| | | | | | | | | | | | |
| | | | | | | | | | | | |
| | | | | | | | | | | | |
| 人工单价 | | | 小　计 | | | | | | | | |
| 120 元/工日 | | | 未计价材料费 | | | | | | | | |
| 清单项目综合单价 | | | | | | | | | | | |
| 材料费明细 | 主要材料名称、规格、型号 | | 单位 | | 数量 | | 单价（元） | 合价（元） | 暂估单价（元） | 暂估合价（元） |
| | | | | | | | | | | |
| | | | | | | | | | | |
| | 其他材料费 | | | | | | | | | |
| | 材料费小计 | | | | | | | | | |

## Ⅲ. 电气和自动化控制工程

工程背景资料如下：

1. 某商店一层火灾自动报警系统工程如题6-3-1图、题6-3-2图所示。

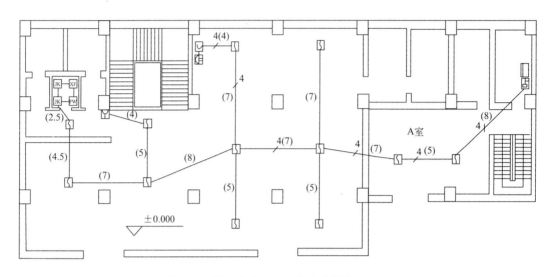

**题6-3-1图　商店一层火灾自动报警平面图**

| 序号 | 图例 | 名称　型号　规格 | 备　注 |
|---|---|---|---|
| 1 | | 智能型光电感烟探测器JTY-GD-3001 | 与底座配套吸顶安装 |
| 2 | | 火灾报警控制器2N-905 | 嵌入式安装，下口距地1.5m，尺寸：500×300×200(宽×高×厚) |
| 3 | DG | 短路隔离器HJ-175 | 装在火灾报警控制器内 |
| 4 | C | 控制模块HJ-1825 | 距顶0.2m安装 |
| 5 | JK | 输入模块HJ-1750B | 距顶0.2m安装 |
| 6 | W | 水流指示器 | 与输入模块一体 |
| 7 | XF | 信号阀 | 与输入模块一体 |
| 8 | | 警铃YAE-1 | 距顶0.2m明装 |
| 9 | | 手动报警按钮J-SAP-M-YAI | 离地1.5m明装 |

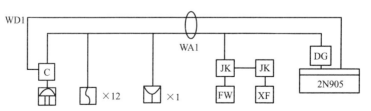

**题6-3-2图　商店一层火灾自动报警系统图**

说明：

（1）管路均为钢管φ20或φ15沿墙、顶板暗配，顶管数设标高除右侧A室为3m外，其余均为4m。管内穿4根线的，有两根DC24V电源线（NH-BV-1.5mm²）、两根报警线（NH-RVS-2×1.5mm），在φ20焊接钢管内共管数。管内穿2根线的管为φ15，管内仅穿报警二总线。

（2）控制模块和输入模块均安装在暗装开关盒内，2只输入模块之间距离0.3m，控制模块与警铃间的连线不计。

（3）自动报警系统装置调试的点数按本图内容计算。

（4）配管水平长度见括号内数字，单位为"m"。

2. 火灾自动报警系统工程的相关定额、主材单价及损耗率见题6-3-1表。

题 6-3-1 表

| 定额编号 | 项目名称 | 计量单位 | 安装费（元） | | | 主材 | |
| --- | --- | --- | --- | --- | --- | --- | --- |
| | | | 人工费 | 材料费 | 机械费 | 单价 | 损耗率（%） |
| 7-136 | 感烟探测器 | 只 | 66.67 | 5.64 | 0 | 32.90 | |
| 7-141 | 线型探测器 | 10m | 203.40 | 19.80 | 0 | 12.3 元/m | 32 |
| 7-142 | 按钮安装 | 只 | 97.18 | 8.75 | 0 | 13.5 元/只 | |
| 7-143 | 控制模块（接口） | 只 | 205.66 | 8.63 | 0 | 126 元/只 | |
| 7-145 | 报警模块（接口） | 只 | 194.36 | 6.09 | 0 | 56 元/只 | |
| 7-144 | 短路隔离器模块（接口） | 只 | 272.33 | 14.86 | 0 | 45 元/只 | |
| 7-150 | 报警控制器 | 台 | 1824.95 | 49.50 | 37.98 | 1200 元/台 | |
| 7-197 | 自动报警系统调试 | 系统 | 2049.82 | 234.50 | 228.99 | | |
| 2-1211 | 刚性阻燃管砖混结构暗配 φ20 | 100m | 610.20 | 25.43 | 0 | 2.50 元/m | 6 |
| 2-1210 | 刚性阻燃管砖混结构暗配 φ15 | 100m | 569.52 | 23.60 | 0 | 2.00 元/m | 6 |
| 2-1280 | 铜芯 1.5mm² 以内 | 100m | 81.36 | 19.04 | 0 | 2.20 元/m | 16 |
| 2-1281 | 铜芯 2.5mm² 以内 | 100m | 91.53 | 22.57 | 0 | 5.30 元/m | 16 |
| 2-1280 | 铜芯 1.5 mm² 以内双绞线 | 100m | 183.20 | 40.12 | 0 | 5.16 元/m | 16 |
| 2-1821 | 电铃 | 套 | 31.64 | 13.14 | 0 | 25 | |

注：表内费用均不包含增值税可抵扣的进项税额。

3. 人工单价为100元/工日，管理费和利润分别按人工费的65%和35%计算。

4. 相关分部分项工程量清单编码及项目名称见题6-3-2表。

题 6-3-2 表

| 项目编码 | 项目名称 | 项目编码 | 项目名称 |
| --- | --- | --- | --- |
| 030904001 | 点型探测器 | 030905001 | 自动报警系统调试 |
| 030904002 | 线型探测器 | 030901006 | 水流指示器 |
| 030904003 | 按钮 | 031003002 | 螺纹法兰阀门 |
| 030904008 | 模块（接口） | 030411001 | 电气配管 |
| 030904009 | 区域报警控制器 | 030411004 | 电气配线 |
| 030904004 | 消防警铃 | | |

**问题：**

1. 按照题 6-3-1 图、题 6-3-2 图及《通用安装工程工程量计算规范》GB50856 和《建设工程工程量清单计价规范》GB 50500 的规定，列式计算配管配线的工程量，并选用以下给定的统一项目编码（题 6-3-3 表），编制"分部分项工程和单价措施项目清单计价表"。

2. 根据题 6-3-1 图、题 6-3-2 图设计要求和上述相关定额，在题 6-3-4 表中，编制报警控制器的"工程量清单综合单价分析表"。

题 6-3-3 表　　　　　　　　**分部分项工程和单价措施项目清单计价表**

工程名称：商店　　　　　　　　标段：一层火灾自动报警系统

| 序号 | 项目编码 | 项目名称 | 项目特征描述 | 计量单位 | 工程量 | 金额（元） | | |
|---|---|---|---|---|---|---|---|---|
| | | | | | | 综合单价 | 合价 | 其中：暂估价 |
| | | | | | | | | |
| | | | | | | | | |
| | | | | | | | | |
| | | | | | | | | |
| | | | | | | | | |
| | | | | | | | | |
| | | | | | | | | |
| | | | | | | | | |
| | | | | | | | | |
| | | | | | | | | |
| | | | | | | | | |
| | | | | | | | | |
| | | | | | | | | |
| 合计 | | | | | | | | |

题 6-3-4 表　　　　　　　　**工程量清单综合单价分析表**

工程名称：商店　　　　　　　　标段：一层火灾自动报警系统

| 项目编码 | 030411001002 | 项目名称 | | 电气配管 φ15 钢管沿墙、楼板暗配 | | | 计量单位 | | m |
|---|---|---|---|---|---|---|---|---|---|
| 清单综合单价组成明细 | | | | | | | | | |
| 定额编号 | 定额项目名称 | 定额单位 | 数量 | 单价（元） | | | | 合价（元） | |
| | | | | 人工费 | 材料费 | 机械费 | 管理费和利润 | 人工费 | 材料费 | 机械费 | 管理费和利润 |
| | | | | | | | | | |
| | | | | | | | | | |
| | | | | | | | | | |

续表

| 定额编号 | 定额项目名称 | 定额单位 | 数量 | 单价（元） | | | | 合价（元） | | | |
|---|---|---|---|---|---|---|---|---|---|---|---|
| | | | | 人工费 | 材料费 | 机械费 | 管理费和利润 | 人工费 | 材料费 | 机械费 | 管理费和利润 |
| 人工单价 | | 小计 | | | | | | | | | |
| | | 未计价材料费（元） | | | | | | | | | |
| 清单项目综合单价（元/m） | | | | | | | | | | | |

| 材料费明细 | 主要材料名称、规格、型号 | 单位 | 数量 | 单价（元） | 合价（元） | 暂估单价（元） | 暂估合价（元） |
|---|---|---|---|---|---|---|---|
| | | | | | | — | — |
| | | | | | | — | — |
| | 其他材料费（元） | | | | | — | — |
| | 材料费小计（元） | | | | | — | — |

# 模拟题四

## 试题一：

某地区 2019 年拟建年产 40 万 t 新型建筑材料产品的项目。根据调查，该地区 2017 年建设的年产 30 万 t 相同产品的已建项目的投资总额为 2200 万元。生产能力指数为 0.7，2017 年至 2019 年工程造价平均每年递增 9%。

假设拟建项目的投资额及其他财务评价基础数据见题 1-1 表，建设期为 2 年，运营期为 6 年。运营期第 1 年达产 70%，以后各年均达产 100%。

题 1-1 表　　　　　某建设项目财务评价基础数据表（单位：万元）

| 序号 | 项目　　年份 | 1 | 2 | 3 | 4 | 5 | 6 | 7 | 8 |
|---|---|---|---|---|---|---|---|---|---|
| 1 | 建设投资<br>其中：资本金<br>　　　贷款 | 700<br>1000 | 800<br>1000 | | | | | | |
| 2 | 流动资金：<br>其中：资本金<br>　　　贷款 | | | 160<br>320 | 320 | | | | |
| 3 | 经营成本<br>其中：<br>可抵扣进项税额 | | | 2240<br>84 | 3200<br>120 | 3200<br>120 | 3200<br>120 | 3200<br>120 | 3200<br>120 |

有关说明如下：

1. 表中贷款额不含利息，建设投资贷款利率为 5.84%（按月计息）。建设投资估算中的 540 万元形成无形资产，其余形成固定资产。

2. 无形资产在运营期各年等额摊销；固定资产使用年限为 10 年，直线法折旧，残值率为 4%，固定资产余值在项目运营期末一次收回。

3. 流动资金贷款利率为 4%（按年计息）。流动资金在项目运营期末一次收回并偿还贷款本金。

4. 增值税率为 17%，增值税附加税率为 9%，所得税税率为 25%，行业基准投资回收期为 8 年。

5. 建设投资贷款在运营期内的前 4 年等额还本付息。

6. 当地政府考虑该项目对当地经济拉动作用，在项目运营期前两年每年给予 500 万元补贴（不计所得税）。

7. 运营期第四年，每年需维持运营投资 20 万元，维持运营投资按当年费用化处理，不考虑增加固定资产，无残值。

8. 该项目产品的含税销售价格为 60 元/件，设计生产能力为年产量 80 万件，产品固定成本占年总成本的 40%，单位产品平均可抵扣进项税额预计为 6 元。

9. 假定建设投资中无可抵扣固定资产进项税额，不考虑增值税对固定资产投资、建设期利息计算、建设期现金流量的可能影响。

**问题：**

1. 列式计算项目的建设总投资。

2. 列式计算建设投资贷款年实际利率，建设期贷款利息。

3. 编制建设投资贷款还本付息计划，见题 1-2 表。列式计算年固定资产年折旧额和运营期末余值。

题 1-2 表    借款还本付息计划表（单位：万元）

| 项目 | 计算期 | | | | | | | |
|------|---|---|---|---|---|---|---|---|
| | 1 | 2 | 3 | 4 | 5 | 6 | 7 | 8 |
| 借款 1 | | | | | | | | |
| 期初借款余额 | | | | | | | | |
| 当期还本付息 | | | | | | | | |
| 其中：还本 | | | | | | | | |
| 付息 | | | | | | | | |
| 期末借款余额 | | | | | | | | |
| 借款 2 | | | | | | | | |
| 期初借款余额 | | | | | | | | |
| 当期还本付息 | | | | | | | | |
| 其中：还本 | | | | | | | | |
| 付息 | | | | | | | | |
| 期末借款余额 | | | | | | | | |
| 合计 | | | | | | | | |
| 期初借款余额 | | | | | | | | |
| 当期还本付息 | | | | | | | | |
| 其中：还本 | | | | | | | | |
| 付息 | | | | | | | | |
| 期末借款余额 | | | | | | | | |

4. 列式计算期第 3、6 年的增值税附加、总成本和所得税。

5. 从项目资本金角度，列式计算第 3 年的净现金流量。

6. 计算计算期第 6 年的年产量盈亏平衡点，并据此进行盈亏平衡分析（计算结果保留两位小数）。

# 试题二：

某工程有 A、B、C 三个屋面保温的设计方案，经专家组讨论，决定从 ①初始投资；②年维护费用；③使用年限；④防护体系；⑤材料五个技术经济指标对三个设计方案进行评价，并采用 0-1 评分法对各技术经济指标的重要程度进行评分，其结果见题 2-1 表，各专家对指标打分的算术平均值见题 2-2 表。

题 2-1 表　　　　　　　　　　指标重要程度评分表

| | $F_1$ | $F_2$ | $F_3$ | $F_4$ | $F_5$ |
|---|---|---|---|---|---|
| 初始投资 | × | 0 | 1 | 1 | 1 |
| 年维护费用 | | × | 1 | 1 | 1 |
| 使用年限 | | | × | 0 | 1 |
| 防护体系 | | | | × | 1 |
| 材料 | | | | | × |

题 2-2 表　　　　　　　　　　各设计方案的评价指标得分

| 方案<br>指标 | A | B | C |
|---|---|---|---|
| 初始投资 | 7 | 10 | 8 |
| 年维护费用 | 9 | 8 | 10 |
| 使用年限 | 10 | 9 | 8 |
| 防护体系 | 8 | 7 | 6 |
| 材料 | 6 | 6 | 7 |

另外，在选定的最优设计方案进行施工时，有两个屋面保温的备选施工方案，采用方案一时，固定成本为 150 万元，与工期有关的费用为 30 万元/月；采用方案二时，固定成本为 220 万元，与工期有关的费用为 20 万元/月。两方案除方案一的人工消耗和方案二施工机具使用台班消耗外，其他工程费相关数据见题 2-3 表。

题 2-3 表　　　　　　　　两个施工方案工程费的相关数据

| | 方案一 | 方案二 |
|---|---|---|
| 人工消耗（工日/m³） | | 7.9 |
| 施工机具台班消耗（台班/m³） | 0.375 | |
| 工日单价（元/工日） | 100 | 100 |
| 台班费（元/台班） | 800 | 800 |
| 防水材料平均价格（元/m³） | 500 | 500 |
| 防水材料损耗率 | 2% | 2% |
| 其他辅助材料费（元） | 5 | 5 |

确定人工工日和施工机具台班的消耗时，采用预算定额人工工日和施工机具台班消耗量确定方法进行实测确定。测定的相关资料如下：

1. 每立方米基本用工：基本工作时间为 12 小时，辅助工作时间为 2 小时，准备与结束工作时间为 2 小时，其他必须消耗时间为工作延续时间的 1%。其他用工（包括超运距和辅助用工）为 1 个工日。人工幅度差为 3%。

2. 完成该工程所需机械一次循环的正常延续时间为 10 分钟，一次循环生产的产量为 $0.75m^3$，该机械的正常利用系数为 0.85，机械幅度差系数为 23%。

**问题：**

1. 如果按上述 5 个指标组成的指标体系对 A、B、C 三个设计方案进行综合评审，确定各指标的权重，填入题 2-4 表，并用综合评分法选择最佳设计方案。

**题 2-4 表**　　　　　　　　**各技术经济指标权重计算表**

|  | $F_1$ | $F_2$ | $F_3$ | $F_4$ | $F_5$ |  |  |  |
|---|---|---|---|---|---|---|---|---|
| $F_1$ | × | 0 | 1 | 1 | 1 |  |  |  |
| $F_2$ |  | × | 1 | 1 | 1 |  |  |  |
| $F_3$ |  |  | × | 0 | 1 |  |  |  |
| $F_4$ |  |  |  | × | 1 |  |  |  |
| $F_5$ |  |  |  |  | × |  |  |  |

2. 如果按照施工方案一，计算时间定额（基本用工），该方案施工中所消耗工日数量是多少？

3. 如果按照施工方案二，计算完成每立方米工程量所需的施工机具台班消耗指标是多少？

4. 列式计算每 $10m^3$ 工程量的人工费、材料费和施工机具使用费的合计，在施工方案一和方案二分别为多少万元？

5. 当工期为 12 个月时，试分析两个施工方案适用的工程量范围。

（除问题 1 保留三位小数外，其余计算结果保留两位小数）

# 试题三：

我国某工业性项目拟采用国际公开招标，初步确定由世界银行提供贷款，项目贷款方为项目建设单位即项目招标人。该项目招投标执行世界银行贷款项目国际工程招标投标的流程、惯例和开标办法。

项目招投标实施中，有下列事件发生：

事件 1：当项目的资金来源已经初步确定，项目初步设计已经完成，确定了以国际竞争性招标方法进行采购工程，招标人准备了一份总采购通告，拟在向投标人公开发售之前 30 天送交世界银行，以保证能免费安排在联合国出版的《发展商务报》上刊登。

事件 2：资格预审后，符合标准的合格承包商有 20 家。招标人按照这些合格承包商近一年来各自签订的所有工程合同金额大小排序，通知前 10 名购买招标文件。

事件 3：招标文件发出后，招标人对投标人提出的问题做出了书面的答复，并在开标前 1 天发送给提出问题的投标人。

事件 4：招标文件要求：投标文件必须寄交某邮政信箱。

事件 5：公开开标采用"两个信封制度"（Two Envelope System），要求投标书的技术性部分密封装入一个信封，而将报价装入另一个信封。第一次开标会时先开启技术性的信封；然后将各投标人和标书交评标委员会评比，视其是否在技术方面符合要求，如标书在技术上不符合要求，即通知该标书的投标人。第二次开标会时再将技术上符合要求的标书报价公开读出。技术上不符合要求的标书，其第二个信封不再开启。

事件六：合同谈判结束，中标人接到授标信后，在规定时间内应提交履约担保。双方应在投标有效期内签署合同正式文本，一式两份，双方各执一份，并将合同副本送世界银行。

**问题：**

1. 世界银行贷款项目的主要采购程序包括哪些内容？

2. 上述事件是否妥当？请逐一说明理由。

3. 项目总采购公告是否为投标邀请书？

4. 如果在投标前未进行过资格预审，那么对在评标后对标价最低并拟授予合同的标书的投标人要进行资格审查吗？请说明相关规定。

# 试题四：

某工程项目，发包人和承包人按工程量清单计价方式和《建设工程施工合同（示范文本）》GF-2017-0201 签订了施工合同，合同约定措施费按分部分项工程费的 25% 计取；管理费和利润为人材机费用之和的 16%，规费为人材机费用、管理费与利润之和的 7%，税金税率为 9%。工人窝工费为人工单价的 80%（窝工不取管理费和利润），合同工期为 20 个月，施工进度计划经过建设单位批准如题 4-1 图所示（时间单位：月），各项工作均匀速施工。

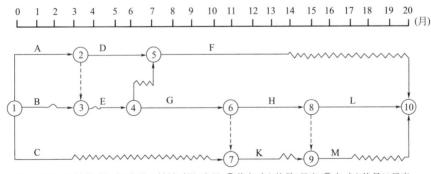

注：A和C工程持续时间为3个月，B持续时间为2个月，③节点对应的是3月底，⑦点对应的是11月底

**题 4-1 图　施工进度计划**

施工过程中发生了如下事件：

事件 1：由于建设单位负责的施工现场拆迁工作未能按时完成，承包单位开工日期推迟 4 个月，因延期开工给承包单位造成人员窝工 100 工日（人工单价为 100 元/工日），自有机械闲置 10 个台班（机械单价为 1000 元/台班，折旧费为 500 元/台班）。

事件 2：原设计 F 工作分项估算工程量为 400m³，由于发包人提出新的使用功能要求，进行了设计变更。该变更增加了该分项工程量 200m³。已知 F 工作分部分项工程人材机费用为 360 元/m³，合同约定超过原估算工程量 15% 以上部分综合单价调整系数为 0.9；变更前后 F 工作的施工方法和施工效率保持不变。

事件 3：推迟 4 个月开工后，若不考虑事件 2 的影响，此时，建设单位要求仍按原竣工日期完成工程，承包单位提出如下赶工方案，得到总监理工程师的同意。

该方案将 G、H、L 三项工作均分成两个施工段组织流水施工，数据见题 4-1 表。

题 4-1 表　　　　　　　　　　　施工段及流水节拍

| 工作　　流水节拍（月）　　施工段 | ① | ② |
|---|---|---|
| G | 2 | 3 |
| H | 2 | 2 |
| L | 2 | 3 |

（以上各费用项目价格均不包含增值税可抵扣进项税额）

**问题：**

1. 如果工作 B、C、H 要由一个专业施工队顺序施工，在不改变原施工进度计划总工期和工作工艺关系的前提下，如何安排该三项工作最合理？此时该专业施工队最少的工作间断时间为多少？

2. 事件 1 施工单位能索赔工期和价款多少。

3. 事件 2 施工单位能索赔工期和价款多少。

4. 事件 3 中 G、H、L 三项工作流水施工的工期为多少？此时工程总工期能否满足原竣工日期的要求？为什么？

# 试题五：

某工程项目发包人与承包人签订了施工合同，工期 5 个月。工程内容包括 A、B、C 三项分项工程，投标综合单价分别为 240.00 元/m³，550.00 元/m³，380.00 元/m³；管理费和利润为人材机费用之和的 12%，规费为人材机费用、管理费和利润之和的 7%，增值税税率为 9%。各分项工程计划和实际进度见题 5-1 表。措施项目费用 9 万元（其中含安全文明施工费 3 万元），暂列金额 12 万元。

题 5-1 表　　　　　　　　分项工程造价数据与施工进度计划表

| 分项工程 | | | | 施工进度计划（单位：月）实线：计划进度 虚线：实际进度 | | | | |
|---|---|---|---|---|---|---|---|---|
| 名称 | 工程量 | 综合单价 | 合价（万元） | 1 | 2 | 3 | 4 | 5 |
| A | 800m³ | 240 元/m³ | 19.20 | | | | | |
| B | 1200m³ | 550 元/m³ | 66.00 | | | | | |
| C | 1500m³ | 380 元/m³ | 57.00 | | | | | |
| 合计 | | | 142.20 | 计划与实际施工均为匀速进度 | | | | |

有关工程价款结算与支付的合同约定如下：

1. 开工日 10 天前，发包人应向承包人支付合同价款（扣除暂列金额和安全文明施工费）的 20% 作为工程预付款，工程预付款在第 3、4、5 月的工程价款中平均扣回。

2. 开工日 10 天前，发包人应向承包人支付安全文明施工费的 60%（全额支付，不扣预留金）。剩余部分和其他措施项目费用在第 2、3、4 月平均支付。

3. 当某个分项工程工程量增加（或减少）幅度超过 15% 时，全部工程量都调整综合单价，调整系数为 0.9（或 1.1）；措施项目费按无变化考虑。

4. 发包人按每月承包人应得工程进度款的 90% 支付。

5. 竣工验收通过后的 60 天内进行工程竣工结算，竣工结算时扣除工程实际总价的 3% 作为工程质量保证金，剩余工程款一次性支付。

该工程如期开工，施工中发生了经承发包双方确认的以下事项：

1. A 分项工程开工时即由双方确认实际工程量为 1000m³，第 2 个月发生现场计日工的人材机费用 6.8 万元，工作持续时间无变化。

2. C 分项工程项目特征变化调整，经双方协商确定实际结算价为 400 元/m³。

3. 第 4 个月发生现场签证零星工作费用 2.8 万元。

（以上费用不含有可抵扣的进项税）

**问题：**

1. 合同价为多少万元？材料预付款是多少万元？开工前支付的安全文明施工费工程款是多少万元？

2. 求 A 分项工程的实际分项工程费和分项工程价款是多少？

3. 2、3、4 月份完成的实际工程款是多少万元？业主应付的工程款是多少万元？（当月支付的措施费计入当月完成的工程款中）

4. 列式计算第 3 月末累计分项工程项目拟完工程计划投资、已完工程计划投资、已完工程实际投资，并分析进度偏差（金额表示）与投资偏差。

5. 列式计算工程实际造价及竣工结算价款。

（计算过程及结果均保留三位小数）

# 试题六：

本试题共分三个专业（Ⅰ土木建筑工程、Ⅱ管道和设备工程、Ⅲ电气和自动化控制工程），任选其中一题作答。

## Ⅰ. 土木建筑工程

某造价工程咨询事务所的造价工程师面临 A、B、C、D 四个项目要分别开展量价的计算工作。其中 A 项目为基坑支护工程，B 项目为桩基工程，C 项目为楼梯工程，D 项目为竣工结算文件的编制。基本信息如下：

A 项目为某边坡工程，采用土钉支护，根据岩土工程勘察报告，地层为带块石的碎石土，土钉成孔直径为 90mm，采用 1 根 HRB335，直径 25 的钢筋作为杆体，成孔深度为10.0m，土钉入射倾角为 15 度，杆筋送入钻孔后，灌注 M30 水泥砂浆。混凝土面板采用 C20 喷射混凝土，厚度为 120mm，如题 6-1-1 图所示。

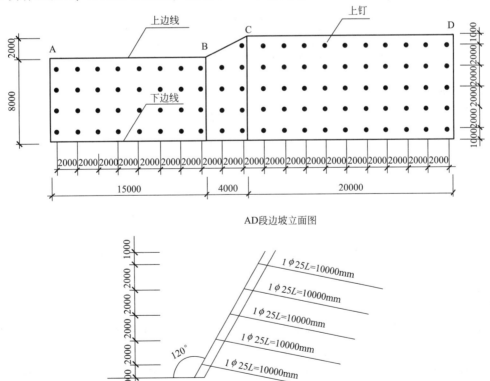

AD段边坡立面图

AD段边坡剖面图

题 6-1-1 图

B 项目为某工程的人工挖孔桩基础，设计情况如题 6-1-2 图所示，桩数 10 根，桩端进入中风化泥岩不少于 1.5m，护壁混凝土采用现场搅拌，强度等级为 C25，桩芯采用商品混凝土，强度等级为 C25，土方采用场地内转运。地层情况自上而下为：卵石层（四类土）厚 5~7m，强风化泥岩（极软岩）厚 3~5m，以下为中风化泥岩（软岩）。

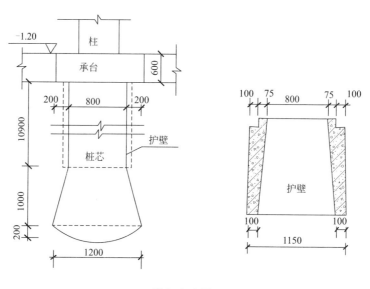

题 6-1-2 图

C 项目为某住宅楼楼梯布置如题 6-1-3 图~题 6-1-5 图所示，混凝土强度均为 C25，商品混凝土。

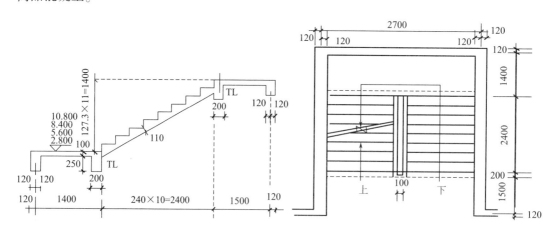

题 6-1-3 图　某现浇混凝土楼梯梯段详图　　题 6-1-4 图　某现浇混凝土楼梯平面投影图

D 项目分部分项工程费用的清单竣工结算金额 1600000.00 元，单价措施项目清单结算金额为 18000.00 元取定，安全文明施工费按分部分项工程结算金额的 3.5% 计取，其他项目费为零，人工费占分部分项工程及措施项目费的 13%，规费按人工费的 21% 计取，增值税率按 9% 计取。

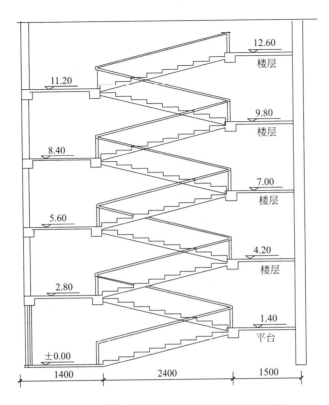

题 6-1-5 图　某住宅现浇混凝土楼梯剖面图

## 问题：

1. 根据现行国家标准《建设工程工程量清单计价规范》GB 50500、《房屋建筑与装饰工程工程量计算规范》GB 50854，试计算 A 项目中土钉、喷射混凝土分部分项工程的清单工程量（不考虑挂网及锚杆、喷射平台等内容），按题 6-1-1 表填写。

题 6-1-1 表　　　　　　　　　　清单工程量计算表

| 序号 | 清单项目编码 | 清单项目名称 | 计算式 | 工程量合计 | 计量单位 |
|---|---|---|---|---|---|
| 1 | 010202008001 | 土钉 | | | |
| 2 | 010202009001 | 喷射混凝土 | | | |

2. 根据现行国家标准《建设工程工程量清单计价规范》GB 50500、《房屋建筑与装饰工程工程量计算规范》GB 50854，试计算 B 项目中挖孔桩土（石）方、人工挖孔灌注桩分部分项工程的清单工程量，按题 6-1-2 表填写。

题 6-1-2 表

| 序号 | 项目编码 | 项目名称 | 计算式 | 工程量合计 | 计量单位 |
|---|---|---|---|---|---|
| 1 | 010302004001 | 挖孔桩土（石）方 | | | |
| 2 | 010302005001 | 人工挖孔灌注桩 | | | |

3.根据现行国家标准《建设工程工程量清单计价规范》GB 50500、《房屋建筑与装饰工程工程量计算规范》GB 50854，计算该楼梯的混凝土工程量。

4.按《建设工程工程量清单计价规范》GB 50500 的要求，列式计算安全文明施工费、措施项目费、规费、增值税，并在题6-1-3表"单位工程竣工结算汇总表"中编制该土建装饰工程结算。

（计算结果保留两位小数）

题6-1-3表　　　　　　　　　　单位工程竣工结算汇总表

| 序号 | 项目名称 | 金额 |
|------|----------|------|
| 1 | 分部分项工程费 | |
| 2 | 措施项目费 | |
| 2.1 | 单价措施费 | |
| 2.2 | 安全文明施工费 | |
| 3 | 规费 | |
| 4 | 增值税 | |
| | 单位工程合计 | |

思考补充题：施工图预算的编制；设计概算的编制；施工定额与预算定额的编制。

## Ⅱ.管道和设备工程

管道工程有关背景资料如下：

1.某化工厂试验办公楼的集中空调通风管道系统如题6-2-1图所示。

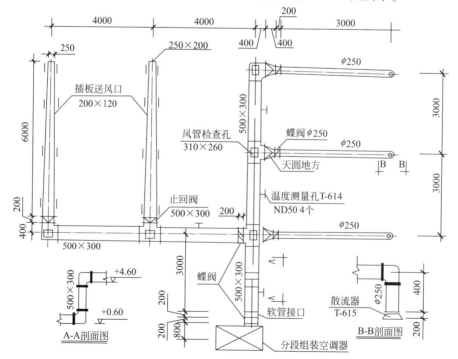

题6-2-1图　集中空调通风管道系统布置图

说明:

(1) 集中空调通风管道系统的设备为分段组装式空调器,落地安装,空调支架用角钢按 47.05kg 计,其中施工损耗为 4%;图中标注尺寸标高以 m 计,其他均以 mm 计。

(2) 风管及其管件采用镀锌钢板($\delta=0.75$mm,咬口连接)现场制作安装。

(3) 风管系统中的软管接口、风管检查孔、温度测定孔、插板式送风口为现场制作安装。阀门、散流器为成品供应现场安装。

(4) 风管法兰、加固框、吊托支架制作安装,除锈后刷油两遍。每 10m² 通风管道制安中,风管法兰、加固框、吊托支架耗用钢材按 52.00kg 计,其中施工损耗为 4%;每 100kg 风管法兰、加固框、吊托支架除锈后刷防锈漆两遍耗用防锈漆 2.5kg。

(5) 风管保温本项目不考虑。

2. 假设集中空调通风管道系统工程量如下:

矩形风管 500×300 40m²、渐缩风管 500×300/250×200 18m²、圆形风管 10m²。

3. 集中空调通风管道系统相关分部分项工程量清单项目的统一编码见题 6-2-1 表。

题 6-2-1 表

| 项目编码 | 项目名称 | 项目编码 | 项目名称 |
|---|---|---|---|
| 030701003 | 空调器 | 030703001 | 碳钢阀门 |
| 030702001 | 碳钢通风管道 | 030703007 | 碳钢风口、散流器 |
| 030702004 | 铝板通风管道 | 030703019 | 柔性接口 |
| 030702010 | 风管检查孔 | 030704001 | 通风工程检测、调试 |
| 030702011 | 温度、风量测定孔 | 030704002 | 风管漏光试验、漏风试验 |

4. 该工程的安装定额相关数据资料见题 6-2-2 表。

题 6-2-2 表

| 定额编号 | 项目名称 | 单位 | 安装基价（元） | | | 未计价主材 | |
|---|---|---|---|---|---|---|---|
| | | | 人工费 | 材料费 | 机械费 | 单价 | 耗量 |
| 9-7 | 矩形风管<br>$\delta=0.6$mm<br>长边长 450mm 以内 | 10m² | 662.18 | 168.84 | 29.36 | | 11.38 |
| 9-8 | 矩形风管<br>$\delta=0.75$mm<br>长边长 1000mm 以内 | | 497.20 | 181.13 | 17.03 | | 11.38 |
| 9-257 | 组合式空调机组 20000m³/h 以内 | 台 | 1289.33 | 25.21 | 271.13 | 28000 元/台 | |
| 9-226 | 50kg 以内设备支架制作、安装 | 100kg | 685.91 | 326.23 | 29.75 | | |
| 9-227 | 50kg 以外设备支架制作、安装 | 100kg | 358.21 | 296.18 | 16.93 | | |

注:1. 表内费用均不包含增值税可抵扣进项税额。

2. 该工程的人工费单价综合为 130 元/工日,管理费和利润分别按人工费的 55%、45% 计。

5. 材料设备表见题 6-2-3 表所示。

题 6-2-3 表

| 序号 | 名称 | 规格型号 | 长度（mm） |
|------|------|----------|------------|
| 1 | 空调器 | 分段式组装，落地安装，ZK-20000 | |
| 2 | 矩形风管 | 500×300 | 图示 |
| 3 | 渐缩风管 | 500×300/250×200 | 图示 |
| 4 | 圆形风管 | φ250 | 图示 |
| 5 | 矩形蝶阀 | 500×300 | 200 |
| 6 | 矩形止回阀 | 500×300 | 200 |
| 7 | 圆形蝶阀 | φ250 | 200 |
| 8 | 插板送风口 | 200×120 | |
| 9 | 散流器 | φ250 | 200 |
| 10 | 风管检查孔 | 310×260T-614 | |
| 11 | 温度测定孔 | DN50   T-615 | |
| 12 | 软管接口 | 500×300 | 200 |

**问题：**

1. 根据《通用安装工程工程量计算规范》GB 50856 的规定，按照题 6-2-1 图所示内容，在答题卡上列式计算三种通风管道的清单工程量，矩形风管 500×300 上镀锌钢板消耗量，矩形风管上风管法兰、加固框、吊托支架的净用量及相应支架上的刷油消耗量。

2. 根据背景资料 2、3，以及题 6-2-1 图及规定的管道安装技术要求，编列完成分部分项工程量清单，填入题 6-2-4 表"分部分项工程和单价措施项目清单与计价表"中。

题 6-2-4 表    分部分项工程和单价措施项目清单与计价表

工程名称：某化工厂试验办公楼    标段：集中空调通风管道系统安装    第 1 页  共 1 页

| 序号 | 项目编码 | 项目名称 | 项目特征描述 | 计量单位 | 工程量 | 金额（元） | |
|------|----------|----------|--------------|----------|--------|------------|------|
| | | | | | | 综合单价 | 合价 |
| | | | | | | | |
| | | | | | | | |
| | | | | | | | |
| | | | | | | | |
| | | | | | | | |
| | | | | | | | |
| | | | | | | | |
| | | | | | | | |
| | | | | | | | |
| | | | | | | | |
| | | | | | | | |
| | | | | | | | |
| | | | | | | | |
| | | | | | | | |

3.根据《通用安装工程工程量计算规范》GB 50856、《建设工程工程量清单计价规范》GB 50500规定，按照背景资料2、3、4中的相关数据，编制空调器安装项目的"综合单价分析表"，填入题6-2-5表中。

4.假设承包商购买材料时增值税进项税率为13%、机械费增值税进项税率为15%（综合）、管理和利润增值税进项税率为5%（综合）；当镀锌钢板由发包人采购时，圆形风管 $\phi$250 安装清单项目不含增值税可抵扣进项税额的全费用综合单价的人工费、材料费、机械费分别为38.00元、30.00元、25.00元，规费按人工费的20%计取。列式计算圆形风管 $\phi$250 安装清单项目对应的全费用单价，以及承包商应承担的增值税应纳税额（单价）。

（计算结果均保留两位小数）

题6-2-5表　　　　　　　　　　综合单价分析表

工程名称：通风空调系统

| 项目编码 | | 项目名称 | | | | | 计量单位 | | 工程量 | | |
|---|---|---|---|---|---|---|---|---|---|---|---|
| 清单综合单价组成明细 | | | | | | | | | | | |
| 定额编号 | 定额名称 | 定额单位 | 数量 | 单价（元） | | | | 合价（元） | | | |
| | | | | 人工费 | 材料费 | 机械费 | 管理费和利润 | 人工费 | 材料费 | 机械费 | 管理费和利润 |
| | | | | | | | | | | | |
| | | | | | | | | | | | |
| 人工单价 | | | 小计 | | | | | | | | |
| | | | 未计价材料费 | | | | | | | | |
| 清单项目综合单价 | | | | | | | | | | | |
| 材料费明细 | 主要材料名称、规格、型号 | | 单位 | | 数量 | | 单价（元） | 合价（元） | 暂估单价（元） | 暂估合价（元） | |
| | | | | | | | | | | | |
| | 其他材料费 | | | | | | | | | | |
| | 材料费小计 | | | | | | | | | | |

## Ⅲ. 电气和自动化控制工程

工程背景资料如下：

1.题6-3-1图所示为某标准厂房防雷接地平面图。

2.防雷接地工程的相关定额见题6-3-1表。

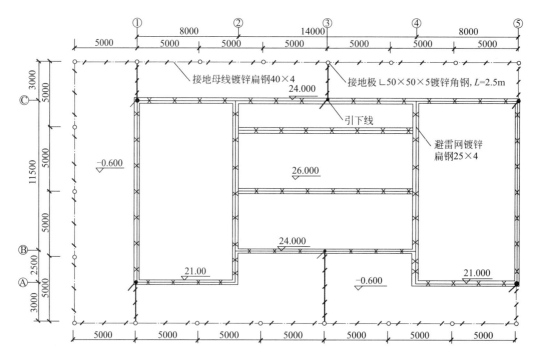

题6-3-1图　标准厂房防雷接地平面图

说明：

（1）室内外地坪高差0.60m，不考虑墙厚，也不考虑引下线与避雷网、引下线与断接卡子的连接耗量。

（2）避雷网采用25×4镀锌扁钢，沿屋顶女儿墙敷设。

（3）引下线利用建筑物柱内主筋引下，每一处引下线均需焊接2根主筋，每一引下线离地坪1.8m处设一断接卡子。

（4）户外接地母线均采用40×4镀锌扁钢，埋深0.7m。

（5）接地极采用∟50×50×5镀锌角钢制作，L=2.5m。

（6）接地电阻要求小于10Ω。

（7）图中标高单位以"m"计，其余均为"mm"。

题6-3-1表

| 定额编号 | 项目名称 | 定额单位 | 安装基价（元） | | | 主材 | |
|---|---|---|---|---|---|---|---|
| | | | 人工费 | 材料费 | 机械费 | 单价 | 损耗率（%） |
| 2-691 | 角钢接地极制作、安装 | 根 | 50.35 | 7.95 | 19.26 | 42.40元/根 | 3 |
| 2-748 | 避雷网安装 | 10m | 87.40 | 34.23 | 13.92 | 3.90元/m | 5 |
| 2-746 | 避雷引下线敷设<br>利用建筑物主筋引下 | 10m | 77.90 | 16.35 | 67.41 | | |
| 2-697 | 户外接地母线敷设 | 10m | 289.75 | 5.31 | 4.29 | 6.30元/m | 5 |
| 2-747 | 断接卡子制作、安装 | 10套 | 342.00 | 108.42 | 0.45 | | |
| 2-886 | 接地网调试 | 系统 | 950.00 | 13.92 | 756.00 | | |

注：表内费用均不包含增值税可抵扣的进项税额。

3. 该工程的管理费和利润分别按人工费的 30% 和 10% 计算，人工单价为 95 元/工日。

4. 相关分部分项工程量清单项目统一编码见题 6-3-2 表。

题 6-3-2 表

| 项目编码 | 项目名称 | 项目编码 | 项目名称 |
|---|---|---|---|
| 030409001 | 接地极 | 030409005 | 避雷网 |
| 030409002 | 接地母线 | 030414011 | 接地装置调试 |
| 030409003 | 避雷引下线 | | |

### 问题：

1. 按照背景资料 1~4 和题 6-3-1 图所示内容，根据《建设工程工程量清单计价规范》GB 50500 和《通用安装工程工程量计算规范》GB 50856 的规定，分别列式计算避雷网、避雷引下线（利用建筑物主筋作引下线不计附加长度）和接地母线的工程量，将计算式与结果填写在答题卡上，并在题 6-3-3 表"分部分项工程和单价措施项目清单与计价表"中计算和编制各分部分项工程的综合单价与合价。

2. 设定该工程"避雷引下线"项目的清单工程量为 120m，其余条件均不变，根据背景材料 2 中的相关定额，在题 6-3-4 表"综合单价分析表"中，计算该项目的综合单价。

3. 假定该分部分项工程费为 185000.000 元；单价措施项目费为 25000.00 元；总价措施项目仅考虑安全文明施工费，安全文明施工费按分部分项工程费的 4.5% 计取；发包人提供的材料为 30000 元；暂列金额为 10036.00 元，材料暂估价为 3213.00 元，专业工程暂估价为 24765.00 元，计日工为 905.22 元，总承包服务费率（发包人发包专业工程）按 3.5% 计，总承包服务费率（发包人提供材料）按 1% 计；人工费占分部分项工程及措施项目费的 8%，规费按人工费的 24% 计取；增值税税率按 9% 计取。按《建设工程工程量清单计价规范》GB 50500 的要求，列示计算安全文明施工费、措施项目费、规费、增值税，并在题 6-3-5 表"单位工程招标控制价汇总表"中编制该单位工程招标控制价。

（计算过程和结果均保留两位小数）

题 6-3-3 表　　　　**分部分项工程和单价措施项目清单与计价表**

工程名称：标准厂房　　　　　　标段：防雷接地工程

| 序号 | 项目编码 | 项目名称 | 项目特征描述 | 计量单位 | 工程量 | 金额（元） | | |
|---|---|---|---|---|---|---|---|---|
| | | | | | | 综合单价 | 合价 | 其中：暂估价 |
| | | | | | | | | |
| | | | | | | | | |
| | | | | | | | | |

续表

| 序号 | 项目编码 | 项目名称 | 项目特征描述 | 计量单位 | 工程量 | 金额（元） | | |
|------|----------|----------|--------------|----------|--------|-----------|------|------|
| | | | | | | 综合单价 | 合价 | 其中：暂估价 |
| | | | | | | | | |
| | | | | | | | | |
| 合计 | | | | | | | | |

题 6-3-4 表　　　　　　　　　　　综合单价分析表

工程名称：标准厂房　　　　　　　　　标段：防雷接地工程

| 项目编码 | | 项目名称 | | | 计量单位 | | | 工程量 | |
|----------|----|----------|----|----|----------|----|----|----------|----|
| 清单综合单价组成明细 | | | | | | | | | |
| 定额编号 | 定额项目名称 | 定额单位 | 数量 | 单价 | | | | 合价 | | | |
| | | | | 人工费 | 材料费 | 机械费 | 管理费和利润 | 人工费 | 材料费 | 机械费 | 管理费和利润 |
| | | | | | | | | | | | |
| | | | | | | | | | | | |
| | | | | | | | | | | | |
| 人工单价 | | | 小计 | | | | | | | | |
| | | | 未计价材料费 | | | | | | | | |
| | | | 清单项目综合单价 | | | | | | | | |
| 材料费明细 | 主要材料名称、规格、型号 | | | 单位 | | 数量 | | 单价（元） | 合价（元） | 暂估单价（元） | 暂估合价（元） |
| | | | | | | | | | | | |
| | 其他材料费 | | | | | | | — | | — | |
| | 材料费小计 | | | | | | | — | | — | |

题 6-3-5 表　　　　　　　　　　　单位工程招标控制价汇总表

| 序号 | 项目名称 | 金额（元） |
|------|----------|------------|
| 1 | 分部分项工程费 | |
| 2 | 措施项目 | |
| 2.1 | 其中：安全文明施工费 | |
| 3 | 其他项目 | |
| 3.1 | 暂列金额 | |
| 3.2 | 材料暂估价 | |
| 3.3 | 专业工程暂估价 | |

| 序号 | 项目名称 | 金额（元） |
|------|----------|------------|
| 3.4 | 计日工 | |
| 3.5 | 总包服务费 | |
| 4 | 规费 | |
| 5 | 税金 | |
| | 招标控制价 | |

# 黑白卷

# 模拟题五

## 试题一：

某企业拟建一个市场急需的电子产品项目，项目建设的基本数据如下：

1. 该项目建设期 2 年，运营期 6 年。项目投产第一年可获得当地政府扶持该产品生产的补贴收入 150 万元。

2. 项目建设总投资估算 2000 万元，在建设期内均衡投入，预计全部形成固定资产（包含可抵扣固定资产进项税额 90 万元），固定资产使用年限 10 年，按直线法折旧，期末净残值 350 万元，固定资产余值在项目运营期末收回。

3. 建设投资的 40% 为自有资金，60% 为贷款，还款方式为：运营期的前 4 年等额还本付息。借款利率为 6%（按年计息）。

4. 流动资金为 500 万元，全部为自有资金，在项目运营期的第一年投入，运营期末全部收回。

5. 正常年份年营业收入为 1500 万元（其中销项税额为 145 万），经营成本为 460 万元（其中进项税额为 34 万）；税金附加按应纳增值税的 9% 计算，所得税税率为 25%；行业所得税后基准收益率为 10%，基准投资回收期为 8 年。

6. 投产第一年仅达到设计生产能力的 80%，预计这一年的营业收入及其所含销项税额、经营成本及其所含进项税额均为正常年份的 80%；以后各年均达到设计生产能力。

### 问题：

1. 列式计算融资前年固定资产折旧、固定资产余值。

2. 列式计算第三年的应纳增值税及增值税附加、第三年的调整所得税。

3. 编制拟建项目投资现金流量题 1-1 表，计算项目的静态投资回收期、财务净现值，并评价项目的财务可行性。

题 1-1 表　　　　　　　　项目投资现金流量表（单位：万元）

| 序号 | 项目 | 建设期 | | 运营期 | | | | | |
|---|---|---|---|---|---|---|---|---|---|
| | | 1 | 2 | 3 | 4 | 5 | 6 | 7 | 8 |
| 1 | 现金流入 | | | | | | | | |
| 1.1 | 营业收入（不含销项税额） | | | | | | | | |
| 1.2 | 销项税额 | | | | | | | | |

续表

| 序号 | 项目 | 建设期 | | 运营期 | | | | | |
|---|---|---|---|---|---|---|---|---|---|
| | | 1 | 2 | 3 | 4 | 5 | 6 | 7 | 8 |
| 1.3 | 补贴收入 | | | | | | | | |
| 1.4 | 回收固定资产余值 | | | | | | | | |
| 1.5 | 回收流动资金 | | | | | | | | |
| 2 | 现金流出 | | | | | | | | |
| 2.1 | 建设投资 | | | | | | | | |
| 2.2 | 流动资金投资 | | | | | | | | |
| 2.3 | 经营成本（不含进项税额） | | | | | | | | |
| 2.4 | 进项税额 | | | | | | | | |
| 2.5 | 应纳增值税 | | | | | | | | |
| 2.6 | 增值税附加 | | | | | | | | |
| 2.7 | 维持运营投资 | | | | | | | | |
| 2.8 | 调整所得税 | | | | | | | | |
| 3 | 所得税后净现金流量 | | | | | | | | |
| 4 | 累计税后净现金流量 | | | | | | | | |
| 5 | 折现系数（10%） | 0.9091 | 0.8264 | 0.7513 | 0.6830 | 0.6209 | 0.5645 | 0.5132 | 0.4665 |
| 6 | 折现后净现金流 | | | | | | | | |
| 7 | 累计折现净现金流量 | | | | | | | | |

4. 列式计算融资后的建设期贷款利息、年固定资产折旧、固定资产余值。

5. 编写借款还本付息题1-2表，列式计算第三年的所得税。

**题 1-2 表**　　　　　　　**借款还本付息表（单位：万元）**

| 项目 | 计算期 | | | | | |
|---|---|---|---|---|---|---|
| | 1 | 2 | 3 | 4 | 5 | 6 |
| 期初借款余额 | | | | | | |
| 当期还本付息 | | | | | | |
| 其中：还本 | | | | | | |
| 付息 | | | | | | |
| 期末借款余额 | | | | | | |

6. 从项目资本金角度，列式计算运营期第三年的折现后净现金流量。

（计算结果均保留两位小数）

# 试题二：

某写字楼项目有 A、B、C 三个设计方案，有关专家决定从五个功能（分别以 $F_1$、$F_2$、$F_3$、$F_4$、$F_5$ 表示）对不同方案进行评价，并得到以下结论：$F_2$ 和 $F_3$ 同样重要，$F_4$ 和 $F_5$ 同样重要，$F_1$ 相对于 $F_4$ 很重要，$F_1$ 相对于 $F_2$ 较重要；此后，各专家对该三个方案的功能满足程度分别打分，其结果见题 2-1 表。

题 2-1 表　　　　　　　　　各方案功能得分表

| 得分　方案<br>功能 | A | B | C |
|---|---|---|---|
| $F_1$ | 2 | 3 | 1 |
| $F_2$ | 3 | 1 | 2 |
| $F_3$ | 1 | 2 | 3 |
| $F_4$ | 3 | 2 | 1 |
| $F_5$ | 2 | 1 | 1 |

据造价工程师估算，A、B、C 三个方案的造价分别为 9300 万元、8500 万元、7400 万元。

**问题：**

1. 采用 0~4 评分法确定各功能的权重，并将计算结果填入题 2-2 表中。

题 2-2 表　　　　　　　　　各方案功能权重计算表

| | $F_1$ | $F_2$ | $F_3$ | $F_4$ | $F_5$ | | |
|---|---|---|---|---|---|---|---|
| $F_1$ | | | | | | | |
| $F_2$ | | | | | | | |
| $F_3$ | | | | | | | |
| $F_4$ | | | | | | | |
| $F_5$ | | | | | | | |
| 合计 | | | | | | | |

2. 已知 B、C 两方案的价值指数分别为 1.035，0.983，在 0~4 评分法的基础上列式计算 A 方案的价值指数，并根据价值指数的大小选择最佳设计方案。

3. 为进一步控制工程造价，拟针对所选的最优设计方案的分部分项工程费用为对象开展价值工程分析。分为三个功能项目，各功能项目得分值及其目前成本见题 2-3 表，按限额和优化设计要求，目标成本额应控制在 80 万元。

题 2-3 表　　　　　　　　　功能项目得分及其目前成本表

| 功能项目 | 功能得分 | 目前成本（万元） |
|---|---|---|
| 面层 | 30 | 38.8 |
| 基层 | 23 | 28.5 |
| 保温层 | 15 | 17.8 |

试分析各功能项目的目标成本及其可能降低的额度，填入题 2-4 表，并确定功能改进顺序。

题 2-4 表　　　　　　　　功能指数和目标成本降低额计算表

| 功能项目 | 功能评分 | 功能指数 | 目前成本（万元） | 目标成本（万元） | 目标成本降低额（万元） |
|---|---|---|---|---|---|
| 面层 | | | | | |
| 基层 | | | | | |
| 保温层 | | | | | |
| 合计 | | | | | |

4. 假设 A、B、C 三个方案的设计基础资料见题 2-5 表，建筑物使用年限 50 年，考虑未来经营中年租金收入的不确定性因素，A 方案收入为 310 万元、290 万元、260 万元的概率分别为：0.30、0.60、0.10；B 方案租金收入为 385 万元、370 万元、315 万元的概率分别为：0.20、0.50、0.30；C 方案租金收入为 115 万元、120 万元、70 万元的概率分别为：0.35、0.55、0.10；其他条件不变，不考虑环境、社会因素的成本及收益，比较三个方案的净年值，应选择哪个方案？（折现率按 8% 考虑，现值系数见题 2-6 表）

题 2-5 表　　　　　　　　　各设计方案的基础资料

| 方案 \ 指标 | A | B | C |
|---|---|---|---|
| 初始投资（万元） | 3000 | 2000 | 700 |
| 维护费用（万元/年） | 30 | 80 | 50 |

题 2-6 表　　　　　　　　　　现值系数表

| $n$ | 10 | 15 | 20 | 30 | 40 | 45 | 50 |
|---|---|---|---|---|---|---|---|
| $(P/A, 8\%, n)$ | 6.710 | 8.559 | 9.818 | 11.258 | 11.925 | 12.108 | 12.233 |
| $(P/F, 8\%, n)$ | 0.463 | 0.315 | 0.215 | 0.099 | 0.046 | 0.031 | 0.021 |

（权重、成本指数、功能指数、价值指数计算结果保留三位小数，其他计算结果保留两位小数）

# 试题三：

某招标项目招标控制价 210 万元，2017 年 10 月 25 日 13 时开始发售招标文件。投标须知前附表部分内容见题 3-1 表。

题 3-1 表

| 条款号 | 条款名称 | 编制内容 |
|---|---|---|
| 1.3.2 | 计划工期 | 30 周 |
| 1.9.1 | 踏勘现场 | 不组织 |
| 1.11 | 分包 | 中标人必须将绿化工程分包给本市园林绿化公司 |
| 2.2.2 | 投标截止时间 | 2017 年 11 月 10 日 13 时 |
| 3.3.1 | 投标有效期 | 2018 年 2 月 10 日 |
| 3.4.1 | 投标保证金 | 投标保证金的形式：现金支票投标保证金的金额：10 万元 |
| 3.5.2 | 近年财务状况的年份要求 | 3 年 |
| 3.7.3 | 签字或盖章要求 | 单位公章、法人盖章、项目经理盖章 |
| 5.1 | 开标时间 | 2017 年 11 月 20 日 8 时 |
| 6.1.1 | 评标委员会的组建 | 评标委员构成：7 人，其中招标代表 3 人，技术专家 3 人，经济专家 1 人 |
| 7.3.1 | 履约担保 | 履约担保的形式：银行保函<br>履约担保的金额：招标控制价的 10% |

某施工单位决定参与某工程的投标。施工网络计划如题 3-1 图（相应的工期 30 周，报价 200 万元）。

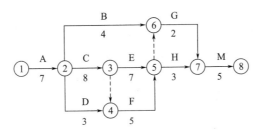

题 3-1 图

题 3-2 表　　　　　关键工作可压缩时间及相应增加费用

| 关键工作 | A | C | E | H | M |
|---|---|---|---|---|---|
| 可压缩时间（周） | 1 | 2 | 1 | 3 | 2 |
| 压缩 1 周增加的费用（万元/周） | 3.5 | 2.5 | 4.5 | 6.0 | 2.0 |

招标文件规定：评标采用"经评审的最低投标价法"，工期不得超过 30 周，施工单位自报工期在 30 周基础上，每提前 1 周，其总报价降低 4 万元作为经评审的报价。

**问题：**

1. 投标须知前附表的内容有哪些不妥？为什么？

2. 为争取中标，该施工单位投标报价和工期各为多少？

3. 评标价为多少？该施工单位如果中标，签约合同价为多少？

# 试题四：

某工程项目，业主通过招标方式确定了承包商，双方采用工程量清单计价方式 2019 年 3 月签订了施工合同。该工程共有 10 个分项工程，工期 150 天，施工期为 3 月 3 日~7 月 30 日。合同规定，工期每提前 1 天，承包商可获得提前工期奖 1.2 万元（含税费）；工期每拖后 1 天，承包商承担逾期违约金 1.5 万元（含税费）。开工前承包商提交并经审批的施工进度计划，如题 4-1 图所示。

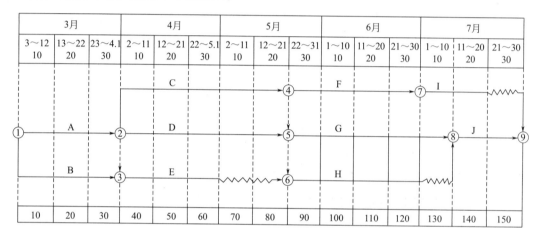

**题 4-1 图　施工进度计划图**

该工程如期开工后，在施工过程中发生了经监理人核准的如下事件：

事件 1：3 月 6 日，由于业主提供的部分施工场地条件不充分，致使工作 B 作业时间拖延 4 天，工人窝工 20 个工日，施工机械 B 闲置 5 天（台班费：800 元/台班）。

事件 2：4 月 25~26 日，当地供电中断，导致工作 C 停工 2 天，工人窝工 40 个工日，施工机械 C 闲置 2 天（台班费：1000 元/台班）；业主要求施工单位对工作 D 不停工，改变施工方案为改用手动机具替代原配动力机械 D 使工效降低，导致作业时间拖延 1 天，增加用工 18 个工作日，原配动力机械 D 闲置 2 天（台班费：800 元/台班），增加手动机具使用 2 天（台班费：500 元/台班）。

事件 3：按合同规定由业主负责采购且应于 5 月 22 日到场的材料，直到 5 月 26 日清晨才到场；5 月 24 日发生了脚手架倾倒事故，因处理停工待料状态，承包商未及时重新搭设；5 月 26 日上午承包商安排 10 名架子工重新搭设脚手架；5 月 27 日恢复正常作业。由此导致工作 F 持续停工 5 天，该工作班组 20 名工人持续窝工 5 天，施工机械 F 闲置 5 天（台班费：1200 元/台班）截至 5 月末，其他工程内容的作业持续时间和费用均与原计划相符。承包商及时向监理人提出索赔。机械台班均按每天一个台班计。

**问题：**

1. 分别指出承包商针对三个事件提出的工期和费用索赔是否合理，并说明理由。

2. 分别说明每项事件应被批准的工期索赔为多少天。如果该工程最终按原计划工期（150 天）完成，承包商是可获得提前工期奖还是需承担逾期违约金？相应的数额为多少？

3. 该工程架子工日工资为 180 元/工日，其他工种工人日工资为 150 元/工日，人工窝工补偿标准为日工资的 50%；机械闲置补偿标准为台班费的 60%；管理费和利润的计算费率为人材机费用之和的 10%（窝工不计），规费和税金的计算费率为人材机费用、管理费与利润之和的 9%，事件二业主从经济角度考虑是否应当让 D 工作不停工改变施工方案，计算应被批准的索赔款为多少元。

4. 按初始安排的施工进度计划（题 4-1 图），如果该工程进行到第 6 个月末时检查进度情况为：工作 F 完成 50% 的工作量；工作 G 完成 80% 的工作量；工作 H 完成 75% 的工作量；在题 4-1 图中绘制实际进度前锋线，分析这三项工作进度有无偏差，并说明对工期的影响。

# 试题五：

某工程采用工程量清单招标方式确定了中标人，业主和中标人签订了单价合同。合同内容包括六项分项工程，其分项工程工程量、费用和计划作业时间，见题 5-1 表。总价措施项目费用 30 万元，其中安全文明施工费 20 万元，暂列金额 18 万元；甲方供应材料 20 万元（总包服务费率为 1%，用于分项工程 D）。管理费、利润与风险费以人工费、材料费、机械费之和为计算基数，费率为 15%；规费、税金以分项工程、总价措施项目和其他项目之和为计算基数，费率为 18%；合同工期为 8 个月，工期奖罚 5 万元/月（含税费）。

题 5-1 表　　　　　　分项工程工程量、费用和计划作业时间明细表

| 分项工程 | A | B | C | D | E | F |
|---|---|---|---|---|---|---|
| 总工程量（m³） | 600m³ | 680m³ | 800m³ | 120t | 760m³ | 400m³ |
| 计划综合单价（元/m³） | 1200（元/m³） | 300（元/m³） | 800（元/m³） | 3000（元/t） | 200（元/m³） | 350（元/m³） |
| 分项工程费（万元） | 72 | 20.4 | 64 | 36 | 15.2 | 14 |
| 计划起止时间 | 1~3 | 1~2 | 4~5 | 3~6 | 3~4 | 7~8 |
| 实际起止时间 | 1~3 | 1~3 | 4~5 | 4~7 | 4~6 | 8~9 |

有关工程价款支付条件如下：

1. 开工前业主向承包商支付分项工程合同价的 25% 作为材料预付款，在开工后的第 4~7 月平均扣回；

2. 安全文明施工费工程款于开工前支付 70%，剩余的 30% 和其他总价措施费第 1~5 个月平均支付；

3. 分项工程实际工程量超过计划工程量的 ±15% 以上时，该分项工程超出部分的工程量的综合单价调整系数为 0.95 和 1.05；

4. 业主每次支付承包商应得工程款的 90% 支付；

5. 工程质量保证金为实际造价的 3%，竣工结算时一次扣留。

工程施工期间，经监理人核实的有关事项如下：

1. 第 5 个月发生现场签证计日工人材机费用 5 万元；

2. 分项工程 C 开工前因设计变更增加工程量 200m³，不考虑增加措施费也不影响工期；

3. 甲供材料在分项工程 D 上均匀使用；

4. 其余作业内容及时间没有变化，每项分项工程在施工期间各月匀速施工，施工单位延误 1 个月。

### 问题：

1. 该工程合同价为多少万元？业主在开工前应支付给承包商的材料预付款、安全文明施工费工程款分别为多少万元？

2. 列式计算第 3 个月末分项工程的进度偏差（用投资表示）。

3. 列式计算第 5 个月业主应支付承包商的工程进度款为多少万元？

4. 该工程实际总造价为多少万元？假设竣工结算前业主支付给施工单位 210 万工程款（不含材料预付款），竣工结算尾款是多少万元？

（以万元为计算单位，计算结果保留三位小数）

# 试题六：

本试题共分三个专业（Ⅰ土木建筑工程、Ⅱ管道和设备工程、Ⅲ电气和自动化控制工程），任选其中一题作答。

## Ⅰ．土木建筑工程

某工程施工图纸如题 6-1-1 图~题 6-1-3 图所示，建筑面积为 40.92m²，该工程为砖混结构，室外地坪标高为−0.150m，门窗详见题 6-1-1 表，均不设门窗套。工程做法、装饰做法详见题 6-1-2 表、题 6-1-3 表。某施工企业投标并中标了该工程。

题 6-1-1 表 门窗表

| 名称 | 代号 | 洞口尺寸 | 备注 |
|------|------|----------|------|
| 成品钢制防盗门 | M1 | 900×2100 | |
| 成品实木门 | M2 | 800×2100 | 带锁，普通五金 |
| 塑钢推拉窗 | C1 | 3000×1800 | 中空玻璃 5+6+5；型材为钢塑 90 系列；普通五金 |
| 塑钢推拉窗 | C2 | 1800×1800 | |

题 6-1-2 表 工程做法一览表

| 序号 | 工程部位 | 工程做法 |
|------|----------|----------|
| 1 | 墙体砌筑 | 0.00 标高以上，3.00 以下，标准砖，水泥混合砂浆 M7.5，墙厚 240mm |
| 2 | 女儿墙 | 墙厚 240mm，高度 560mm，标准砖砌筑，M5 水泥砂浆，其中上设 240×60 混凝土压顶 C20 |

续表

| 序号 | 工程部位 | 工程做法 |
|---|---|---|
| 3 | 混凝土楼板 | 100mm，C25，预拌混凝土 |
| 4 | 屋面防水层 | 2%平屋顶，二毡三油 SBS 防水卷材上翻至混凝土压顶，泛水高度按 560mm 计 |
| 5 | 屋面保温层 | 泡沫混凝土板厚 120 厚，其下 5 厚防水砂浆找平 |
| 6 | 外墙保温层 | 粘贴高度：−0.15 标高至女儿墙压顶<br>砖墙外抹 20 厚 1∶3 水泥砂浆；10 厚 1∶1（重量比）水泥专用胶粘剂；60 厚挤塑聚苯板外墙外保温 |
| 7 | 构造柱 | 截面尺寸 0.24×0.24，C20，外墙构造柱高至女儿墙压顶底，内墙构造柱高至屋面板顶 |

题 6-1-3 表　　　　　　　　　装饰做法一览表

| 序号 | 工程部位 | 装饰做法 |
|---|---|---|
| 1 | 地面 | 面层 20mm 厚 1∶2 水泥砂浆地面压光；垫层为 100mm 厚 C10 素混凝土垫层（中砂，砾石 5~40mm）；垫层下为素土夯实 |
| 2 | 踢脚线 | 150mm 高；面层：6mm 厚 1∶2 水泥砂浆抹面压光底层；20mm 厚 1∶3 水泥砂浆 |
| 3 | 内墙面 | 混合砂浆普通抹灰，基层上刷素水泥浆一遍，底层 15mm 厚 1∶1∶6 水泥石灰砂浆，面层 5mm 厚 1∶0.5∶3 水泥石灰砂浆罩面压光，满刮普通成品腻子膏两遍，刷内墙立邦乳胶漆三遍（底漆一遍，面漆两遍） |
| 4 | 石膏板吊顶 | 木吊杆；轻钢龙骨；纸面石膏板 1200×2400×12；天棚底面标高为 2.7m |
| 5 | 外墙面贴块料 | 粘贴高度：−0.15 标高至女儿墙压顶<br>外保温系统上抹 8mm 厚 1∶2 水泥砂浆，粘贴 100mm×100mm×5mm 的白色外墙砖，灰缝宽度为 6mm，用白水泥勾缝，无酸洗打蜡要求 |

计算说明：内墙门窗侧面、顶面和窗底面均抹灰、刷乳胶漆，其乳胶漆计算宽度均按 120mm 计算，并入内墙面刷乳胶漆项目内。外墙贴块料工程中其门窗侧面、顶面和窗底面要计算，计算宽度均按 120mm 计算，归入块料零星项目。外墙门窗侧面的保温层计算宽度按 120mm 计算，归入保温层项目。为简便计算，所有涉及外门窗侧壁的面积和均按 $3.4m^2$ 计，内门窗侧壁的面积和均按 $5.8m^2$ 计。门洞侧壁不计算踢脚线。

**问题：**

1. 根据现行建筑面积计算规范，计算该工程的建筑面积。

2. 根据以上背景资料以及现行国家标准《建设工程工程量清单计价规范》GB 50500、《房屋建筑与装饰工程工程量计算规范》GB 50854，补充完成该房屋建筑与装饰工程分部分项工程和措施项目清单与计价表，见题 6-1-4 表，不考虑价格部分。（计算结果保留两位小数）

3. 内墙面抹灰施工方案确定：抹灰高度为吊顶底标高以上 15 cm，已知抹灰班组完成 $100m^2$ 所需的人工费、材料费、机械费分别为 1357.97 元、839.82 元、117.54 元，该工程的管理费率为 12%（以工料机之和为基数计算），利润率和风险系数为 30%（以人工费为基数计算）。列式计算内墙面抹灰工程的方案量与清单综合单价。

4. 假定施工过程中，业主要求承包商新增一项室外毛石护坡砌筑工程。承包商考虑到本企业没有相关定额，经决定采用工作日计时法编制该项工作的施工定额。现场测定资料反映该班组完成每立方米毛石砌体：

（1）工人基本工作时间为 7.9h，辅助工作时间、准备与结束时间、不可避免中断时间和休息时间等，分别占毛石砌体定额时间的 3%、2%、2% 和 16%。

（2）砂浆采用 400L 搅拌机现场搅拌，投料体积与搅拌机容量之比为 0.65，每循环一次所需时间为 6 分钟，机械利用系数 0.8。

试确定砌筑每 $10m^3$ 毛石护坡的人工定额和机械定额。

题 6-1-4 表　　　　　　　分部分项与单价措施项目清单与计价表

| 序号 | 项目编码 | 项目名称 | 项目特征描述 | 计量单位 | 工程量 | 金额（元） | | |
|---|---|---|---|---|---|---|---|---|
| | | | | | | 综合单价 | 合价 | 其中：暂估价 |
| 1 | 010101001001 | 平整场地 | 土壤类别：二类土；挖填平衡 | | | | | |
| 2 | 010401003001 | 女儿墙 | 墙厚 240mm，标准砖砌筑，M5 水泥砂浆 | | | | | |
| 3 | 010507005001 | 混凝土压顶 | 60 厚，C20 预拌混凝土 | | | | | |
| 4 | 010902001001 | 屋面卷材防水 | 二毡三油 SBS 卷材 | | | | | |
| 5 | 011001001001 | 屋面保温 | 泡沫混凝土板厚 120 厚，其下 5 厚防水砂浆找平 | | | | | |
| 6 | 011001003001 | 外墙保温 | 砖墙外抹 20 厚 1：3 水泥砂浆；10 厚 1：1（重量比）水泥专用胶粘剂；60 厚挤塑聚苯板外墙外保温 | | | | | |
| 7 | 011101001001 | 水泥砂浆地面 | 面层 20mm 厚 1：2 水泥砂浆地面压光；垫层为 100mm 厚 C10 素混凝土垫层（中砂，砾石 5~40mm）；垫层下为素土夯实 | | | | | |
| 8 | 011105001001 | 踢脚线 | 水泥砂浆踢脚线，高 150mm | | | | | |
| 9 | 011406001001 | 内墙面刷涂料 | 抹灰面上满刮普通成品腻子膏两遍，刷内墙立邦乳胶漆三遍（底漆一遍，面漆两遍） | | | | | |
| 10 | 011302001001 | 石膏板吊顶 | 木吊杆；轻钢龙骨；纸面石膏板 1200×2400×12；天棚底面标高为 2.7m | | | | | |

续表

| 序号 | 项目编码 | 项目名称 | 项目特征描述 | 计量单位 | 工程量 | 金额（元） | | |
|---|---|---|---|---|---|---|---|---|
| | | | | | | 综合单价 | 合价 | 其中：暂估价 |
| 11 | 011204003001 | 块料外墙面 | 1. 1：2.5 水泥砂浆 10mm 厚；<br>2. 8mm 厚 1：2 水泥砂浆粘贴 100mm×100mm×5mm 的白色外墙砖，灰缝宽度为 6mm，用白水泥勾缝，无酸洗打蜡要求 | | | | | |
| 12 | 011206002001 | 块料零星项目 | 1. 1：2.5 水泥砂浆 10mm 厚；<br>2. 8mm 厚 1：2 水泥砂浆粘贴 100mm×100mm×5mm 的白色外墙砖 | | | | | |
| 13 | 011701001001 | 综合脚手架（建筑工程） | 1. 结构：混合结构；<br>2. 檐高：3.05m；<br>3. 地下室：0；<br>4. 建筑物层数：1 层 | | | | | |
| 14 | 011703001001 | 垂直运输（建筑工程） | 1. 结构：混合结构；<br>2. 檐高：3.05m；<br>3. 地下室：0；<br>4. 建筑物层数：1 层 | | | | | |

说明：建筑物的檐口高度是指设计室外地坪至檐口滴水的高度（平屋顶系指屋面板底高度），突出主体建筑物屋顶的电梯机房、楼梯出口间、水箱间、瞭望塔、排烟机房等不计入檐口高度。

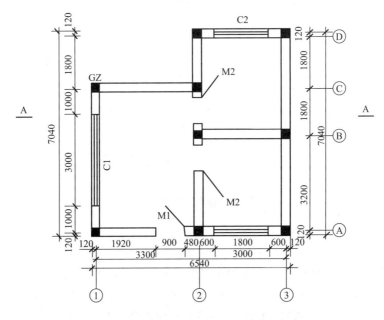

题 6-1-1 图　某工程平面图

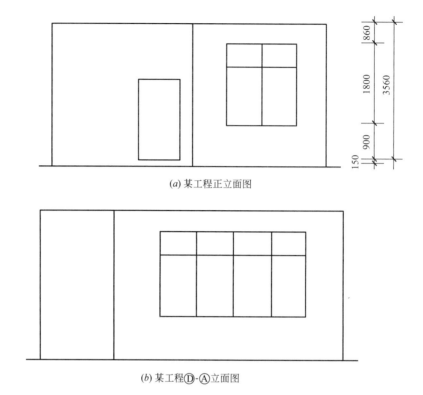

(a) 某工程正立面图

(b) 某工程①-Ⓐ立面图

题 6-1-2 图　立面图

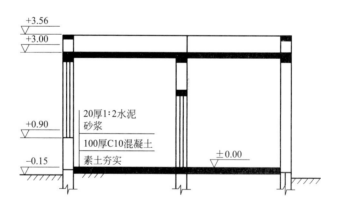

题 6-1-3 图　A-A 剖面图

## Ⅱ. 管道和设备工程

管道工程有关背景资料如下：

1. 某工厂办公楼卫生间给水排水施工图如题 6-2-1 图、题 6-2-2 图所示。

2. 假设按规定计算的该卫生间给水及中水管道和中水系统的阀门部分的清单工程量如下：PP-R 塑料管 $dn40$　10m，$dn32$　8m，镀锌钢管 $DN32$　6m，$DN25$　9m，中水管道系统中的阀门 J11T-10：$DN40$　4 个；$DN25$　2 个。其他安装技术要求和条件与题 6-2-1 图所示一致。

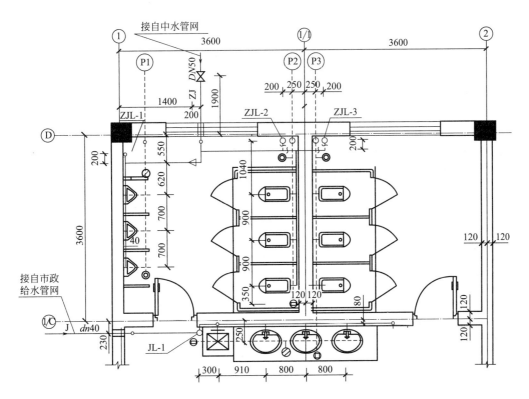

题 6-2-1 图　卫生间给水排水平面图±0.000、3.300、6.600

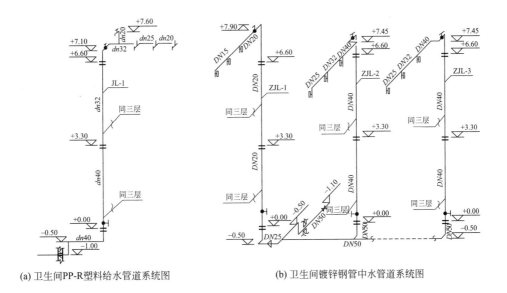

(a) 卫生间PP-R塑料给水管道系统图　　　(b) 卫生间镀锌钢管中水管道系统图

题 6-2-2 图　卫生间给水排水施工图

说明：

1. 办公楼共三层，层高为 3.3m，墙厚为 240mm，柱的横截面尺寸为 400mm×400mm。图中尺寸标注标高以"m"计，其他均以"mm"计。

2.卫生间盥洗室给水管道采用PP-R塑料管及成品管件，热熔连接。大小便冲洗的中水管道采用镀锌钢管及管件，螺纹连接。中水的干管为埋地，立管和支管均为明设。大小便器的中水横支管与墙体的中心距为200mm。管道出入户穿外墙处设碳钢刚性防水套管。

3.中水管道系统的阀门采用截止阀J11T-10。给水管道系统的阀门采用球阀Q11F-16C；各类管道均采用成品管卡固定。

4.成套卫生器具安装按标准图集99S304要求施工，所有附件均随卫生器具配套供应。洗脸盆为单柄单孔台上式安装；大便器为感应式冲洗阀蹲式大便器，小便器为感应式冲洗阀壁挂式安装，污水池为成品落地安装，污水池上装铜质水嘴。

5.管道系统安装就位后，给水管道进行强度和严密性水压试验及水冲洗。

3.给水排水工程相关分部分项工程量清单项目的统一编码见题6-2-1表。

**题6-2-1表**

| 项目编码 | 项目名称 | 项目编码 | 项目名称 |
|---|---|---|---|
| 031001001 | 镀锌钢管 | 031004014 | 给水附件 |
| 031001006 | 塑料管 | 031001007 | 复合管 |
| 031003001 | 螺纹阀门 | 031003003 | 焊接法兰阀门 |
| 031004003 | 洗脸盆 | 031004006 | 大便器 |
| 031004007 | 小便器 | 031002003 | 套管 |

4.该工程给水（中水）管安装定额的相关数据资料见题6-2-2表。

**题6-2-2表**

| 定额编号 | 项目名称 | 单位 | 安装基价（元） | | | 未计价主材 | |
|---|---|---|---|---|---|---|---|
| | | | 人工费 | 材料费 | 机械费 | 单价 | 耗量 |
| 10-1-15 | DN32镀锌钢管安装 | 10m | 200.00 | 6.00 | 1.00 | 17.8元/m | 9.91m |
| | 管件（综合） | 个 | | | | 5.00元/个 | 9.83个/10m |
| 10-1-257 | 室外塑料管热熔安装dn32 | 10m | 55.00 | 32.00 | 15.00 | | |
| | PP-R塑料管dn32 | m | | | | 10.00 | 10.2 |
| | 管件（综合） | 个 | | | | 4.00 | 2.83 |
| 10-1-325 | 室内塑料管热熔安装dn32 | 10m | 120.00 | 45.00 | 26.00 | | |
| | PP-R塑料管dn32 | m | | | | 10.00 | 10.16 |
| | 管件（综合） | 个 | | | | 4.00 | 10.81 |
| 10-11-12 | 成品管卡安装 | 个 | 2.50 | 3.50 | | 2.00元/个 | 2.5个/10m管 |
| 10-11-81 | 套管制安 | 个 | 60.00 | 12.00 | 20.00 | | |
| | 钢管 | m | | | | 28.00元/m | 0.424m/个 |
| 10-11-121 | 管道水压试验 | 100m | 266.00 | 80.00 | 55.00 | | |

注：1.表内费用均不包含增值税可抵扣进项税额。

2.该工程的人工费单价（包括普工、一般技工和高级技工）综合为100元/工日，管理费和利润分别按人工费的60%和30%计算。

**问题：**

1. 按照题 6-2-1 图、题 6-2-1 图所示内容，分别列式计算卫生间给水以及中水系统中的管道和阀门安装项目分部分项清单工程量；管道工程量计算至支管与卫生器具相连的分支三通或末端弯头处止。

2. 根据背景资料 2、3 设定的数据和题 6-2-1 图、题 6-2-2 图中所示要求，按《通用安装工程工程量计算规范》GB 50856 的规定，分别依次编列出卫生间中水系统中镀锌钢管 DN32、DN25、给水 PP-R 塑料管 dn40、dn32 和中水系统中所有阀门、卫生器具（不含墩布池）安装项目的分部分项工程量清单，并填入答题卡题 6-2-3 表"分部分项工程和单价措施项目清单与计价表"中。

3. 按照背景资料 2、3、4 中的相关数据和题 6-4 图、题 6-5 图中所示要求，根据《通用安装工程工程量计算规范》GB 50856 和《建设工程工程量清单计价规范》GB 50500 的规定，编制题 6-2-1 图、题 6-2-2 图中室内给水 PP-R 塑料管道 dn32 的安装项目分部分项工程量清单的综合单价，并填入题 6-2-4 表"综合单价分析表"中。

题 6-2-3 表　　　　　　　分部分项工程和单价措施项目清单与计价表

工程名称：某厂区　　　　　标段：办公楼卫生间给排水工程安装　　　　　第 1 页　共 1 页

| 序号 | 项目编码 | 项目名称 | 项目特征描述 | 计量单位 | 工程量 | 金额（元） | | |
| --- | --- | --- | --- | --- | --- | --- | --- | --- |
| | | | | | | 综合单价 | 合价 | 其中：暂估价 |
| | | | | | | | | |
| | | | | | | | | |
| | | | | | | | | |
| | | | | | | | | |
| | | | | | | | | |
| | | | | | | | | |
| | | | | | | | | |
| | | | | | | | | |
| 本页小计 | | | | | | | | |
| 合计 | | | | | | | | |

注：各分项之间用横线分开。

**题 6-2-4 表**　　　　　　　　　**综合单价分析表**

工程名称：某厂区　　　　　　标段：办公楼卫生间给水管道安装　　　　第 1 页 共 1 页

| 项目编码 | | 项目名称 | | | | | 计量单位 | | 工程量 | |
|---|---|---|---|---|---|---|---|---|---|---|
| | | | | | | | | | | |
| 清单综合单价组成明细 | | | | | | | | | | |
| 定额编号 | 定额名称 | 定额单位 | 数量 | 单价 | | | | 合价 | | |
| | | | | 人工费 | 材料费 | 机械费 | 管理费和利润 | 人工费 | 材料费 | 机械费 | 管理费和利润 |
| | | | | | | | | | | |
| | | | | | | | | | | |
| 人工单价 | | | 小计 | | | | | | | |
| | | | 未计价材料费 | | | | | | | |
| 清单项目综合单价 | | | | | | | | | | |

| 材料费明细 | 主要材料名称、规格、型号 | 单位 | 数量 | 单价（元） | 合价（元） | 暂估单价（元） | 暂估合价(元) |
|---|---|---|---|---|---|---|---|
| | | | | | | | |
| | | | | | | | |
| | | | | | | | |
| | 其他材料费 | | | | | | |
| | 材料费小计 | | | | | | |

## Ⅲ. 电气和自动化控制工程

工程背景资料如下：

1. 题 6-3-1 图为某配电间电气安装工程平面图，题 6-3-2 图为配电箱系统接线图及设备材料表，该建筑物为单层平屋面砖、混凝土结构，室内外高差为 0.3m，建筑物室内净高为 4.40m。

图中括号内数字表示线路水平长度，配管进入地面或顶板内深度均按 0.05m；穿管规格：2~3 根 BV2.5 穿 SC15，4~6 根 BV2.5 穿 SC20，4~6 根 BV16 穿 SC40，其余按系统接线图。

2. 该工程的相关定额、主材单价及损耗率见题 6-3-1 表。

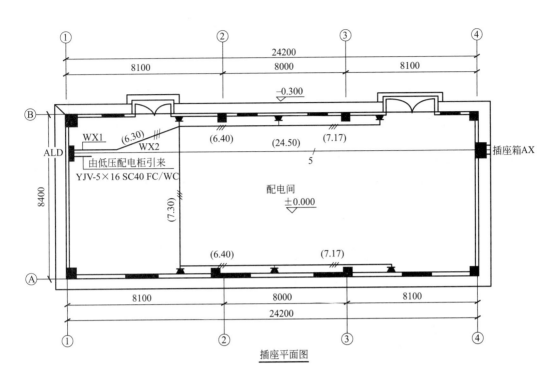

插座平面图

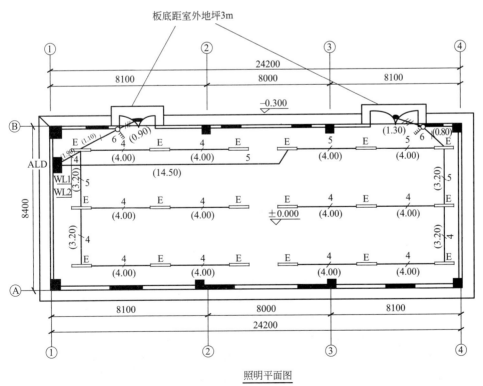

照明平面图

题 6-3-1 图  配电间电气安装工程平面图

主要设备材料表

| 序号 | 符号 | 设备名称 | 型号规格 | 单位 | 安装方式 | 备注 |
|---|---|---|---|---|---|---|
| 1 | | 单相二、三极暗插座 | 86Z223-10 | 个 | 距地0.3m | |
| 2 | | 暗装四极开关 | 86K41-10 | 个 | 距地1.3m | |
| 3 | | 吸顶灯 | 节能灯22W φ350 | 个 | 吸顶 | |
| 4 | E | 双管荧光灯 | 2×28W | 个 | 吸顶E为带应急装置 | 应急时间180min |
| 5 | | 配电箱 | ALD PZ30R-45 | 台 | 底边距地1.5m嵌入式 | 300(宽)×450(高)×120(深) |
| 6 | | 插座箱AX | PZ30，300(宽)× 300(高)×120(深) | 台 | 嵌入式，安装高度底 边离地0.5m | |

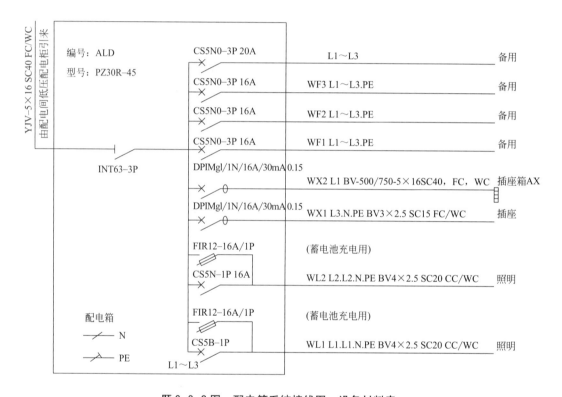

题6-3-2图　配电箱系统接线图、设备材料表

题6-3-1表　　　　　相关定额、主材单价及损耗率表

| 定额编号 | 项目名称 | 定额单位 | 安装基价（元） | | | 主材 | |
|---|---|---|---|---|---|---|---|
| | | | 人工费 | 材料费 | 机械费 | 单价 | 损耗率（%） |
| 4-2-76 | 成套配电箱安装嵌入式 半周长≤1.0m | 台 | 102.30 | 34.40 | 0 | 1500.00 元/台 | |
| 4-2-75 | 成套插座箱安装嵌入式 半周长≤1.0m | 台 | 102.30 | 34.40 | 0 | 500.00 元/台 | |

续表

| 定额编号 | 项目名称 | 定额单位 | 安装基价（元） | | | 主材 | |
| --- | --- | --- | --- | --- | --- | --- | --- |
| | | | 人工费 | 材料费 | 机械费 | 单价 | 损耗率（%） |
| 4-4-14 | 无端子外部接线 导线截面≤2.5mm² | 个 | 1.20 | 1.44 | 0 | | |
| 4-4-26 | 压铜接线端子 导线截面≤16mm² | 个 | 2.50 | 3.87 | 0 | | |
| 4-12-34 | 砖、混凝土结构暗配 钢管 SC15 | 10m | 46.80 | 33.00 | 0 | 5.30 元/m | 3 |
| 4-12-35 | 砖、混凝土结构暗配 钢管 SC20 | 10m | 46.80 | 41.00 | 0 | 6.90 元/m | 3 |
| 4-12-36 | 砖、混凝土结构暗配 钢管 SC40 | 10m | 46.80 | 53.00 | 0 | 10.10 元/m | 3 |
| 4-13-5 | 管内穿照明线 铜芯导线截面≤2.5mm² | 10m | 8.10 | 1.50 | 0 | 1.60 元/m | 16 |
| 4-13-28 | 管内穿动力线 导线截面≤16mm² | 10m | 8.10 | 1.80 | 0 | 11.50 元/m | 5 |
| 4-14-2 | 吸顶灯具安装 灯罩周长≤1100mm | 套 | 13.80 | 1.90 | 0 | 80.00 元/套 | 1 |
| 4-14-205 | 荧光灯具安装 吸顶式 双管 | 套 | 17.50 | 1.50 | 0 | 120 元/套 | 1 |
| 4-14-380 | 四联单控暗开关安装 | 个 | 7.00 | 0.80 | 0 | 15.00 元/个 | 2 |
| 4-14-401 | 单相带接地暗插座≤15A | 个 | 6.80 | 0.80 | 0 | 10.00 元/个 | 2 |

注：表内费用均不包含增值税可抵扣进项税额。

3. 该工程的人工费单价（普工、一般技工和高级技工）综合为 100 元/工日，管理费和利润分别按人工费的 40% 和 20% 计算。

4. 相关分部分项工程量清单项目编码及项目名称见题 6-3-2 表。

题 6-3-2 表　　　相关分部分项工程量清单项目编码及项目名称表

| 项目编码 | 项目名称 | 项目编码 | 项目名称 |
| --- | --- | --- | --- |
| 030404017 | 配电箱 | 030411001 | 配管 |
| 030404018 | 插座箱 | 030411004 | 配线 |
| 030404034 | 照明开关 | 030412001 | 普通灯具 |
| 030404035 | 插座 | 030412005 | 荧光灯 |

**问题：**

1. 按照背景资料 1~4 和题 6-3-1 图、题 6-3-2 图所示内容，根据《建设工程工程量清单计价规范》GB 50500 和《通用安装工程工程量计算规范》GB 50856 的规定，计算各分部分项工程量，并将配管（SC15、SC20、SC40）、配线（BV2.5、BV16）的工程量计算式与结果填写在答题卡指定位置；计算各分部分项工程的综合单价与合价，编制完成题 6-3-3 表"分部分项工程和单价措施项目清单与计价表"。（答题时不考虑配电箱的进线管道和电缆，不考虑开关盒和灯头盒）

2. 根据背景资料 2 中的相关数据，编制完成题 6-3-4 表配电箱的"综合单价分析表"。

（计算结果保留两位小数）

题 6-3-3 表　　　　　　　　分部分项工程和单价措施项目清单与计价表

| 序号 | 项目编码 | 项目名称 | 项目特征描述 | 计量单位 | 工程量 | 金额（元） | | |
| --- | --- | --- | --- | --- | --- | --- | --- | --- |
| | | | | | | 综合单价 | 合价 | 其中：暂估价 |
| | | | | | | | | |
| | | | | | | | | |
| | | | | | | | | |
| | | | | | | | | |
| | | | | | | | | |
| | | | | | | | | |
| | | | | | | | | |
| | | | | | | | | |
| | | | | | | | | |
| | | | | | | | | |
| | | | | | | | | |
| 合计 | | | | | | | | |

题 6-3-4 表　　　　　　　　　　　综合单价分析表

工程名称：配电房电气工程

| 项目编码 | | 项目名称 | | 计量单位 | | 工程量 | |
| --- | --- | --- | --- | --- | --- | --- | --- |
| 清单综合单价组成明细 | | | | | | | |
| 定额编号 | 定额名称 | 定额单位 | 数量 | 单价（元） | | | | 合价（元） | | | |
| | | | | 人工费 | 材料费 | 机械费 | 管理费和利润 | 人工费 | 材料费 | 机械费 | 管理费和利润 |
| | | | | | | | | | | | |

续表

| 定额编号 | 定额名称 | 定额单位 | 数量 | 单价（元） | | | | 合价（元） | | | |
|---|---|---|---|---|---|---|---|---|---|---|---|
| | | | | 人工费 | 材料费 | 机械费 | 管理费和利润 | 人工费 | 材料费 | 机械费 | 管理费和利润 |
| | | | | | | | | | | | |
| | | | | | | | | | | | |
| 人工单价 | | | | 小计 | | | | | | | |
| | | | | 未计价材料费 | | | | | | | |
| 清单项目综合单价 | | | | | | | | | | | |
| 材料费明细 | 主要材料名称、规格、型号 | | | 单位 | | 数量 | | 单价（元） | 合价（元） | 暂估单价(元) | 暂估合价(元) |
| | | | | | | | | | | | |
| | | | | | | | | | | | |
| | 其他材料费 | | | | | | | | | | |
| | 材料费小计 | | | | | | | | | | |

# 模拟题六

## 试题一：

　　某地 2019 年拟建一年产 50 万 t 的冶炼项目。据调查，该地区 2017 年建设的年产 30 万 t 同类产品的已建项目的投资总额为 5500 万元。生产能力指数为 0.55，2017~2019 年工程造价平均每年递增 8%。

　　拟建工业项目其他基础数据如下：

　　1. 假设项目投资估算总额为 9000 万元（其中包括无形资产 500 万元）。建设期 1 年，运营期 8 年；

　　2. 本项目投资来源为自有资金和贷款。贷款总额为 3800 万元，贷款年利率 10%（按年计息）。贷款合同规定的还款方式为：运营期的前 4 年等额还本，利息照付。无形资产在运营期 8 年中均匀摊入成本。固定资产残值率 5%，按直线法折旧，折旧年限 10 年；

　　3. 正常年份年营业收入为 4000 万元（不含销项税额），经营成本为 1600 万元（其中进项税额为 150 万）；企业适用的增值税税率为 17%，税金附加按应纳增值税的 9% 计算，所得税税率为 25%；

　　4. 项目流动资金 200 万元，全部为自有资金，在项目运营期末全部收回；

　　5. 投产第一年仅达到设计生产能力的 90%，预计这一年的营业收入、销项税额、经营成本、进项税额均为正常年份的 90%；以后各年均达到设计生产能力；

　　6. 假定建设投资中无可抵扣固定资产进项税额。

### 问题：

　　1. 列式计算建设项目总投资。

　　2. 列式计算建设期贷款利息和运营期年固定资产折旧费、年无形资产摊销费。

　　3. 编制项目的借款还本付息计划题 1-1 表、总成本费用估算题 1-2 表。

题 1-1 表　　　　　　　　　　借款还本付息表（单位：万元）

| 项目 | 计算期 | | | | | | | | |
|---|---|---|---|---|---|---|---|---|---|
| | 1 | 2 | 3 | 4 | 5 | 6 | 7 | 8 | 9 |
| 期初借款余额 | | | | | | | | | |
| 当期还本付息 | | | | | | | | | |
| 其中：还本 | | | | | | | | | |

续表

| 项目 | 计算期 | | | | | | | | |
|---|---|---|---|---|---|---|---|---|---|
| | 1 | 2 | 3 | 4 | 5 | 6 | 7 | 8 | 9 |
| 付息 | | | | | | | | | |
| 期末借款余额 | | | | | | | | | |

题 1-2 表　　　　　　　　　总成本费用估算表（单位：万元）

| 序号 | 费用名称 | 2 | 3 | 4 | 5 | 6 | 7 | 8 | 9 |
|---|---|---|---|---|---|---|---|---|---|
| 1 | 经营成本 | | | | | | | | |
| 2 | 折旧费 | | | | | | | | |
| 3 | 摊销费 | | | | | | | | |
| 4 | 利息支出 | | | | | | | | |
| 5 | 总成本费用 | | | | | | | | |

4.列式计算各年应纳增值税和增值税附加。

5.列式计算运营期第一年税后净利润。

# 试题二：

某咨询公司受业主委托，对某设计院提出的建筑面积为 28000m² 的综合娱乐项目的 A、B、C 三个设计方案进行评价。该工程采用工程量清单的报价方式，A 方案的"分部分项工程与单价措施项目清单与计价表""总价措施项目清单与计价表""其他项目清单计价表"合计为 7200 万元，规费费率和增值税税金合计为 16%（以不含规费、税金的人工费、材料费、施工机具使用费、管理费和利润为基数）。该工程的设计使用年限为 50 年。基准折现率为 6%。不考虑建设期差异的影响，每次大修给业主带来的经济损失为 5 万元，各方案均无残值。A 方案运营期间的基础数据汇总见题 2-1 表。

题 2-1 表　　　　　　　　　A 方案基础数据汇总表

| 方案 | A | B | C |
|---|---|---|---|
| 年度维护费用（万元） | 15 | — | — |
| 大修周期（年） | 10 | — | — |
| 每次大修费（万元） | 50 | — | — |
| 日均客流量（人/天） | 4000 | 3000 | 3500 |
| 运行收入（元/人） | 20 | 15 | 18 |

## 问题：

1.根据已知数据计算该工程 A 方案的工程总造价和全寿命周期年度费用。

2.已知 B 方案的全寿命周期年度费用为 504.77 万元，C 方案的全寿命周期年度费用为 542.98 万元，采用费用效率法选择最佳设计方案（每年按 360 天计算）。

3. 该工程合同工期为 18 个月。承包人报送并已获得监理工程师审核批准的施工网络进度计划如题 2-1 图所示。开工前，因承包人工作班组调整，工作 A 和工作 E 需由同一工作班组分别施工，承包人应如何合理调整该施工网络进度计划（绘制调整后的网络进度计划图）？新的网络进度计划的工期是否满足合同要求？如果不能满足，应如何调整进度计划以确保实现合同工期（有关分项工程可压缩的工期和相应增加的费用见题 2-2 表）？说明理由。

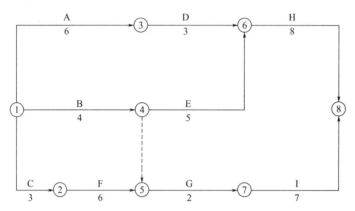

题 2-1 图  施工网络进度计划图（单位：月）

题 2-2 表　　　　　　　　可压缩的工期和相应增加的费用

| 分项工程 | A | E | H |
|---|---|---|---|
| 可压缩工期（月） | 1 | 1 | 2 |
| 压缩 1 个月增加的费用（万元） | 8 | 6.5 | 5 |

（计算结果保留两位小数）

# 试题三：

某国有资金投资的某重点工程项目计划于 2018 年 8 月 8 日开工，招标人拟采用公开招标方式进行项目施工招标，市建委指定了某具有相应资质的招标代理机构为招标人编制了招标文件。

招标过程中发生了以下事件：

事件 1：2018 年 1 月 8 日，已通过资格预审的 A、B、C、D、E 五家施工承包商拟参与该项目的投标，招标人规定 1 月 20~23 日为招标文件发售时间。2 月 6 日下午 4 时为投标截止时间。投标有效期自投标文件发售时间算起总计 60 天。

事件 2：该项目的招标控制价为 12000 万元，所以投标保证金统一定为 100 万元，其有效期从递交投标文件时间算起总计 60 天。

事件 3：4 月 30 日招标人向 C 企业发出了中标通知书，5 月 2 日 C 企业收到中标通知书，双方于 5 月 18 日签订了书面合同。合同价为 10900 万元，合同工期为 470 天。

合同约定：实际工期每拖延 1 天，逾期罚款为 5 万元；实际工期每提前 1 天，奖励

3 万元。中标的施工单位造价工程师对该项目进行了成本分析，其建安工程成本最低的工期为 500 天，相应的成本为 9900 万元。在此基础上，工期每缩短 1 天，需增加成本 25 万元；工期每延长 1 天，需增加成本 20 万元。在充分考虑施工现场条件和本公司人力、施工机械条件的前提下，该项目最可能的工期为 485 天。

**问题：**

1. 该项目招标有何不妥之处，说明理由。

2. 请指出事件 1 的不妥之处，说明理由。

3. 说明事件 2 的做法是否妥当，说明理由。

4. 根据事件 4 确定该承包商的投标报价浮动率。在确保该项目不亏本的前提下，该工程允许的最长工期为多少天？若按最可能的工期组织施工，该项目的利润额为多少？相应的成本利润率为多少？

# 试题四：

某工程施工合同中规定，甲乙双方约定合同工期为 30 周，合同价为 827.28 万元，管理费为人工费、材料费、机械费之和的 18%，利润率为人工费、材料费、机械费、管理费之和的 5%，因通货膨胀导致价格上涨时，业主对人工费、主要材料费和机械费（三项费用占合同价的比例分别为 22%、40% 和 9%）及综合税费进行调整，因设计变更产生的新增工程，双方约定既补偿成本又补偿利润。

该工程的 D 工和 H 工作安排使用同一台施工机械，机械每天工作一个台班，机械台班单价为 1000 元/台班，台班折旧费为 600 元/台班，施工单位编制的施工计划，如题 4-1 图所示，各项工作都按照最早开始时间安排。

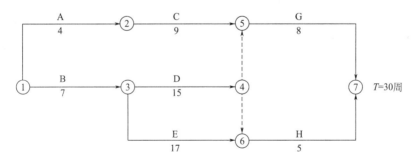

**题 4-1 图　施工进度计划（单位：周）**

施工过程中发生如下事件：

事件 1：考虑物价上涨因素，业主与施工单位协议对人工费、主要材料费、机械费和综合税费分别上调 5%、6%、3% 和 10%。

事件 2：因业主设计变更新增 F 工作，F 工作为 D 工作的紧后工作，为 H 工作的紧前工作，持续时间为 6 周，经双方确认，F 工作的分部分项工程和措施项目的人工费、材料费和机械费之和为 126 万元，规费为 8 万元。

事件 3：G 工作开始前，业主对 G 工作的部分施工图纸进行修改，由于未能及时提供给施工单位，致使 G 工作延误 6 周，经双方协商，对仅因业主延迟提供的图纸而造成的工期延误，业主按原合同工期和价格确定分摊的每周管理费标准补偿施工单位管理费。

上述事件发生后，施工单位在合同规定的时间内向业主提出索赔并提供了相关资料。

**问题：**

1. 事件 1 中，调整后的合同价款为多少万元？

2. 事件 2 中，若增值税综合税率为 9%，应计算 F 工作的工程价款为多少万元？

3. 事件 2 发生后，以工作表示的关键线路是哪一条？列式计算应批准延长的工期和可索赔的工程价款（不含 F 的工程价款，规费以人工费为基数计算）。

4. 假设原合同价中规费 38 万，应计增值税为 27.8 万元，计算原合同工期分摊的每周管理费应为多少万元（以原合同中管理费为基数分摊）？发生事件 2 和事件 3 后，项目最终的工期是多少周？业主应批准补偿的管理费为多少万元？

（列出具体的计算过程，计算结果以万元为单位保留两位小数。）

# 试题五：

某工程项目采用工程量清单招标确定中标人，招标控制价 200 万元，合同工期 4 个月。承包方费用部分数据如题 5-1 表所示。

题 5-1 表　　　　　　　　　　承包方费用部分数据表

| 分项工程名称 | 计量单位 | 数量 | 综合单价 |
|---|---|---|---|
| A | m³ | 5000 | 100 元/m³ |
| B | m³ | 750 | 420 元/m³ |
| C | t | 100 | 4500 元/t |
| D | m² | 1500 | 150 元/m² |
| 总价措施项目费用 | 100000 元 | | |
| 其中：安全文明施工费用 | 60000 元 | | |
| 暂列金额 | 50000 元 | | |

注：以上费用都为不含税费用

合同中有关工程款支付条款如下：

1. 开工前发包方向承包方支付合同价（扣除安全文明施工费用和暂列金额）的 20% 作为材料预付款。预付款从工程开工后的第 2 个月开始分 3 个月均摊抵扣。

2. 安全文明施工费用开工前与材料预付款同时支付。

3. 工程进度款按月结算，发包方按每次承包方应得工程款的 80% 支付。

4. 总价措施项目费用剩余部分在开工后 4 个月内平均支付，结算时不调整。

5. 分项工程累计实际工程量增加（或减少）超过计划工程量的 15% 时，该分项工程的综合单价调整系数为 0.95（或 1.05）。

6. 承包商报价管理费和利润率取 50%（以人工费、机械费之和为基数）。

7. 规费和税金综合费率 18%（以分项工程费用、措施项目费用、其他项目费用之和为基数。

8. 竣工结算时，业主按合同价款的3%扣留工程质量保证金。

9. 工期奖罚5万/月（含税费），竣工结算时考虑。

10. 如遇清单缺项，双方按报价浮动率确定单价。

题5-2表　　　　　　　　各月计划和实际完成工程量

| 分项工程 | | 第1月 | 第2月 | 第3月 | 第4月 | 第5月 |
|---|---|---|---|---|---|---|
| A（m³） | 计划 | 2500 | 2500 | | | |
| | 实际 | 2500 | 2500 | | | |
| B（m³） | 计划 | | 375 | 375 | | |
| | 实际 | | 250 | 250 | 380 | |
| C（t） | 计划 | | 50 | 50 | | |
| | 实际 | | 35 | 35 | 45 | |
| D（m²） | 计划 | | | 750 | 750 | |
| | 实际 | | | 750 | 400 | 400 |

施工过程中，4月份发生了如下事件：

1. 业主签证某临时工程消耗计日工50工日（综合单价60元/工日），某种材料120m²（综合单价100元/m²）。

2. 业主要求新增一临时工程，工程量为300m³，双方按当地造价管理部门颁布的人材机消耗量、信息价和取费标准确定的综合单价为500元/m³。

3. 4月份业主责任使D工程量增加，停工待图将导致D工期延长2个月，后施工单位赶工使D工作5月份完成，发生赶工人才机费3万元。

**问题**

1. 工程签约合同价款为多少元？开工前业主应拨付的材料预付款和安全文明施工工程价款为多少元。

2. 列式计算第3个月末分项工程的进度偏差（用投资表示）。

3. 列式计算业主第4个月应支付的工程进度款为多少万元。

4. 1~5月份业主支付工程进度款，6月份办理竣工结算，工程实际总造价和竣工结算款分别为多少万元。

5. 增值税率为9%，实际费用支出（不含税）160万元，进项税额17万元（其中：普通发票9万元，专用发票7万元，材料损失专票税费1万元），计算该项目应计增值税，应纳增值税和成本利润率。（计算结果保留三位小数）

# 试题六：

本试题共分三个专业（Ⅰ土木建筑工程、Ⅱ管道和设备工程、Ⅲ电气和自动化控制工程），任选其中一题作答。

## Ⅰ．土木建筑工程

某剪力墙结构住宅，剪力墙厚200mm，标准层建筑平面由A1户型和B1户型组成，详见题 6-1-1 图。客厅、餐厅、卧室楼板采用桁架混凝土叠合板，混凝土采用 C30。

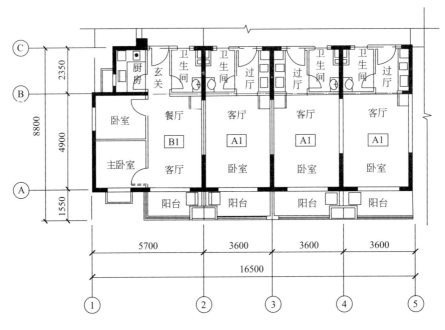

题 6-1-1 图　建筑平面图

A1 户型开间轴线尺寸为 3600mm，进深轴线尺寸为 4900mm，该楼板按单向板布置叠合板，叠合板的厚度取 130mm，底板 60mm，后浇叠合层 70mm。

B1 户型开间轴线尺寸为 5700mm，进深轴线尺寸为 4900mm，该楼板按双向板布置叠合板，叠合板的厚度取 130mm，底板 60mm，后浇叠合层 70mm。

叠合板的支座条件详见题 6-1-2 图。根据设计计算，底板的布置详见题 6-1-3 图。剖面图见题 6-1-4 图。

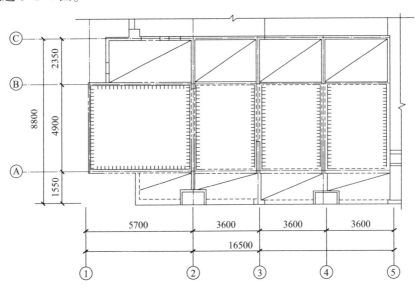

题 6-1-2 图　支座条件

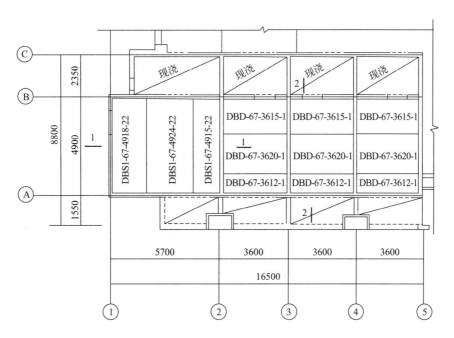

题 6-1-3 图　底板布置图

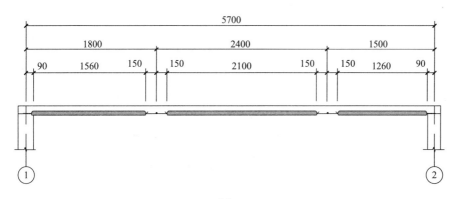

1-1

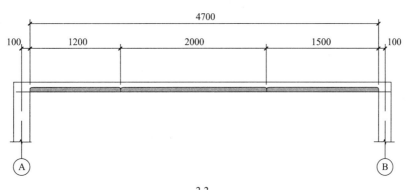

2-2

题 6-1-4 图　剖面图

叠合板的参数详见题 6-1-1 表。

叠合板、后浇混凝土的定额详见题 6-1-2 表。

题 6-1-1 表　　　　　　　　　　　叠合板参数表

| 编号 | 混凝土体积（m³） | 底板重量（t） | 桁架重量（kg） | 钢筋信息 |
|---|---|---|---|---|
| DBD-67-3612-1 | 0.246 | 0.615 | 5.85 | 受力筋：三级钢筋Φ8@200 |
| DBD-67-3615-1 | 0.308 | 0.769 | 5.85 | 分布筋：三级钢筋Φ6@200 |
| DBD-67-3620-1 | 0.410 | 1.026 | 5.85 | |
| DBDS1-67-4915-22 | 0.349 | 0.873 | 8.96 | 跨度与宽度方向配筋均为 |
| DBDS1-67-4918-22 | 0.432 | 1.081 | 9.09 | 三级钢筋Φ8@150 |
| DBDS1-67-4924-22 | 0.582 | 1.455 | 9.09 | |

题 6-1-2 表　　　　　　　　　　叠合板、后浇混凝土定额基价表

| 定额编号 | | | 1-14 | 1-31 |
|---|---|---|---|---|
| 项目 | | | 叠合板 | 后浇混凝土（叠合板） |
| | | | 10m³ | 10m³ |
| 定额基价 | | | 29523.78 | 5159.55 |
| 其中 | 人工费 | | 2307.46 | 708.51 |
| | 材料费 | | 27155.91 | 4443.52 |
| | 机械费 | | 60.41 | 7.52 |
| 名称 | 单位 | 单价（元） | | |
| 综合工日 | 工日 | 113.00 | 20.42 | 6.27 |
| 预制混凝土叠合板 | m³ | 2500.00 | 10.05 | |
| 预拌混凝土 | m³ | 376.62 | | 10.15 |
| 垫铁 | kg | 3.09 | 3.14 | |
| 电焊条 | kg | 8.47 | 6.10 | |
| 板枋材 | m³ | 1900.00 | 0.091 | |
| 立支撑杆件 | 套 | 150.00 | 2.730 | |
| 零星卡具 | kg | 8.75 | 37.310 | |
| 钢支撑 | kg | 8.62 | 39.850 | |
| 塑料薄膜 | m² | 2.20 | | 175.00 |
| 水 | m³ | 7.85 | | 18.40 |
| 其他材料 | 元 | | 717.17 | 91.39 |
| 交流弧焊机 | 台班 | 103.98 | 0.581 | |
| 小型机具 | 元 | | | 7.52 |

注：1. 本消耗定额基价表中费用均不包含增值税可抵扣进项税额。

2. 叠合板定额内容包括结合面清理、构件吊装、就位、校正、垫实、固定、接头钢筋调直、焊接、搭设及拆除钢支撑。

3. 后浇混凝土包括浇筑、振捣、养护等。

**问题：**

1. 根据施工图纸及技术参数，按《房屋建筑与装饰工程工程量计算规范》GB 50854 的计算规则，在题 6-1-3 表中列式计算该住宅工程分部分项工程量。

题 6-1-3 表　　　　　　　　　　　清单工程量计算书

| 序号 | 项目名称 | 计量单位 | 工程量 | 计算式 |
|---|---|---|---|---|
| 1 | 叠合板 DBD-67-3612-1 | | | |
| 2 | 叠合板 DBD-67-3615-1 | | | |
| 3 | 叠合板 DBD-67-3620-1 | | | |
| 4 | 叠合板 DBDS1-67-4915-22 | | | |
| 5 | 叠合板 DBDS1-67-4918-22 | | | |
| 6 | 叠合板 DBDS1-67-4924-22 | | | |
| 7 | 后浇混凝土（叠合板） | | | |

2.《建设工程工程量清单计价规范》GB 50500 中叠合板的清单项目编码为 010512001，后浇混凝土板的清单项目编码为 010505003，已知该工程的企业管理费按人工、材料、机械费之和的 15% 计取，利润按人工、材料、机械费、企业管理费之和的 6% 计取。按《建设工程工程量清单计价规范》GB 50500 的要求，结合消耗量定额基价表，列式计算叠合板、后浇混凝土板综合单价并补充填写题 6-1-4 表。

题 6-1-4 表　　　　　　　　　分部分项工程量清单与计价表

| 序号 | 项目编码 | 项目名称 | 项目特征描述 | 计量单位 | 工程量 | 金额（元） | |
|---|---|---|---|---|---|---|---|
| | | | | | | 综合单价 | 合价 |
| 1 | | 后浇混凝土板 | 1. 70 厚现浇；<br>2. 预拌混凝土 C30 | | | | |
| 2 | | 叠合板 | 1. 60 厚预制<br>2. C30 | | | | |

3. 填写完成题 6-1-5 表中的叠合板综合单价分析表。

题 6-1-5 表　　　　　　　　　叠合板综合单价分析表

| 项目编码 | | | 项目名称 | 叠合板 | 计量单位 | | 工程量 | |
|---|---|---|---|---|---|---|---|---|
| 清单综合单价组成明细 | | | | | | | | |
| 定额编号 | 定额名称 | 定额单位 | 数量 | 单价（元） | | | | 合价（元） |
| | | | | 人工费 | 材料费 | 施工机具使用费 | 管理费和利润 | 人工费 | 材料费 | 施工机具使用费 | 管理费和利润 |
| | | | | | | | | |

续表

| 定额编号 | 定额名称 | 定额单位 | 数量 | 单价（元） | | | | 合价（元） | | | |
|---|---|---|---|---|---|---|---|---|---|---|---|
| | | | | 人工费 | 材料费 | 施工机具使用费 | 管理费和利润 | 人工费 | 材料费 | 施工机具使用费 | 管理费和利润 |
| | | | | | | | | | | | |
| | | | | | | | | | | | |
| 人工单价 | | | | | | | | | | | |
| 99.00/工日 | | | 未计价材料（元） | | | | | | | | |
| 清单项目综合单价（元/t） | | | | | | | | | | | |
| | | 主要材料名称、规格、型号 | 单位 | 数量 | | 单价（元） | | 合价（元） | | 暂估单价（元） | 暂估合价（元） |
| | | | | | | | | | | | |
| | | | | | | | | | | | |
| | | | | | | | | | | | |
| | | 其他材料费（元） | | | | | | | | | |
| | | 材料费小计（元） | | | | | | | | | |

4. 假定某施工企业拟投标该工程，计算得出该工程的分部分项工程费为 1275293.74 元，措施项目费为 219414.62 元，其他项目费用为：暂列金额 250000 元，专业工程暂估价 50000 元（总包服务费可按 4% 计取），计日工 60 工日，每工日综合单价按 150 元计。若规费按分部分项、措施项目、其他项目费用之和的 5% 计取，增值税率按 9% 计，补充完成该工程的投标报价汇总，见题 6-1-6 表。

题 6-1-6 表　　　　　　　　　投标报价汇总表

| 序号 | 项目名称 | 金额（元） |
|---|---|---|
| 1 | 分部分项工程量清单合计 | |
| 2 | 措施项目清单合计 | |
| 3 | 其他项目清单合计 | |
| 3.1 | 暂列金额 | |
| 3.2 | 材料暂估价 | |
| 3.3 | 专业工程暂估价 | |
| 3.4 | 计日工 | |
| 3.5 | 总包服务费 | |
| 4 | 规费 | |
| 5 | 税金 | |
| | 合计 | |

（上述各问题中提及的各项费用均不包含增值税可抵扣进项税额，所有计算结果保留两位小数）

## Ⅱ．管道和设备工程

某工程背景资料如下：

1. 题 6-2-1 图为某加压泵房工艺管道系统安装的截取图。

2. 假设管道的清单工程量如下：

低压管道 $\phi 325 \times 8$ 管道 21m；中压管道：$\phi 219 \times 32$ 管道 32m，$\phi 168 \times 24$ 管道 23m，$\phi 114 \times 6$ 管道 7m。

3. 相关分部分项工程量清单统一项目编码见题 6-2-1 表。

题 6-2-1 表

| 项目编码 | 项目名称 | 项目编码 | 项目名称 |
|---|---|---|---|
| 030801001 | 低压碳钢管 | 030810002 | 低压碳钢平焊法兰 |
| 030802001 | 中压碳钢管 | 030811002 | 中压碳钢对焊法兰 |
| 030807002 | 低压焊接阀门 | 030808002 | 中压焊接阀门 |
| 030807003 | 低压法兰阀门 | 030808003 | 中压法兰阀门 |
| 030815001 | 管架制作安装 | | |

4. $\phi 219 \times 32$ 碳钢管道安装工程的相关定额见题 6-2-2 表。

题 6-2-2 表

| 定额编号 | 项目名称 | 计量单位 | 安装基价（元） | | | 未计价主材 | |
|---|---|---|---|---|---|---|---|
| | | | 人工费 | 材料费 | 机械费 | 单价 | 耗量 |
| 6-36 | 低压管道电弧焊安装 | 10m | 672.80 | 80.00 | 267.00 | 6.50 元/kg | 9.38m |
| 6-411 | 中压管道氩电联焊安装 | 10m | 699.20 | 80.00 | 277.00 | 6.50 元/kg | 9.38m |
| 6-2429 | 中低压管道水压试验 | 100m | 448.00 | 81.30 | 21.00 | | |
| 6-2483 | 管道空气吹扫 | 100m | 169.60 | 120.00 | 28.00 | | |
| 6-2476 | 管道水冲洗 | 100m | 272.00 | 102.50 | 22.00 | 5.50 元/m³ | 43.70m³ |

该工程的人工单价为 100 元/工日，管理费和利润分别按人工费的 83% 和 35% 计。

## 问题：

1. 按照题 6-2-1 图所示内容，列示计算管道、管件、超声波探伤、射线探伤、保温、管道保护层工程量安装项目的清单工程量。

2. 按照背景资料中给出的管道工程量和相关分部分项工程量清单统一编码，题 6-2-1 图规定的管道安装技术要求及所示法兰数量，根据《通用安装工程工程量计算规范》GB 50856、

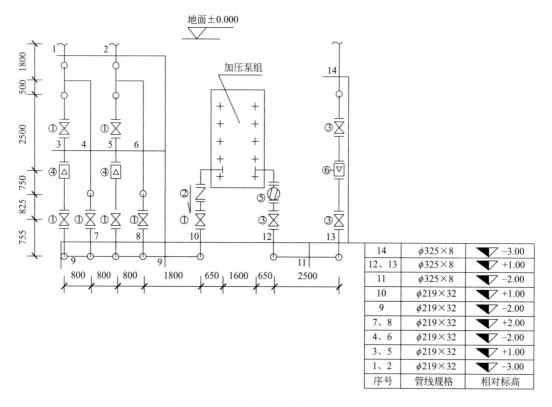

| 14 | $\phi325\times8$ | ▽ −3.00 |
| 12、13 | $\phi325\times8$ | ▽ +1.00 |
| 11 | $\phi325\times8$ | ▽ −2.00 |
| 10 | $\phi219\times32$ | ▽ +1.00 |
| 9 | $\phi219\times32$ | ▽ −2.00 |
| 7、8 | $\phi219\times32$ | ▽ +2.00 |
| 4、6 | $\phi219\times32$ | ▽ −2.00 |
| 3、5 | $\phi219\times32$ | ▽ +1.00 |
| 1、2 | $\phi219\times32$ | ▽ −3.00 |
| 序号 | 管线规格 | 相对标高 |

**题 6-2-1 图　泵房工艺管道系统安装平面图**

说明：

1. 本图为某加压站泵房工艺管道系统部分安装图。标高以"m"计，其余尺寸均以"mm"计。

2. 管道材质为 20 号碳钢无缝钢管，管件为成品；法兰：进口管段为低压碳钢平焊法兰，出口管段为中压碳钢对焊法兰。均为氩电联焊。

3. 管道支架为普通支架，共耗用钢材 148.4kg，其中施工损耗为 6%。

4. 管道系统中，所有法兰连接处焊缝采用 100% 超声波探伤，地下管道焊缝采用 X 射线探伤，管道按每 10m 有 7 个焊口计。其中，X 光射线探伤片子规格为 80mm×150mm。

5. 管道系统安装就位，进行水压试验及严密性试验合格后，采用水冲洗。

6. 所有管道、管道支架除锈后，均刷防锈漆两遍。管道采用岩棉管壳（厚度为 50mm）保温，外缠铝箔保护层。

《建设工程工程量清单计价规范》GB 50500 规定，编制管道、管架、法兰、阀门安装项目的分部分项工程量清单，填入题 6-2-4 表"分部分项工程和单价措施项目与计价表"中。

3. 按照背景条件 4 中的相关定额，根据《通用安装工程工程量计算规范》GB 50856、《建设工程工程量清单计价规范》GB 50500 规定，编制 $\phi219\times32$ 管道（单重 147.50kg/m）安装分部分项工程量清单"综合单价分析表"，填入题 6-2-5 表中。

（数量栏保留三位小数，其余保留两位小数）

**题 6-2-3 表**                    **设备材料表（均采用法兰式连接）**

| 序号 | 名称型号及规格 | 单位 | 数量 |
|------|------|------|------|
| 1 | 阀门 Z41H-40C DN200 | 个 | 7 |
| 2 | 阀门 H41H-40C DN200 | 个 | 1 |
| 3 | 阀门 Z41H-15C DN300 | 个 | 3 |
| 4 | 流量计 DN200 | 台 | 2 |
| 5 | 过滤器 DN300 | 台 | 1 |
| 6 | 流量计 DN300 | 台 | 1 |

**题 6-2-4 表**            **分部分项工程和单价措施项目清单与计价表**

工程名称：某泵房        标段：工艺管道系统安装        第1页1页

| 序号 | 项目编码 | 项目名称 | 项目特征描述 | 计量单位 | 工程量 | 金额（元） 综合单价 | 合价 |
|------|------|------|------|------|------|------|------|
| | | | | | | | |
| | | | | | | | |
| | | | | | | | |
| | | | | | | | |
| | | | | | | | |
| | | | | | | | |
| | | | | | | | |
| | | | | | | | |
| | | | | | | | |
| | | | | | | | |

**题 6-2-5 表**                    **综合单价分析表**

工程名称：某泵房        标段：工艺管道系统安装        第1页1页

| 项目编码 | | 项目名称 | | 计量单位 | | 工程量 | |
|------|------|------|------|------|------|------|------|
| 清单综合单价组成明细 | | | | | | | |
| 定额编号 | 定额名称 | 定额单位 | 数量 | 单价 | | | | 合价 | | | |
| | | | | 人工费 | 材料费 | 机械费 | 管理费和利润 | 人工费 | 材料费 | 机械费 | 管理费和利润 |
| | | | | | | | | | | | |
| | | | | | | | | | | | |
| | | | | | | | | | | | |
| 人工单价 | | | 小计 | | | | | | | | |
| | | 未计价材料费 | | | | | | | | | |
| 清单项目综合单价 | | | | | | | | | | | |

续表

| 定额编号 | 定额名称 | 定额单位 | 数量 | 单价 | | | | 合价 | | | |
|---|---|---|---|---|---|---|---|---|---|---|---|
| | | | | 人工费 | 材料费 | 机械费 | 管理费和利润 | 人工费 | 材料费 | 机械费 | 管理费和利润 |
| 材料费明细 | 主要材料名称、规格、型号 | | | 单位 | 数量 | 单价（元） | 合价（元） | 暂估单价（元） | 暂估合价（元） | | |
| | | | | | | | | — | — | | |
| | | | | | | | | | | | |
| | | | | | | | | | | | |
| | 其他材料费 | | | | | | | | | | |
| | 材料费小计 | | | | | | | | | | |

## Ⅲ. 电气和自动化控制工程

工程背景资料如下：

1. 某化工厂合成车间动力安装工程，如题 6-3-1 图所示。

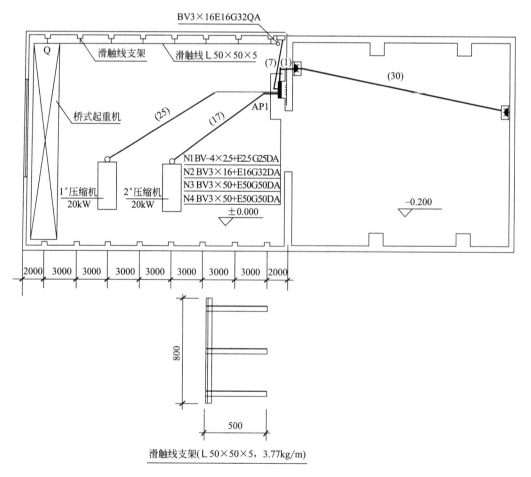

题 6-3-1 图　合成车间动力平面图

说明：

（1）图中尺寸除标高及括号以外，其余均以 mm 计。配管水平长度见图示括号内数字，单位为 m。

（2）AP1 定型动力配电箱 800×1700×300（mm）（宽×高×厚）落地安装，电源由室外电缆引入，基础型钢采用 10 号槽钢（单位重量为 10kg/m）。插座箱 300×200×150（mm）（宽×高×厚）为成套产品，嵌入式安装，底边距地 1.4m。

（3）管路为钢管沿地坪暗敷，水平管路均敷设在地坪下 0.1m 处，其至 AP1 动力配电箱出口处的管口高出地坪 0.15m，设备基础顶标高为+0.3m，埋地管管口高出基础顶面 0.2m，导线出管口后的预留长度为 1m，并安装 1 根同口径 0.8m 长的金属软管。

（4）木制配电板 350×500×30（mm）（宽×高×厚）挂墙明装，下口距地 1.5m，板上安装滑触线电源开关 1 个（铁壳开关 HH3-100/3）。木制配电板引至滑触线的管、线与其电源管、线相同，其至滑触线处管口标高为+6m，导线出管口后的预留长度为 1m。

（5）角钢滑触线∟50×50×5 离地 6m，滑触线支架安装高度为+6.0m，采用螺栓固定，两端设置信号灯。滑触线伸出两端支架的长度为 1m。

2. 该动力配电工程的相关定额、主材单价及损耗率见题 6-3-1 表。

题 6-3-1 表

| 定额编号 | 项目名称 | 定额单位 | 安装基价（元） | | | 主　材 | |
|---|---|---|---|---|---|---|---|
| | | | 人工费 | 材料费 | 机械费 | 单价 | 损耗率（%） |
| 2-265 | 成套配电箱，嵌入式安装，半周长≤2.5m | 台 | 179.67 | 50.40 | 6.54 | 1500 元/台 | |
| 2-261 | 配电箱，落地式安装 | 台 | 233.91 | 20.40 | 87.79 | 1600 元/台 | |
| 2-331 | 无端子外部接线 2.5mm² | 10 个 | 24.86 | 16.85 | 0 | | |
| 2-343 | 压铜接线端子 16mm² 以内 | 10 个 | 28.25 | 122.59 | 0 | | |
| 2-345 | 压铜接线端子 70mm² 以内 | 10 个 | 85.88 | 224.36 | 0 | | |
| 2-270 | 插座箱，嵌入式安装，半周长≤1.0m | 台 | 50.85 | 6.32 | 0 | 500.00 元/台 | |
| 2-460 | 电动机检查接线 | 台 | 41.81 | 76.56 | 13.84 | | |
| 2-381 | 木配电板制作 | m² | 151.42 | 94.38 | 0 | | |
| 2-385 | 木配电板安装 | m² | 67.80 | 16.71 | 3.52 | | |
| 2-276 | 控制开关 | 个 | 67.80 | 43.56 | 3.52 | | |
| 2-1114 | 砖、混凝土结构暗配，钢管 DN25 以内 | 100m | 630.54 | 167.38 | 0 | 4.36 元/m | 3 |
| 2-1115 | 砖、混凝土结构暗配，钢管 DN32 以内 | 100m | 630.54 | 221.16 | 0 | 4.90 元/m | 3 |
| 2-1117 | 砖、混凝土结构暗配，钢管 DN50 以内 | 100m | 1155.99 | 351.77 | 10.37 | 5.16 元/m | 3 |
| 2-1307 | 动力线 BV2.5mm² | 100m | 71.19 | 16.90 | 0 | 4.00 元/m | 5 |
| 2-1311 | 动力线 BV16mm² | 100m | 91.53 | 24.82 | 0 | 10.60 元/m | 5 |
| 2-1314 | 动力线 BV50mm² | 100m | 223.74 | 33.86 | 0 | 19.98 元/m | 5 |
| 2-497 | 50×5 角钢滑触线 | 100m | 1403.46 | 168.36 | 77.37 | | |

注：表内费用均不包含增值税可抵扣进项税额。

3. 该工程人工费单价为 100 元/工日，管理费和利润分别按人工费的 30% 和 20% 计算。

4. 相关分部分项工程量清单项目编码及项目名称见题6-3-2表。

**题6-3-2表**

| 项目编码 | 项目名称 | 项目编码 | 项目名称 |
|---|---|---|---|
| 030411001 | 配管 | 030411004 | 配线 |
| 030407001 | 滑触线 | 030406006 | 电机检查接线与调试低压交流异步电动机 |
| 030404017 | 配电箱 | 030404019 | 控制开关 |
| 030404018 | 插座箱 | 030404036 | 其他电器 |

## 问题：

1. 按照背景资料1~4和题6-3-1图所示内容，根据《建设工程工程量清单计价规范》GB 50500和《通用安装工程工程量计算规范》GB 50856的规定，计算各分部分项工程量，并将配管、配线和滑触线的计算式与结果填写在答题卡指定位置；计算各分部分项工程的综合单价与合价，编制完成题6-3-3表"分部分项工程和单价措施项目清单与计价表"。

2. 根据背景资料1~4中的相关数据和题6-3-1图所示内容，编制完成题6-3-4表配电箱的"综合单价分析表"。

（计算结果保留两位小数）

**题6-3-3表**         **分部分项工程和单价措施项目清单与计价表**

| 序号 | 项目编码 | 项目名称 | 项目特征描述 | 计量单位 | 工程量 | 金额（元） | |
|---|---|---|---|---|---|---|---|
| | | | | | | 综合单价 | 合价 |
| | | | | | | | |
| | | | | | | | |
| | | | | | | | |
| | | | | | | | |
| | | | | | | | |
| | | | | | | | |
| | | | | | | | |
| | | | | | | | |
| | | | | | | | |
| | | | | | | | |
| | | | | | | | |
| | 合计 | | | | | | |

**题 6-3-4 表**　　　　　　　　　**综合单价分析表**

工程名称：配电房电气工程

| 项目编码 | | 项目名称 | | | 计量单位 | | 工程量 | |
|---|---|---|---|---|---|---|---|---|
| 清单综合单价组成明细 | | | | | | | | |

| 定额编号 | 定额名称 | 定额单位 | 数量 | 单价（元） | | | | 合价（元） | | | |
|---|---|---|---|---|---|---|---|---|---|---|---|
| | | | | 人工费 | 材料费 | 机械费 | 管理费和利润 | 人工费 | 材料费 | 机械费 | 管理费和利润 |
| | | | | | | | | | | | |
| | | | | | | | | | | | |
| | | | | | | | | | | | |
| | | | | | | | | | | | |
| 人工单价 | | 小　计 | | | | | | | | | |
| | | 未计价材料费 | | | | | | | | | |
| 清单项目综合单价 | | | | | | | | | | | |

| 材料费明细 | 主要材料名称、规格、型号 | | 单位 | 数量 | 单价（元） | 合价（元） | 暂估单价（元） | 暂估合价（元） |
|---|---|---|---|---|---|---|---|---|
| | | | | | | | | |
| | | | | | | | | |
| | | | | | | | | |
| | 其他材料费 | | | | | | | |
| | 材料费小计 | | | | | | | |

# 定心卷

# 模拟题七

## 试题一：

某拟建建设项目的基础数据如下：

1. 某地 2019 年拟建一年产 30 万 t 有色金属产品的项目。根据调查，该地区 2017 年建设的年产 20 万 t 相同产品的已建项目的投资总额为 6000 万元。生产能力指数为 0.6，2017 年至 2019 年工程造价平均每年递增 10%。

2. 项目建设期 1 年，运营期 10 年，假设项目建设投资总额为 9000 万元，预计全部形成固定资产。

3. 项目建设投资来源为自有资金和贷款，贷款总额为 3000 万元，贷款年利率 6%（按年计息），自有资金和贷款在建设期内均衡投入。还款方式为运营期前 3 年，等额还本，利息照付。

4. 项目固定资产使用年限 12 年，残值率 4%，直线法折旧。

5. 流动资金 280 万元由项目自有资金在运营期第 1 年投入（流动资金不用于项目建设期贷款的偿还）。

6. 运营期间正常年份的营业收入为 850 万元（其中销项税额为 68 万），经营成本为 280 万元（其中进项税额为 19 万）；税金附加按应纳增值税的 9% 计算，所得税税率为 25%。

7. 运营期第 1 年达到设计产能的 80%，该年的营业收入、经营成本均为正常年份的 80%，以后各年均达到设计产能。

8. 在建设期贷款偿还完成之前，不计提盈余公积金，不分配投资者股利。

9. 假设建设投资中无可抵扣的固定资产进项税额。

**问题：**

1. 列式计算项目建设总投资。

2. 列式计算项目运营期第 1 年应偿还的贷款本金和利息。

3. 列式计算项目运营期第 1 年是否需要偿还贷款？如果需要，偿还贷款需要的利润是多少？

4. 从项目资本金角度，列式计算运营期第 1 年的净现金流量。

（计算结果保留两位小数）

## 试题二：

某企业拟建一座大型修配车间，建筑面积为 30000m²，其工程设计方案部分资料如下：A、B、C 三个方案的单方造价分别为 2100 元/m²；1990 元/m²；1850 元/m²。各方案功能权重及得分，见题 2-1 表。

**题 2-1 表**　　　　　　　　**各方案功能的权重及得分表**

| 功能项目 | 功能权重 | 各方案功能得分 | | |
|---|---|---|---|---|
| | | A | B | C |
| 结构体系 | 0.30 | 7 | 9 | 8 |
| 外窗类型 | 0.15 | 9 | 7 | 8 |
| 墙体材料 | 0.30 | 8 | 8 | 9 |
| 屋面类型 | 0.25 | 8 | 8 | 7 |

**问题：**

1. 运用价值工程原理进行计算，将计算结果分别填入题 2-2 表~题 2-4 表中，并选择最佳设计方案。

**题 2-2 表**　　　　　　　　**功能指数计算表**

| 方案功能 | 功能权重 | 方案功能加权得分 | | |
|---|---|---|---|---|
| | | A | B | C |
| 结构体系 | | | | |
| 外窗类型 | | | | |
| 墙体材料 | | | | |
| 屋面类型 | | | | |
| 合计 | | | | |
| 功能指数 | | | | |

**题 2-3 表**　　　　　　　　**成本指数计算表**

| 方案 | A | B | C | 合计 |
|---|---|---|---|---|
| 单方造价（元/m²） | | | | |
| 成本指数 | | | | |

**题 2-4 表**　　　　　　　　**价值指数计算表**

| 方案 | A 方案 | B 方案 | C 方案 |
|---|---|---|---|
| 功能指数 | | | |
| 成本指数 | | | |
| 价值指数 | | | |

2. 为进一步降低费用，拟针对所选的最优设计方案以四个功能部分为对象进行价值

工程分析，各功能项目得分值及其目前成本见题 2-5 表，按限额和优化设计要求，目标成本额应控制在 90 万元。

题 2-5 表　　　　　　　　各方案功能得分及目前成本表

| 功能项目 | 功能得分 | 目前成本（万元） |
|---|---|---|
| 结构体系 | 30 | 36.8 |
| 外窗类型 | 15 | 15.5 |
| 墙体材料 | 20 | 24.6 |
| 屋面类型 | 25 | 27.6 |

计算各功能项目的价值指数，填入题 2-6 表，并确定功能项目的改进顺序。

题 2-6 表

| 功能项目 | 功能得分 | 功能指数 | 目前成本（万元） | 目标成本（万元） | 目标成本降低额（万元） |
|---|---|---|---|---|---|
| 结构体系 | | | | | |
| 外窗类型 | | | | | |
| 墙体材料 | | | | | |
| 屋面类型 | | | | | |
| 合计 | | | | | |

3. 三个方案设计使用寿命均按 50 年计，基准折现率为 10%，假设 A 方案的建设总投资额为 6150 万元，年运行和维修费用为 85 万元，每 10 年大修一次，费用为 720 万元，已知 B、C 方案年度寿命周期经济成本分别为 664.22 万元和 695.40 万元。列式计算 A 方案的年度寿命周期经济成本，并运用最小年费用法选择最佳设计方案。（现值系数见题 2-7 表，功能指数、成本指数、价值指数的计算结果保留三位小数，其他计算结果保留两位小数）

题 2-7 表　　　　　　　　　　　现值系数表

| $n$ | 10 | 15 | 20 | 30 | 40 | 50 |
|---|---|---|---|---|---|---|
| $(P/A, 10\%, n)$ | 6.145 | 7.606 | 8.514 | 9.427 | 9.779 | 9.915 |
| $(P/F, 10\%, n)$ | 0.386 | 0.239 | 0.149 | 0.057 | 0.022 | 0.009 |

# 试题三：

某市重点工程项目计划投资 4000 万元，采用工程量清单方式公开招标。

事件 1：招标公告中要求潜在投标人必须取得本省颁发的《建设工程投标许可证》。

事件 2：招标人考虑到该项目为本市重点工程项目，且政府财政紧张，要求投标人必须是资金雄厚的国有特级施工企业。

事件 3：经资格预审后，确定 A、B、C、D、E 共 5 家合格投标人。该 5 家投标人分别于 10 月 10~11 日领取了招标文件，同时按要求递交投标保证金 50 万元、购买招标文件费 500 元。

事件 4：招标文件中的评标标准如下：

1. 该项目的要求工期不超过 18 个月；

2. 对各投标报价进行初步评审时，若最低报价低于有效标书的次低报价 15% 及以上，视为最低报价低于其成本价；

3. 在详细评审时，对有效标书的各投标单位自报工期比要求工期每提前 1 个月给业主带来的提前投产效益按 40 万元计算；

4. 经初步评审后确定的有效标书在详细评审时，除报价外，只考虑将工期折算为货币，不再考虑其他评审要素。

投标单位的投标情况如下：A、B、C、D、E 五家投标单位均在招标文件规定的投标截止时间前提交了投标文件。各投标文件的主要内容，见题 3-1 表。

题 3-1 表　　　　　　　　　投标主要内容汇总表

| 投标人 | 基础工程 | | 结构工程 | | 装修工程 | | 结构工程与装修工程搭接时间（月） |
|---|---|---|---|---|---|---|---|
| | 报价（万元） | 工期（月） | 报价（万元） | 工期（月） | 报价（万元） | 工期（月） | |
| A | 420 | 4 | 1000 | 10 | 800 | 6 | 0 |
| B | 390 | 3 | 1080 | 9 | 960 | 6 | 2 |
| C | 420 | 3 | 1100 | 10 | 1000 | 5 | 3 |
| D | 480 | 4 | 1040 | 9 | 1000 | 5 | 1 |
| E | 380 | 4 | 800 | 10 | 800 | 6 | 2 |

事件 5：由于该项目技术复杂，采取两阶段评标。第一阶段评标结束后，评标专家 A 因心脏病突发，不得不更换为评标专家 B。评标委员会主任安排专家 B 参加了第二阶段评标，并由专家 B 在评标报告上签字。

**问题：**

1. 事件 1~3 中有哪些不妥之处？请说明理由。

2. 根据事件 4 的资料计算各投标人的工期和报价，判别投标文件是否有效？如无效，请说明理由。

3. 计算评标价并确定中标候选人（1 人）。

4. 事件 5 中有哪些不妥之处？请说明理由。

# 试题四：

某施工承包商与业主按工程量清单计价方式和《建设工程施工合同（示范文本）》GF—2017—0201 签订了施工合同，工期 91 天，从 5 月 1 日至 7 月 30 日。合同专用条款约定，采用综合单价形式计价；人工日工资标准为 100 元；管理费和利润为人工费用的 35%（工人窝工计取管理费为人工费用的 10%）；规费为不含税人材机费、管理费、利润之和的 8%；增值税税率为不含税人材机费、管理费、利润、规费之和的 9%。工期奖罚 1000 元/天（含税费）施工单位制订的施工进度计划见题 4-1 表并得到监理工程师的批准。

题 4-1 表　　　　　　　　　　　施工进度计划

| 施工过程 | 施工进度（周） | | | | | | | | | | | | |
|---|---|---|---|---|---|---|---|---|---|---|---|---|---|
| | 1 | 2 | 3 | 4 | 5 | 6 | 7 | 8 | 9 | 10 | 11 | 12 | 13 |
| A | ▭ | ▭ | | | | | | | | | | | |
| B | | | ▭ | ▭ | ▭ | | ▭ | | | | | | |
| C | | | | | | ▭ | | | | ▭ | ▭ | | |
| D | | | | | | | | ▭ | ▭ | | | ▭ | ▭ |

说明：

1. 施工顺序 A-B-C-D；B 所需的主要材料由业主供应。

2. 施工过程 A 一个施工段；施工 B、C、D 分三个施工段。

3. 施工过程 B、C 之间有 1 周技术间歇。

4. 每个施工过程由一个专业施工队完成。

5. 人工、机械使用计划：

施工过程 A 专业施工队由 5 人组成，使用 A 机械一台，租赁费 1000 元/台班；

施工过程 B 专业施工队由 15 人组成，使用 B 机械一台，台班单价 300 元/台班，折旧费 150 元/台班；

施工过程 C 专业施工队由 15 人组成；

施工过程 D 专业施工队由 10 人组成，使用 D 机械一台，台班单价 400 元/台班，折旧费 200 元/台班。

在同一施工段上，如果某先行施工过程因索赔事件发生而延误，但已知其延长时间与后续施工过程的计划开始作业时间间隔超过 10 天时，承包商不能就先行施工过程作业时间延误对后续施工过程的人工窝工和机械闲置提出费用索赔。承包商对此表示接受，并写入专用合同条款。

事件 1：5 月 5 日工作 A 施工时，遇特大暴雨停工 3 天；雨后清理基坑 5 名工人用工 2 天；模板和脚手架损坏修理费 1000 元；

事件 2：原计划 5 月 15 晨进场的业主供应材料于 5 月 22 日晚才进场；

事件 3：施工过程 B 第 2 施工段施工时由于施工机械故障停工 2 天；

事件 4：施工过程 D 开工前，监理工程师要求对前道工序的隐蔽工程进行重新检验，承包商派 10 名工人中的 2 人配合检验并重新覆盖，所用材料 1000 元。检查结果符合规范要求，施工过程 D 拖延开工 2 天。

（以上费用都不含税）

## 问题：

1. 分别说明承包商能否就上述事件 1～事件 4 向业主提出工期和（或）费用索赔，并说明理由。

2. 施工过程 D 第 3 段实际开工日期为第几天？

3. 承包商在事件 1～事件 4 中得到的工期索赔各为多少天？工期索赔共计多少天？该工程的实际工期为多少天？工期奖（罚）款为多少元？

4. 如果该工程窝工补偿标准为 50 元/工日，分别计算承包商在事件 1～事件 4 中得到的费用索赔款各为多少元？费用索赔款总额为多少元？

（计算结果保留两位小数）

## 试题五：

某工程项目发包人与承包人签订了施工合同，工期 5 个月。分项工程和单价措施项目的造价数据与经批准的施工进度计划见题 5-1 表；总价措施项目费用 9 万元（其中含安全文明施工费 3 万元）；暂列金额 12 万元。管理费和利润为人材机费用之和的 15%。规费和税金为人材机费用与管理费、利润之和的 10%。

题 5-1 表　　　　　分项工程和单价措施造价数据与施工进度计划表

| 分项工程和单价措施项目 | | | | 施工进度计划（单位：月） | | | | |
|---|---|---|---|---|---|---|---|---|
| 名称 | 工程量 | 综合单价 | 合价（万元） | 1 | 2 | 3 | 4 | 5 |
| A | 600m³ | 180 元/m³ | 10.8 | | | | | |
| B | 900m³ | 360 元/m³ | 32.4 | | | | | |
| C | 1000m³ | 280 元/m³ | 28.0 | | | | | |
| D | 600m³ | 90 元/m³ | 5.4 | | | | | |
| 合计 | | | 76.6 | 计划与实际施工均为匀速进度 | | | | |

有关工程价款结算与支付的合同约定如下：

1. 开工前发包人向承包人支付签约合同价（扣除总价措施费与暂列金额）的 20% 作为预付款，预付款在第 3、4 个月平均扣回；

2. 安全文明施工费工程款于开工前一次性支付；除安全文明施工费之外的总价措施项目费用工程款在开工后的前 3 个月平均支付；

3. 施工期间除总价措施项目费用外的工程款按实际施工进度逐月结算；

4. 发包人按每次承包人应得的工程款的 85% 支付；

5. 竣工验收通过后的 60 天内进行工程竣工结算，竣工结算时扣除工程实际总价的 3% 作为工程质量保证金，剩余工程款一次性支付；

6. C 分项工程所需的甲种材料用量为 500m³，在招标时确定的暂估价为 80 元/m³，乙种材料用量为 400m³，投标报价为 40 元/m³。工程款逐月结算时，甲种材料按实际购买价格调整，乙种材料当购买价在投标报价的 ±5% 以内变动时，C 分项工程的综合单价不予调整，变动超过 ±5% 以上时，超过部分的价格调整至 C 分项综合单价中。

该工程如期开工，施工中发生了经承发包双发确认的以下事项：

（1）B 分项工程的实际施工时间为 2~4 月；

（2）C 分项工程甲种材料实际购买价为 85 元/m³，乙种材料的实际购买是 50 元/m³；

（3）第 4 个月发生现场签证零星工程款 2.64 万元。

**问题：**（计算结果均保留三位小数）

1. 合同价为多少万元？预付款是多少万元？开工前支付的措施项目款为多少万元？

2. 求 C 分项工程的综合单价是多少元/m³？3 月份完成的分部和单价措施费是多少万元？3 月份业主应支付的工程款是多少万元？

3. 列式计算第 3 月末累计分项工程和单价措施项目拟完工程计划费用、已完工程计划费用、已完工程实际费用，并分析进度偏差（投资额表示）与投资偏差（投资额表示）。

4. 除现场签证款外，若工程实际发生其他项目费用 8.7 万元，试计算工程实际造价及竣工结算价款。

# 试题六：

## Ⅰ. 土木建筑工程

本试题共分三个专业（Ⅰ土木建筑工程、Ⅱ管道和设备工程、Ⅲ电气和自动化控制工程），任选其中一题作答。

某实训中心工程，地下一层，地上三层，层高均为 3.3m，建筑高度 10.35m，室内外高差为 0.45m，地下室外墙为钢筋混凝土墙，地下室内墙（混凝土墙除外）以及 0.000 标高以上填充墙均为 200 厚加气混凝土砌块，墙体保温为内保温，门窗洞口上设钢筋混凝土过梁，过梁两端各伸出洞口边 250mm，过梁高为 180mm，宽与墙同厚。除特别标明外，所有的楼板厚度均按 180mm 计。工程的地下室平面图、首层平面图、剖面图、基础平面图如题 6-1-1 图~题 6-1-6 图所示。

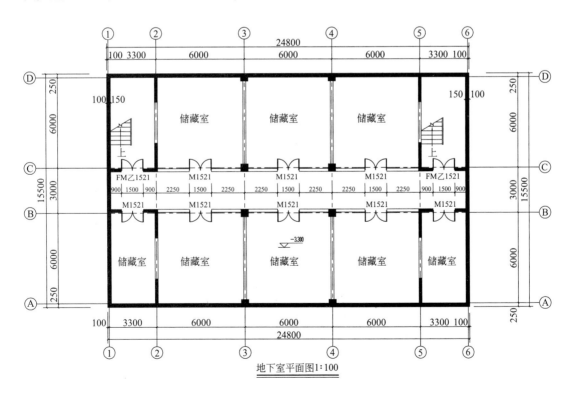

地下室平面图1：100

题 6-1-1 图  地下室平面图

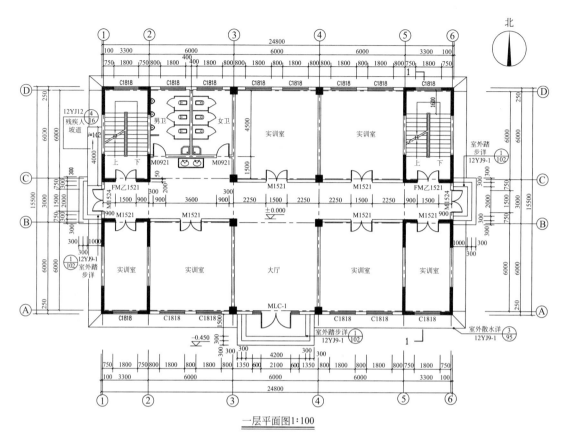

一层平面图1:100

**题 6-1-2 图　首层平面图**

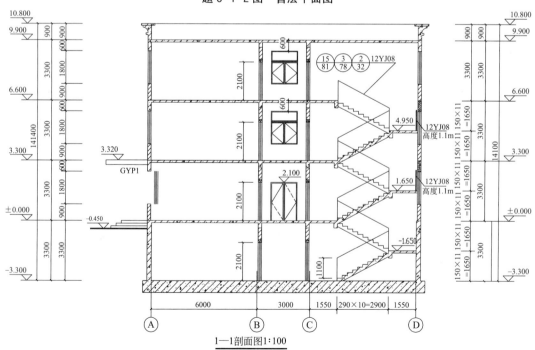

1—1剖面图1:100

**题 6-1-3 图　剖面图**

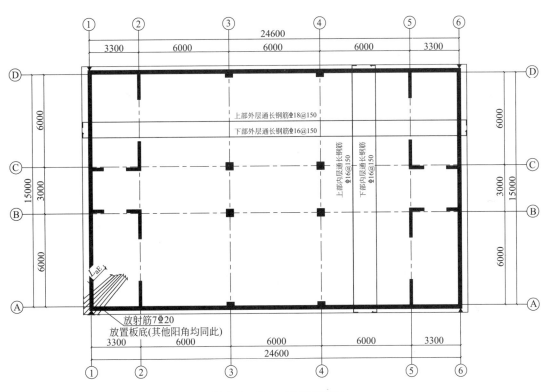

题 6-1-4 图 基础平面图

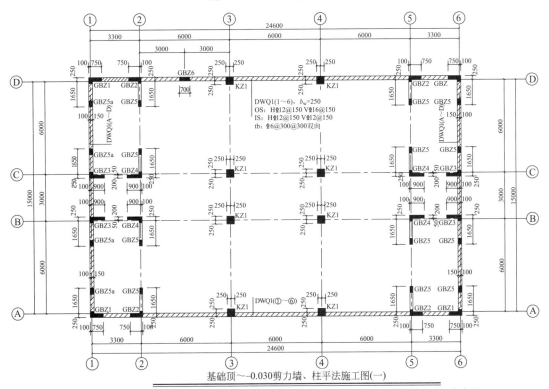

基础顶～-0.030剪力墙、柱平法施工图(一)

混凝土墙未特别注明平面位置者，均轴线居墙中。混凝土墙未特别注明编号者，均为Q1

题 6-1-5 图 基础顶～-0.030 剪力墙、柱平法施工图 （一）

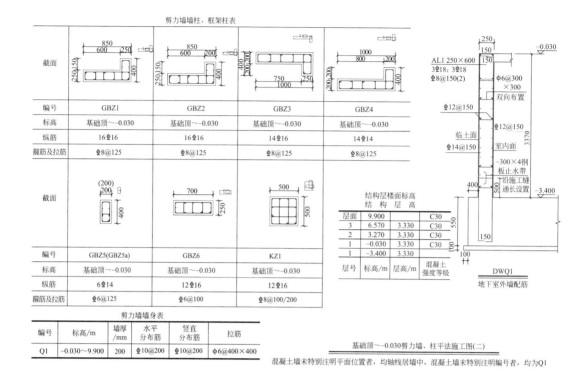

**题 6-1-6 图　基础顶~-0.030 剪力墙、柱平法施工图（二）**

**问题：**

1. 根据上述条件，按《建设工程工程量清单计价规范》GB 50500 的计算规则，列式计算该工程的平整场地、挖一般土方、基础回填土、余土外运、混凝土垫层、筏板基础、-0.030 标高下的混凝土墙工程量。补充填写题 6-1-1 表中的计量单位与工程量。

题 6-1-1 表　　　　分部分项工程和单价措施项目清单与计价表

| 序号 | 项目编码 | 项目名称 | 项目特征描述 | 计量单位 | 工程量 | 金额（元） | |
|---|---|---|---|---|---|---|---|
| | | | | | | 综合单价 | 合价 |
| 1 | 010101001001 | 平整场地 | 1. 土壤类别：一般土<br>2. 挖填平衡<br>3. 机械平整 | | | | |
| 2 | 010101002001 | 挖一般土方 | 1. 土壤类别：一般土<br>2. 弃土运距：40m<br>3. 基底钎探 | | | | |
| 3 | 010103001001 | 基础回填 | 1. 土质要求：原土回填<br>2. 夯实：夯填<br>3. 运输距离：40m | | | | |

续表

| 序号 | 项目编码 | 项目名称 | 项目特征描述 | 计量单位 | 工程量 | 金额（元） | |
|---|---|---|---|---|---|---|---|
| | | | | | | 综合单价 | 合价 |
| 4 | 010103002001 | 余方弃置 | 弃土运距：5km | | | | |
| 5 | 010501001001 | 现浇混凝土垫层 | 1. 商品混凝土<br>2. C15 | | | | |
| 6 | 010501004001 | 满堂基础 | 1. 商品混凝土<br>2. C30，P8 | | | | |
| 7 | 010504001001 | 直形墙<br>（−0.030 标高以下） | 1. 商品混凝土<br>2. C30 | | | | |

2. 某施工单位承担此工程土建部分的施工。依据技术方案与企业定额，拟定开挖工程量按设计图示基础（含垫层）尺寸，另加工作面宽度 300mm、考虑土方放坡系数 0.33，全部土方 80% 由机械开挖、20% 由人工开挖，基底钎探工程量按基础垫层底面积计算。已知该施工单位相关企业的定额与基价见题 6-1-2 表，管理费与利润取直接工程费的 15%，不考虑风险。计算挖一般土方的清单综合单价并填写完成题 6-1-3 表基础土方的综合单价分析表。

题 6-1-2 表　　　　挖基础土方定额及基价表（除税）

| 定额编号 | | | 1~2 | 1~16 | 1~8 |
|---|---|---|---|---|---|
| 项目 | | | 人工挖一般土方 | 挖土机挖一般土方 | 基底钎探 |
| | | | 10m³ | 1000m³ | 100m² |
| 定额基价 | | | 417.60 | 4544.94 | 627.96 |
| 其中 | 人工费 | | 417.60 | 1520.64 | 554.88 |
| | 材料费 | | 0 | 0 | 73.08 |
| | 机械费 | | 0 | 3024.30 | 0 |
| 名称 | 单位 | 单价（元） | | | |
| 综合工日 | 工日 | 96.00 | 4.35 | 15.84 | 5.78 |
| 砂子 | t | 87.58 | | | 0.377 |
| 水 | m³ | 7.85 | | | 0.050 |
| 页岩标砖 | 千块 | 578.80 | | | 0.029 |
| 其他材料 | 元 | | | | 22.88 |
| 推土机 | 台班 | 794.10 | | 0.26 | |
| 挖掘机 | 台班 | 1067.36 | | 2.64 | |

题 6-1-3 表　　　　　　　　　基础土方综合单价分析表

| 项目编码 | | | | 项目名称 | | | | | 计量单位 | | 工程量 | |
|---|---|---|---|---|---|---|---|---|---|---|---|---|
| 清单综合单价组成明细 | | | | | | | | | | | | |
| 定额编号 | 定额名称 | 定额单位 | 数量 | 单价（元） | | | | 合价（元） | | | | |
| | | | | 人工费 | 材料费 | 机械费 | 管理费和利润 | 人工费 | 材料费 | 机械费 | 管理费和利润 | |
| | | | | | | | | | | | | |
| | | | | | | | | | | | | |
| | | | | | | | | | | | | |
| 人工单价 | | | | 小计 | | | | | | | | |
| | | | | 未计价材料（元） | | | | | | | | |
| 清单项目综合单价（元/m²） | | | | | | | | | | | | |
| | 主要材料名称、规格、型号 | | 单位 | 数量 | 单价（元） | 合价（元） | 暂估单价（元） | | 暂估合价（元） | | | |
| | | | | | | | | | | | | |
| | | | | | | | | | | | | |
| | 其他材料费（元） | | | | | | | | | | | |
| | 材料费小计（元） | | | | | | | | | | | |

3. 假定该工程分部分项工程费为 185000.00 元；单价措施项目费为 25000.00 元；总价措施项目仅考虑安全文明施工费，安全文明施工费按分部分项工程费的 4.5% 计取；其他项目费为零；人工费占分部分项工程及措施项目费的 8%，规费按人工费的 24% 计取；增值税税率按 9% 计取，按《建设工程工程量清单计价规范》GB 50500 的要求，列式计算安全文明施工费、措施项目费、规费、增值税，并在题 6-1-4 表"单位工程招标控制价汇总表"中编制该单位工程招标控制价。

（上述各问题中提及的各项费用均不包含增值税可抵扣进项税额，所有计算结果保留两位小数）

题 6-1-4 表　　　　　　　　　单位工程招标控制价汇总表

| 序号 | 项目名称 | 金额（元） |
|---|---|---|
| 1 | 分部分项工程费 | |
| 2 | 措施项目 | |
| 2.1 | 其中：安全文明施工费 | |
| 3 | 其他项目 | |
| 4 | 规费 | |
| 5 | 税金 | |
| 招标控制价 | | |

思考补充题：假定地下室的剪力墙中的墙部位是砌体材质，则其中的剪力墙柱计算混凝土量时按直形墙、短肢墙，还是异形柱列项？

## Ⅱ.管道和设备工程

工程背景资料如下：

1.题6-2-1图为某泵房工艺管道系统安装图。

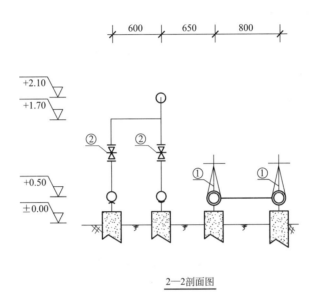

2—2剖面图

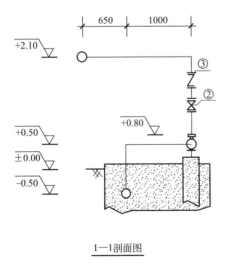

1—1剖面图

题6-2-1图（一）

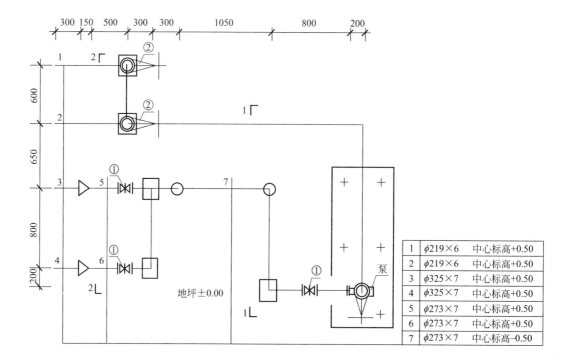

**题 6-2-1 图（二） 泵房工艺管道安装平面图**

| 1 | $\phi219\times6$ | 中心标高+0.50 |
| 2 | $\phi219\times6$ | 中心标高+0.50 |
| 3 | $\phi325\times7$ | 中心标高+0.50 |
| 4 | $\phi325\times7$ | 中心标高+0.50 |
| 5 | $\phi273\times7$ | 中心标高+0.50 |
| 6 | $\phi273\times7$ | 中心标高+0.50 |
| 7 | $\phi273\times7$ | 中心标高-0.50 |

说明：

1. 本图所示为某加压泵房工艺管道系统安装图，泵的入口设计工作压力为 1.0MPa，出口设计工作压力为 2.0MPa。

2. 图注尺寸单位：标高以"m"计，其余均以"mm"计。

3. 管道为碳钢无缝钢管、氩电联焊，采用成品管件焊接连接。

4. 所有泵前管道的法兰为碳钢平焊法兰，泵后管道的法兰为碳钢对焊法兰。

5. 图中所有的阀门均为法兰式连接，泵前的阀门类型有闸阀 Z41H-16C，泵后的阀门类型有：止回阀 H44H-25C 和闸阀 Z41H-25C

6. 管道系统安装就位后，对管线的焊口进行无损探伤。其中法兰处焊口采用 100% 超声波探伤；$\phi273\times7$ 管线的地下管段焊缝采用 X 射线探伤，片子的规格为 80mm×150mm，焊口按 4 个计。

7. 管道系统安装完毕后，均按设计压力的 1.5 倍进行水压试验，合格后再进行水冲洗。地上管道外壁喷砂除锈，环氧漆三遍防腐；埋地管道外壁机械除锈，生漆两遍防腐。

2. 设定该泵房工艺管道系统清单工程量有关情况如下：

$\phi219\times6$ 管道为 10m；$\phi273\times7$ 管道为 6.5m，其中地下 2.0m；$\phi325\times7$ 管道为 1m。

3. 管道安装工程的相关定额及主材单价和损耗量见题 6-2-1 表。

4. 该工程的人工费单价综合为 120 元/工日，管理费和利润分别为人工费的 45% 和 55%。

5. 相关分部分项工程量清单项目统一编码见题 6-2-2 表。

题 6-2-1 表　　　　　　　管道安装工程的相关定额及主材单价和损耗量

| 序号 | 项目名称 | 计量单位 | 安装费（元） | | | 主材 | |
|---|---|---|---|---|---|---|---|
| | | | 人工费 | 材料费 | 机械费 | 单价 | 耗量 |
| 6-393 | 中压碳钢管（电弧焊）DN200 以内 | 10m | 253.12 | 34.62 | 144.92 | 6.00 元/kg | 9.41m/10m |
| 6-411 | 中压碳钢管（氩电联焊）DN200 以内 | 10m | 282.50 | 39.92 | 173.35 | 6.00 元/kg | 9.41m/10m |
| 6-2473 | 低中压管道液压试验 DN200 以内 | 100m | 639.58 | 88.30 | 14.67 | | |
| 6-2843 | 低中压管道气压试验 DN200 以内 | 100m | 398.89 | 56.62 | 37.21 | | |
| 6-2520 | DN200 以内管道水冲洗 | 100m | 384.20 | 85.76 | 15.76 | 4.1 元/m³ | 43.74m³/100m |
| 6-2527 | DN200 以内管道空气吹扫 | 100m | 239.56 | 101.19 | 32.08 | | |
| 11-10 | 管道机械除锈 | 10m² | 49.72 | 2.63 | 0 | | |
| 11-7 | 管道喷砂除锈 | 10m² | 241.82 | 213.56 | 221.50 | | |
| 11-652 | 生漆一遍 | 10m² | 129.95 | 142.25 | 25.10 | | |
| 11-653 | 生漆增一遍 | 10m² | 94.92 | 124.14 | 31.99 | | |
| 11-719 | 环氧漆两遍 | 10m² | 159.33 | 121.27 | 0 | | |
| 11-720 | 环氧漆增一遍 | 10m² | 79.10 | 51.98 | 0 | | |

注：表中的费用不包含增值税可抵扣的进项税额。

题 6-2-2 表　　　　　　　相关分部分项工程量清单项目统一编码

| 项目编码 | 项目名称 | 项目编码 | 项目名称 |
|---|---|---|---|
| 030801001 | 低压碳钢管 | 030810002 | 低压碳钢焊接法兰 |
| 030802001 | 中压碳钢管 | 030811002 | 中压碳钢焊接法兰 |
| 030804001 | 低压碳钢管件 | 030816003 | 焊缝 X 射线探伤 |
| 030805001 | 中压碳钢管件 | 030816005 | 焊缝超声波探伤 |
| 030807003 | 低压法兰阀门 | 031202002 | 管道防腐蚀 |
| 030808003 | 中压法兰阀门 | 031202008 | 埋地管道防腐蚀 |

## 问题：

1. 按照题 6-2-1 图所示内容，列式计算管道（区分地上、地下）、射线探伤、超声波探伤、防腐蚀项目的清单工程量。

2. 按照背景资料 2、4 中给出的管道清单工程量及相关项目统一编码，题 6-2-1 图中所示的阀门数量和规定的管道安装技术要求，在题 6-2-3 表中，编制管道、管件、阀门、法兰、防腐蚀项目"分部分项工程量清单与计价表"。

3. 按照背景资料 3 中的相关定额，在题 6-2-4 表中，编制 φ219×6 管道外壁防腐蚀

（单重 31.6kg/m）的"工程量清单综合单价分析表"。

（"数量"栏保留三位小数，其余保留两位小数）

**题 6-2-3 表**         **分部分项工程和单价措施项目清单计价表**

工程名称：某泵房工艺管道                标段：泵房管道安装

| 序号 | 项目编码 | 项目名称 | 项目特征描述 | 计量单位 | 工程量 | 金额（元） | | |
|---|---|---|---|---|---|---|---|---|
| | | | | | | 综合单价 | 合价 | 其中：暂估价 |
| | | | | | | | | |
| | | | | | | | | |
| | | | | | | | | |
| | | | | | | | | |
| | | | | | | | | |
| | | | | | | | | |
| | | | | | | | | |
| | | | | | | | | |
| | | | | | | | | |
| | | | | | | | | |
| | | | | | | | | |
| | | | | | | | | |
| | | | | | | | | |
| | | | | | | | | |
| | | | | | | | | |
| | | | | | | | | |
| | | | | | | | | |
| | | | | | | | | |
| | | | | | | | | |

**题 6-2-4 表**         **工程量清单综合单价分析表**

工程名称：泵房                标段：工艺管道安装

| 项目编码 | | | | 项目名称 | | | 计量单位 | | | |
|---|---|---|---|---|---|---|---|---|---|---|
| 清单综合单价组成明细 | | | | | | | | | | |
| 定额编号 | 定额名称 | 定额单位 | 数量 | 单价 | | | | 合价 | | | |
| | | | | 人工费 | 材料费 | 机械费 | 管理费和利润 | 人工费 | 材料费 | 机械费 | 管理费和利润 |
| | | | | | | | | | | |
| | | | | | | | | | | |
| | | | | | | | | | | |
| 人工单价 | | | | 小计 | | | | | | | |
| | | | | 未计价材料费 | | | | | | | |

续表

| 定额编号 | 定额名称 | 定额单位 | 数量 | 单价 | | | | 合价 | | | |
|---|---|---|---|---|---|---|---|---|---|---|---|
| | | | | 人工费 | 材料费 | 机械费 | 管理费和利润 | 人工费 | 材料费 | 机械费 | 管理费和利润 |
| | 清单项目综合单价 | | | | | | | | | | |

| | 主要材料名称、规格、型号 | | | 单位 | 数量 | 单价（元） | 合价（元） | 暂估单价（元） | 暂估合价（元） |
|---|---|---|---|---|---|---|---|---|---|
| 材料费明细 | | | | | | | | ／ | ／ |
| | | | | | | | | ／ | ／ |
| | 其他材料费 | | | | | | | — | |
| | 材料费小计 | | | | | | | — | |

## Ⅲ. 电气和自动化控制工程

工程背景资料如下：

1. 题 6-3-1 图为某配电房电气平面图，题 6-3-2 图为配电箱系统图、设备材料表。该建筑物为单层平屋面砖、混凝土结构，建筑物室内净高为 4.00m，雨棚板底距室外地坪 3.5m。图中括号内数字表示线路水平长度，配管进入地面或顶板内深度均按 0.05m，穿管规格：BV2.5 导线穿 3~5 根均采用刚性阻燃管 PC20，其余按系统图。

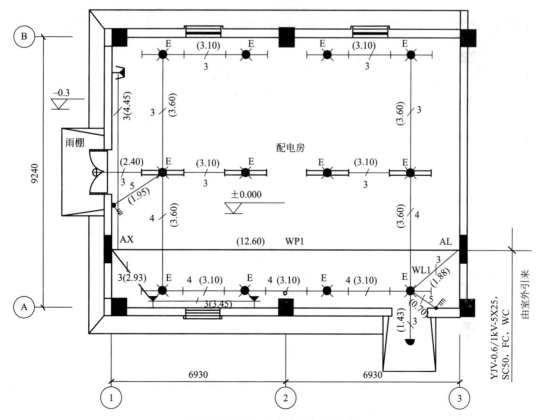

题 6-3-1 图　配电房电气平面图

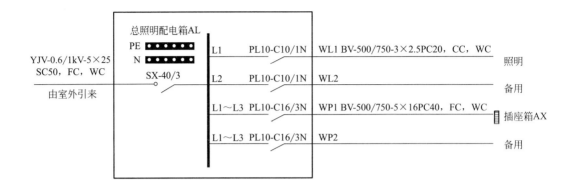

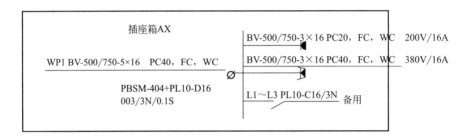

设备材料表

| 序号 | 图例 | 材料/设备名称 | 型号规格 | 单位 | 备注 |
|---|---|---|---|---|---|
| 1 |  | 总照明配电箱AL | 非标定制，600(宽)×800(高)×200(深) | 台 | 嵌入式，安装高度底边离地1.5m |
| 2 |  | 插座箱AX | PZ30，300(宽)×300(高)×120(深) | 台 | 嵌入式，安装高度底边离地0.5m |
| 3 |  | 吸顶灯 | 1×32W，D350 | 套 | 吸顶安装 |
| 4 |  | 双管荧光灯　自带蓄电池 | HYG218—2C，2×28W | 套 | 应急时间不小于120min，吸顶安装 |
| 5 |  | 单管荧光灯　自带蓄电池 | HYG118—2C，1×28W | 套 | 应急时间不小于120min，吸顶安装 |
| 6 |  | 四联单控暗开关 | AP86K41—10，250V/10A | 个 | 安装高度离地1.3m |
| 7 |  | 插座 | 220V/16A | 个 | 安装高度离地0.3m |
| 8 |  | 动力插座 | 380V/16A | 个 | 安装高度离地1.4m |

题 6-3-2 图　配电箱系统图、设备材料表

2. 该工程的相关定额、主材单价及损耗率见题 6-3-1 表。

题 6-3-1 表　　　　　　　相关定额、主材单价及损耗率

| 定额编号 | 项目名称 | 定额单位 | 安装基价（元） | | | 主材 | |
| --- | --- | --- | --- | --- | --- | --- | --- |
| | | | 人工费 | 材料费 | 机械费 | 单价 | 损耗率（%） |
| 4-2-76 | 成套配电箱嵌入式安装半周长 1 以内 | 台 | 102.30 | 34.40 | 0 | 500.00 元/台 | |
| 4-2-76 | 成套配电箱嵌入式安装半周长 1.5m 以内 | 台 | 131.50 | 37.90 | 0 | 4000.00 元/台 | |
| 4-1-14 | 无端子外部接线导线截面 ≤2.5mm² | 个 | 1.20 | 1.44 | 0 | | |
| 4-4-26 | 压铜接线端子导线截面 ≤16mm² | 个 | 2.50 | 3.87 | 0 | | |
| 4-12-1373 | 砖、混凝土结构暗配刚性阻燃管 PC20 | 10m | 54.00 | 5.20 | 0 | 2.00 元/m | 6 |
| 4-12-137 | 砖、混凝土结构暗配刚性阻燃管 PC40 | 10m | 66.60 | 14.30 | 0 | 5.00 元/m | 6 |
| 4-13-5 | 管内穿照明线铜芯导线截面 ≤2.5mm² | 10m | 8.10 | 1.50 | 0 | 1.80 元/m | 16 |
| 4-13-28 | 管内穿动力线铜芯导线截面 ≤16mm² | 10m | 8.10 | 1.80 | 0 | 11.50 元/m | 5 |
| 4-14-2 | 吸顶灯具安装灯罩周长 ≤1100mm | 套 | 13.80 | 1.90 | 0 | 100.00 元/套 | 1 |
| 4-14-204 | 荧光灯具安装吸顶式单管 | 套 | 13.90 | 1.50 | 0 | 120.00 元/套 | 1 |
| 4-14-205 | 荧光灯具安装吸顶式双管 | 套 | 17.50 | 1.50 | 0 | 180.00 元/套 | 1 |
| 4-14-380 | 四联单控开关安装 | 个 | 7.00 | 0.80 | 0 | 15.00 元/个 | 2 |
| 4-14-430 | 单相暗插座 16A | 10 套 | 124.30 | 9.01 | 0 | 90.00 元/套 | 2 |
| 4-14-432 | 三相暗插座 16A | 10 套 | 122.04 | 8.34 | 0 | 130.00 元/套 | 2 |

注：表内费用均不包含增值税可抵扣的进项税额。

3. 该工程的人工费单价（综合普工、一般技工和高级技工）为 100 元/工日，管理费和利润分别按人工费的 40% 和 20% 计算。

4. 相关分部分项工程量清单项目编码及项目名称见题 6-3-2 表。

题 6-3-2 表　　　　　　　相关分部分项工程量清单项目编码

| 项目编码 | 项目名称 | 项目编码 | 项目名称 |
| --- | --- | --- | --- |
| 030404017 | 配电箱 | 030411001 | 配管 |
| 030404018 | 插座箱 | 030411004 | 配线 |
| 030404034 | 照明开关 | 030412001 | 普通灯具 |
| 030404035 | 插座 | 030412005 | 荧光灯 |

## 问题：

1. 按照背景资料 1~4 和题 6-3-1 图及题 6-3-2 图所示内容，根据《建设工程工程量清

单计价规范》GB 50500 和《通用安装工程工程量计算规范》GB 50856 的规定，列式计算配管（PC20、PC40）和配线（BV2.5mm$^2$、BV16mm$^2$）的清单工程量；计算各分部分项工程的清单工程量及综合单价与合价，编制完成题 6-3-3 表"分部分项工程和单价措施项目清单与计价表"，（答题时不考虑总照明配电箱的进线管道和电缆，不考虑开关盒和灯头盒）。

题 6-3-3 表　　　　　　　　分部分项工程和单价措施项目清单与计价表

| 序号 | 项目编码 | 项目名称 | 项目特征描述 | 计量单位 | 工程量 | 金额（元） | | |
|---|---|---|---|---|---|---|---|---|
| | | | | | | 综合单价 | 合价 | 其中：暂估价 |
| | | | | | | | | |
| | | | | | | | | |
| | | | | | | | | |
| | | | | | | | | |
| | | | | | | | | |
| | | | | | | | | |
| | | | | | | | | |
| | | | | | | | | |
| | | | | | | | | |
| | | | | | | | | |
| | | | | | | | | |
| | | 合　计 | | | | | | |

2. 设定"该工程总照明配电箱 AL"的清单工程量为 1 台，其余条件均不变，根据背景资料 2 中的相关数据，编制完成题 6-3-4 表总照明配电箱 AL 的"综合单价分析表"。（计算结果保留两位小数）

题 6-3-4 表　　　　　　　　　　综合单价分析表

工程名称：配电房电气工程

| 项目编码 | | 项目名称 | | 计量单位 | | 工程量 | |
|---|---|---|---|---|---|---|---|
| 清单综合单价组成明细 | | | | | | | |
| 定额编号 | 定额名称 | 定额单位 | 数量 | 单价（元） | | | | 合价（元） | | | |
| | | | | 人工费 | 材料费 | 机械费 | 管理费和利润 | 人工费 | 材料费 | 机械费 | 管理费和利润 |
| | | | | | | | | | | | |
| | | | | | | | | | | | |
| | | | | | | | | | | | |
| 人工单价 | | 小计 | | | | | | | | | |
| 未计价材料费 | | | | | | | | | | | |

续表

| | 清单项目综合单价 | | | | | | |
|---|---|---|---|---|---|---|---|
| 材料费明细 | 主要材料名称、规格、型号 | 单位 | 数量 | 单价（元） | 合价（元） | 暂估单价（元） | 暂估合价（元） |
| | | | | | | | |
| | | | | | | | |
| | | | | | | | |
| | 其他材料费 | | | | | | |
| | 材料费小计 | | | | | | |

# 专家权威详解

# 模拟题一答案与解析

## 试题一：

**问题 1：**

建设期第 1 年贷款利息：$1500 \times 1/2 \times 5\% = 37.5$（万元）

建设期第 2 年贷款利息：$(1500+37.5) \times 5\% + 1500 \times 1/2 \times 5\% = 114.38$（万元）

建设期贷款利息合计：$37.5+114.38 = 151.88$（万元）

货价 $= 230 \times 6.8 = 1564$（万元）

国外运输费 $= 1564 \times 7\% = 109.48$（万元）

国外运输保险费 $= (1564+109.48) \times 3.6‰/(1-3.6‰) = 6.05$（万元）

银行财务费 $= 1564 \times 4.5‰ = 7.04$（万元）

进口设备原价 $= 1564+109.48+6.05+7.04+6 = 1692.56$（万元）

基本预备费 $= (3500+450+1692.56+50) \times 10\% = 569.26$（万元）

总投资：$3500+450+1692.56+50+569.26+151.88 = 6413.70$（万元）

**问题 2：**

年固定资产折旧费为：$(6000+151.88-420)/10 = 573.19$（万元）

运营期第 1~4 年每年偿还本息为：

$(3000+151.88) \times [5\% \times (1+5\%)^4] / [(1+5\%)^4-1] = 888.87$（万元）

运营期第 1 年应计利息：$(3000+151.88) \times 5\% = 157.59$（万元）

运营期第 1 年应还本金：$888.87-157.59 = 731.27$（万元）

运营期第 2 年应计利息：$(3000+151.88-731.27) \times 5\% = 121.03$（万元）

运营期第 2 年应还本金：$888.87-121.03 = 767.84$（万元）

**问题 3：**

运营期第 1 年总成本费用：$(220+60) \times 80\%+573.19+157.59 = 954.78$（万元）

运营期第 1 年营业收入：$70 \times 14 \times (1+17\%) \times 80\% = 917.28$（万元）

运营期第 1 年增值税：$70 \times 14 \times 80\% \times 17\%-60 \times 80\% = 85.28$（万元）

运营期第 1 年增值税附加：$85.28 \times 9\% = 7.68$（万元）

运营期第 1 年的利润总额：$917.28-(954.78+85.28+7.68) = -130.46$（万元）

故所得税为 0，税后利润为 $-130.46$（万元）

运营期第 2 年总成本费用：$(220+60)+573.19+121.03 = 974.22$（万元）

运营期第 2 年营业收入：$70 \times 14 \times (1+17\%) = 1146.60$（万元）

运营期第 2 年增值税：$70 \times 14 \times 17\%-60 = 106.60$（万元）

运营期第 2 年增值税附加：$106.60 \times 9\% = 9.59$（万元）

运营期第 2 年的利润总额：1146.60-（974.22+106.60+9.59）=56.19（万元）

税后利润为：56.19-130.46=-74.27（万元）<0，故所得税为 0。

**问题 4：**

投资额：（12.01-141.75）/141.75/10%=-9.15（或 9.15%）

单位产品价格：（387.76-141.75）/141.75/10%=17.36（或 17.36%）

年经营成本：（45.69-141.75）/141.75/10%=-6.78（或 6.78%）

敏感性排序为：单位产品价格、投资额、年经营成本。

单位产品价格的临界点为：-141.75×10%/（387.76-141.75）=-5.76%

单因素敏感性分析图如答 1-1 图所示。

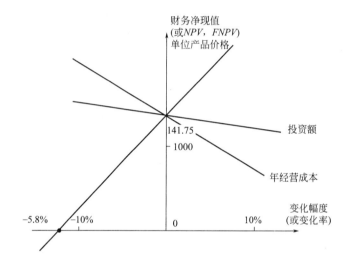

**答 1-1 图　单因素敏感性分析图**

# 试题二：

**问题 1：**

A 方案合同价现值：

$260.00×2000/10000×（1+16\%）+30/（1+8\%）^{30}+10/（1+8\%）^{50}$

$=63.51$（万元）

B 方案合同价现值：

$152.00×2000/10000×（1+16\%）+21×[1/（1+8\%）^{10}+1/（1+8\%）^{20}+1/（1+8\%）^{30}+1/（1+8\%）^{40}]+12/（1+8\%）^{50}$

$=52.81$（万元）

C 方案合同价现值：

$186.00×2000/10000×（1+16\%）+26×[1/（1+8\%）^{15}+1/（1+8\%）^{30}+1/（1+8\%）^{45}]+15/（1+8\%）^{50}$

$=55.07$（万元）

由上面计算结果可知，B 方案合同价现值最低，所以 B 方案为经济最优方案。

问题2：

答2-1表　　　　　　　　　功能指数和目标成本降低额计算表

| 功能项目 | 功能评分 | 功能指数 | 目前成本（万元） | 目标成本（万元） | 目标成本降低额（万元） |
|---|---|---|---|---|---|
| 找平层 | 13 | 0.1781 | 15.80 | 10.68 | 5.12 |
| 保温层 | 21 | 0.2877 | 19.40 | 17.26 | 2.14 |
| 防水层 | 39 | 0.5342 | 38.10 | 32.05 | 6.05 |
| 合计 | 73 | 1.0000 | 73.30 | 60.00 | 13.30 |

由计算结果可知：功能项目改进最优先的为防水层，其次为找平层、保温层。

问题3：

该承包商在该工程上的实际利润率＝实际利润额/实际成本额

$$= [(15.8+19.4+38.1) \times (1+3\%) - 70] / 70$$

$$= 7.9\%$$

# 试题三：

问题1：

1.因为国有资金投资的建设工程招标必须编制招标控制价，所以该项目必须编制。

2.招标控制价应根据下列依据编制与复核：

（1）2013版计价规范；

（2）国家或省级、行业建设主管部门颁发的计价定额和计价办法；

（3）建设工程设计文件及相关资料；

（4）拟定的招标文件及招标工程量清单；

（5）与建设项目相关的标准、规范、技术资料；

（6）施工现场情况、工程特点及常规施工方案；

（7）工程造价管理机构发布的工程造价信息，当工程造价信息没有发布时，参照市场价；

（8）其他的相关资料。

3.投标人经复核认为招标人公布的招标控制价未按照清单计价规范的规定进行编制的，应在招标控制价公布后5天内向招投标监督机构和工程造价管理机构投诉。

问题2：

投标有效期自投标文件发售时间算起的做法不妥当，按照有关规定：投标有效期应从提交投标文件的截止之日起算。

问题3：

时间不妥。招标人对已发出的招标文件进行必要的澄清或者修改的，应当在招标文件要求提交投标文件截止时间至少15日前，以书面形式通知所有招标文件收受人。

问题 4：

不妥。招标人接受联合体投标并进行资格预审的，联合体应当在提交资格预审申请文件前组成。资格预审后联合体增减、更换成员的，其投标无效。

问题 5：

事件 4 存在以下不妥之处：

1. 4 月 30 日招标人向 E 企业发出了中标通知书的做法不妥。因为按有关规定：依法必须进行招标的项目，招标人应当处收到评标报告之日起 3 日内公示中标候选人，公示期不得少于 3 日。

2. 合同签订的日期违规。按有关规定招标人和中标人应当自中标通知书发出之日起 30 日内，按照招标文件和中标人的投标文件订立书面合同，即招标人必须在 5 月 30 日前与中标单位签订书面合同。

3. 6 月 15 日，招标人向其他未中标企业退回了投标保证金的做法不妥。因为按有关规定：招标人最迟应当在书面合同签订后 5 日内向中标人和未中标的投标人退还投标保证金及银行同期存款利息。

问题 6：

1. 预付款的约定不妥。因为：按清单规定，承包商包工包料的工程预付款原则上不低于签约合同价（扣除暂列金额）的 10%，不高于 30%。而且应约定起扣方式、起扣额度及时间。

2. 安全文明施工费的支付约定不妥。因为：按现行清单计价规范规定，开工后的 28 天内发包方应向承包方支付不低于当年安全文明施工费总额的 60%。

3. 进度款的约定支付不妥。因为：工程进度款按期中结算时，应不低于 60% 的总额，不高于 90%。

# 试题四：

问题 1：

事件 1 中：

1. 施工顺序：C→B→H；

2. 土方施工机械最少闲置时间是 10 天。

问题 2：

施工单位在山体滑坡和泥石流事件中应承担损失的内容：

施工机械损失 8 万元，施工单位周转材料损失 30 万元，施工办公设施损失 3 万元，施工人员受伤损失 2 万元。

业主在山体滑坡和泥石流事件中应承担损失的内容：

施工待用材料损失 24 万元，修复工作发生人材机费用共 21 万元。

施工单位可以获得的费用补偿 = [24+21×（1+10%）×（1+6%）]×（1+4%）×（1+9%）= 54.96（万元）

项目监理机构应批准的工期延期天数为 30 天，山体滑坡和泥石流事件按照不可抗力处理且 A 是关键工作，工期损失应当顺延。

问题3：

事件3中：

1. 窝工补偿费用 = （150×50+20×1500×60%）×（1+4%）×（1+9%）= 2.89（万元）

基础分部工程增加的工程造价 = ［25×（1+10%）×（1+6%）×（1+25%）］×（1+4%）×（1+9%）= 41.31（万元）

2. 施工单位索赔工期10天；理由：工作F的工作时间增加是由非甲施工单位原因造成的，但工作F有10天的总时差（只影响工期10天），故应索赔工期10天。

费用索赔 = 2.89+41.31 = 44.20（万元）

问题4：

事件4中：

1. 项目监理机构应批准窝工补偿费用 = （200×50）×（1+4%）×（1+9%）= 11336元 = 1.13（万元）

2. 项目监理机构不应批准工程延期20天（或：应批准工程延期10天）；理由：工作F的工作时间增加20天，但只影响工作P晚开始10天，故应批准工程延期10天。

问题5：

1. 建筑垃圾挖运（Ⅲ类土）作业内容不明确，没有具体的施工方案，挖运机械选择、挖运方式、建筑垃圾处理方式、运距等均没有说明。

2. 回填土作业内容不明确，没有具体的施工方案。

3. 签证单中没有说明变更发生的具体时间。在使用有时效性的计价依据时，容易引起争议。

4. 签证单中没有图示说明和工程量计算过程。

5. 签证单中没有监理、建设单位的签证意见。现场签证一般情况下需要建设、监理、施工单位三方共同签字、盖章才能生效。缺少任何一方都属于不规范的签证，不能作为结算的依据。

# 试题五：

问题1：

质量保证金 = 30850×3% = 925.5（万元）

预付款 = 30850×20% = 6170（万元）

第7个月应扣留的预付款为：6170/10 = 617（万元）

工程质量保证金扣留至足额时预计应完成的工程价款为：

700+1050+1200+1450+1700+1700+1900 = 9700（万元），相应月份为第7个月

前6个月预计累计扣留的质量保证金为：（700+1050+1200+1450+1700+1700）×10% = 780（万元）

第7个月应扣留的质量保证金为：925.5-780 = 145.5（万元）

问题2：

（1670-1320）/1320 = 26.52%，大于15%，应该调整综合单价。

项目监理机构应批准的合同价款增加额为：（1670-1320×1.15）×378×0.9+1320×

$0.15×378=126554.4$ 元 $=12.66$（万元）

**问题 3：**

暂估价工程应增加的合同价款为：$357-300=57$（万元）

承包人参加投标的专业工程，应由发包人作为招标人，与组织招标工作有关的费用由发包人承担，承包人不能要求建设单位另外增加招标采购费用 3 万元。

**问题 4：**

第 3 个月实际支付的工程进度款为：$1200×（1-10\%）=1080$（万元）

第 5 个月实际支付的工程进度款为：$（1700+12.65544）×（1-10\%）-617=924.39$（万元）

5 月比原计划多扣质保金 $12.66×10\%=1.266$（万元）

第 7 个月实际支付的工程进度款为：

$1900+57-（145.5-1.266）-617=1195.77$（万元）

第 15 个月实际支付的工程进度款为：2100 万元。

**问题 5：**

工程量的变化幅度 $=（1520-1824）/1824=16.67\%>15\%$

综合单价的变化率 $=（60-45）/60=25\%>15\%$

$60×（1-6\%）×（1-15\%）=47.94$（元/$m^2$）

清单投标报价中的综合单价 45 元/$m^2$<47.94 元/$m^2$，所以综合单价可调至 47.94 元/$m^2$。

# 试题六：

## Ⅰ．土木建筑工程

**问题 1：**

答 6-1-1 表　　　　　　　　　　分部分项工程量计算表

| 序号 | 分项工程名称 | 计量单位 | 工程数量 | 计算过程 |
|---|---|---|---|---|
| 1 | 沟槽 | $m^3$ | 187.2 | $（22.80+13.2）×2=72$<br>$1.3×（2.2+0.1-0.3）×72=187.2$ |
| 2 | 基坑 | $m^3$ | 7.84 | $1.4×1.4×（2.2+0.1-0.3）×2=7.84$ |
| 3 | 带形基础 | $m^3$ | 38.52 | $（1.10×0.35+0.5×0.3）×72=38.52$ |
| 4 | 独立基础 | $m^3$ | 1.55 | $[1.20×1.20×0.35+1/3×0.35×（1.20×1.20+0.36×0.36+1.20$<br>$×0.36）+0.36×0.36×0.30]×2=1.55$ |
| 5 | 垫层 | $m^3$ | 9.75 | 带形：$1.3×0.1×72=9.36$<br>独立：$1.4×1.4×0.1×2=0.39$<br>合计：$9.36+0.39=9.75$ |
| 6 | 基础回填土 | $m^3$ | 118.10 | 室外地坪以下墙的体积 $=0.3×（2.3-0.75-0.3）×72=27$<br>室外地坪以下柱的体积 $=0.26×0.26×（2.3-1.1-0.3）×2=0.12$<br>回填土 $=（187.2+7.84）-38.52-1.55-9.75-27-0.12=118.10$ |

## 问题2：

答 6-1-2 表　　　　　　　　　　　模板工程量计算表

| 序号 | 模板名称 | 计量单位 | 工程数量 | 计算过程 |
|------|----------|----------|----------|----------|
| 1 | 独立基础组合钢模板 | $m^2$ | 4.22 | $(0.35×1.20+0.30×0.36)×4×2=4.22$ |

## 问题3：

答 6-1-3 表　　　　　　　　　　　方案工程量计算表

| 序号 | 项目名称 | 计量单位 | 工程数量 | 计算过程 |
|------|----------|----------|----------|----------|
| 1 | 挖一般土方 | $m^3$ | 799.64 | $(10.8+6+6+0.65×2+0.3×2+0.33×2)$ $×(2.7+4.2+2.1+4.2+0.65×2+0.3×2$ $+0.33×2)×2+1/3×0.33^2×2^3=799.64$ |

## 问题4：

答 6-1-4 表　　　　　　　　　　　综合单价计算过程

混凝土方案综合单价 = （13.07×96+10.1×345+10.52×7.85+33.03×3.95+0.52×30.67+3.27）×（1+12%）（1+6%）/10=590.22（元/$m^3$）

模板方案综合单价=25.68×（1+12%）（1+6%）= 30.49（元/$m^2$）

方案总费用=590.22×10+30.49×15.52=6375.40（元）

清单综合单价=6375.36/10=637.54（元）

答 6-1-5 表　　　　　　　　　　　分部分项工程清单与计价表

| 序号 | 项目编码 | 项目名称 | 项目特征描述 | 计量单位 | 工程量 | 金额（元） | |
|------|----------|----------|--------------|----------|--------|----------|--------|
| | | | | | | 综合单价 | 合价 |
| 1 | 010501001001 | 现浇混凝土垫层 | 1. 商品混凝土 2. C15 | $m^3$ | 10 | 637.54 | 6375.40 |

## 问题5：

答 6-1-6 表　　　　　　　　　　　单位工程投标报价汇总表

| 序号 | 项目名称 | 金额（元） |
|------|----------|----------|
| 1 | 分部分项工程量清单合计 | 858000 |
| 2 | 措施项目清单合计 | 171600 |
| 3 | 其他项目清单合计 | 101700 |
| 3.1 | 暂列金额 | 60000 |
| 3.2 | 材料暂估价 | 0 |
| 3.3 | 专业工程暂估价 | 30000 |

续表

| 序号 | 项目名称 | 金额（元） |
|---|---|---|
| 3.4 | 计日工 | 10800 |
| 3.5 | 总包服务费 | 900 |
| 4 | 规费 ［（1）＋（2）＋（3）］×7% | 79191 |
| 5 | 税金 ［（1）＋（2）＋（3）＋（4）］×9% | 108944.19 |
| | 合　计 | 1319435.19 |

## Ⅱ.管道和设备工程

**问题1：**

给水管道工程量的计算：

1. DN50 的镀锌钢管工程量的计算式：

1.5+0.12+（3.6-0.2）+（5-0.2-0.2）+［（2+0.45）+（2+1.5）］=19.07（m）

2. DN32 的镀锌钢管工程量的计算式：

（3+3）+（3+3）=12（m）

3. DN25 的镀锌钢管工程量的计算式：

3+3+（1.08+0.83+0.54+0.9+0.9）×4=10.25（m）

4. DN20 的镀锌钢管工程量的计算式：

（10.2-9.45）+［（0.69+0.8）+（0.36+0.75+0.75+0.75）］×4=17.15（m）

5. DN15 的镀锌钢管工程量的计算式：

［0.91+0.25+（9.8-9.45）］×4=6.04（m）

**问题2：**

答6-2-1表　　　　分部分项工程和单价措施项目清单与计价表

| 序号 | 项目编码 | 项目名称 | 项目特征描述 | 计量单位 | 工程量 | 金额（元） | |
|---|---|---|---|---|---|---|---|
| | | | | | | 综合单价 | 合价 |
| 1 | 031001001001 | 镀锌钢管 | 室内给水镀锌钢管 DN50 螺纹连接，水压试验、冲洗、消毒、试漏 | m | 19.07 | — | — |
| 2 | 031001001002 | 镀锌钢管 | 室内给水镀锌钢管 DN32 螺纹连接，水压试验、冲洗、消毒、试漏 | m | 12 | — | — |
| 3 | 031001001003 | 镀锌钢管 | 室内给水镀锌钢管 DN25 螺纹连接，水压试验、冲洗、消毒、试漏 | m | 10.25 | — | — |
| 4 | 031001001004 | 镀锌钢管 | 室内给水镀锌钢管 DN20 螺纹连接，水压试验、冲洗、消毒、试漏 | m | 16.8 | — | — |
| 5 | 031001001005 | 镀锌钢管 | 室内给水镀锌钢管 DN15 螺纹连接，水压试验、冲洗、消毒、试漏 | m | 6.04 | — | — |
| 6 | 031003001001 | 螺纹阀门 | 螺纹阀门 J11T-10DN50 | 个 | 2 | — | — |
| 7 | 031004002001 | 洗脸盆 | 洗脸盆普通冷水嘴（上配水） | 组 | 8 | — | — |

续表

| 序号 | 项目编码 | 项目名称 | 项目特征描述 | 计量单位 | 工程量 | 综合单价 | 合价 |
|------|----------|----------|--------------|----------|--------|----------|------|
| | | | | | | 金额（元） | |
| 8 | 031004006001 | 大便器 | 大便器手压阀冲洗 | 组 | 20 | — | — |
| 9 | 031004007001 | 小便器 | 小便器延时自闭式阀冲洗 | 组 | 16 | — | — |
| 10 | 031004014001 | 给、排水附（配）件 | 水龙头普通水嘴 | 个（组） | 4 | — | — |
| 11 | 031004014002 | 给、排水附（配）件 | 地漏（带水封） | 个 | 16 | — | — |
| 12 | 031002003001 | 套管 | DN50 防水钢套管 | 个 | 1 | — | — |
| 13 | 031002003002 | 套管 | DN32 普通钢套管 | 个 | 4 | — | — |
| 14 | 031002003003 | 套管 | DN25 普通钢套管 | 个 | 6 | — | — |
| 15 | 031002003004 | 套管 | DN20 普通钢套管 | 个 | 4 | — | — |

**问题 3：**

答 6-2-2 表　　　　　　　　　　　综合单价分析表

工程名称：某厂区　　　　　　　标段：办公楼卫生间给水管道安装　　　　第 1 页共 1 页

| 项目编码 | 031001006002 | | 项目名称 | | DN32 镀锌钢管 | | 计量单位 | m | 工程量 | 1 |
|----------|--------------|---|----------|---|---------------|---|----------|---|--------|---|

| 清单综合单价组成明细 | | | | | | | | | |
|---|---|---|---|---|---|---|---|---|---|
| 定额编号 | 定额名称 | 定额单位 | 数量 | 单价 | | | | 合价 | | | |
| | | | | 人工费 | 材料费 | 机械费 | 管理费和利润 | 人工费 | 材料费 | 机械费 | 管理费和利润 |
| 8-176 | DN32 镀锌钢管安装，螺纹连接 | 10m | 0.1 | 248.60 | 48.06 | 1.12 | 149.16 | 24.86 | 4.81 | 0.11 | 14.92 |
| 8-478 | DN50 以内管道消毒冲洗 | 100m | 0.01 | 58.76 | 40.24 | 0 | 35.26 | 0.59 | 0.40 | 0 | 0.35 |
| | | | | | | | | | | | |
| 人工单价 | | 小　计 | | | | | | 25.45 | 5.21 | 0.11 | 15.27 |
| 120 元/工日 | | 未计价材料费 | | | | | | 10.96 | | | |
| 清单项目综合单价 | | | | | | | | 57 | | | |

| 材料费明细 | 主要材料名称、规格、型号 | 单位 | 数量 | 单价（元） | 合价（元） | 暂估单价（元） | 暂估合价（元） |
|------------|--------------------------|------|------|------------|------------|----------------|----------------|
| | DN32 镀锌钢管 | m | 1.02 | 6.80 | 6.94 | | |
| | 镀锌钢管管件（综合） | 个 | 0.803 | 5.00 | 4.02 | | |
| | | | | | | | |
| | 其他材料费 | | | | 5.21 | | |
| | 材料费小计 | | | | 16.17 | | |

**问题4：**

1. 填列表中第四、五、六栏内容：

答6-2-3表　　　　　　　　　施工期间钢材价格动态情况

| 施工时段 | 钢材用量（t） | 当期市场价格（元） | 价格变化幅度（100%） | 是否调整及其理由 | 钢材材料费当期结算值（元） |
|---|---|---|---|---|---|
| 一 | 二 | 三 | 四 | 五 | 六 |
| 1 | 60 | 4941 | 9.31% | >5%，应调增 | 281700 |
| 2 | 50 | 4683 | 3.61% | ≤5%，不调 | 225000 |
| 3 | 40 | 4150 | −7.78% | <−5%，应调减 | 175000 |

2. 各个时段钢材材料费当期结算值的计算：

（1）钢材价格上涨时，不调价的上限 4520×（1+5%）=4746（元）

价格变化幅度=（当期市场价−市场基准价）/市场基准价

（4941−4520）/4520=9.31%

第1时段钢材材料费当期结算值计算：

60×［4500+（4941−4520×1.05）］=60×（4500+195）=281700（元）

（2）（4683−4520）/4520=3.61%

第2时段钢材材料费当期结算值计算：

4500×50=225000（元）

（3）钢材价格下降时，不调价的下限 4500×（1−5%）=4275（元）

价格变化幅度=（当期市场价−中标价）/中标价

（4150−4500）/4500=−7.78%

第3时段钢材材料费当期结算值计算：

40×［4500+（4150−4500×0.95）］=40×（4500−125）=175000（元）

## Ⅲ. 电气和自动化控制工程

**问题1：**

WL3：

PC40 管：（1.5+0.05）+6+（0.05+1.8）=9.4（m）

BV4mm$^2$：（0.5+0.3）×3+［（1.5+0.05）+6+（0.05+1.8）］×3

=2.4+28.2=30.6（m）

WL4：

PC40 管：（1.5+0.05）+7.5+（0.05+1.8）=10.9（m）

BV4mm$^2$：（0.5+0.3）×3+［（1.5+0.05）+7.5+（0.05+1.8）］×3

=2.4+32.7=35.1（m）

PC40 管小计：9.4+10.9=20.3（m）

BV4mm$^2$ 小计：30.6+35.1=65.7（m）

WL1：

PC20 管：（3-1.5-0.3）+3+3.2+（3-1.3）+4.2+3.5+［3.2+（3-2.8）+1+2+（2.8-1.3）］+4+2+（3-1.3）+2.5+4+4.3+（3-1.3）=44.9（m）

BV1.5mm²：

（0.5+0.3）×3+［（3-1.5-0.3）+3+4.2+3.5+［3.2+（3-2.8）+1］+4+2.5+4+4.3+（3-1.3）］×3+［3.2+（3-1.3）+2+（2.8-1.3）+2+（3-1.3）］×4

=2.4+32.8×3+12.1×4=2.4+98.4+48.4=149.2（m）

WL2：

PC20 管：（1.5+0.05）+2.5+2+4.5+6+7+4+4.3+（0.05+0.3）×13

=31.85+4.55=36.4（m）

BV2.5mm²：（0.5+0.3）×3+［（1.5+0.05）+2.5+2+4.5+6+7+4+4.3+（0.05+0.3）×13］×3=2.4+36.4×3=111.6（m）

PC20 管小计：44.9+36.4=81.3（m）

答 6-3-1 表　　　　　　分部分项工程和单价措施项目清单与计价表

工程名称：住宅楼　　　　　　　　　标段：一层照明

| 序号 | 项目编码 | 项目名称 | 项目特征描述 | 计量单位 | 工程量 | 金额（元） | | |
| --- | --- | --- | --- | --- | --- | --- | --- | --- |
| | | | | | | 综合单价 | 合价 | 其中暂估价 |
| 1 | 030404017001 | 配电箱 | 照明配电箱 AL，嵌入式安装箱体尺寸：500×300×120 | 台 | 1 | 1053.82 | 1053.82 | |
| 2 | 030412001001 | 普通灯具 | 普通灯具 YJ-BCD-9，吸顶安装 | 套 | 4 | 77.3 | 309.2 | |
| 3 | 030412004001 | 装饰灯 | 装饰灯 LED×101，吸顶安装 | 套 | 3 | 167.4 | 502.2 | |
| 4 | 030404033001 | 排风扇 | 普通 300 型轴流排风扇，吸顶安装 | 台 | 1 | 102.6 | 102.6 | |
| 5 | 030404034001 | 照明开关 | 单联单控暗开关 250V 10A | 个 | 1 | 22.88 | 22.88 | |
| 6 | 030404034002 | 照明开关 | 双联单控暗开关 250V 10A | 个 | 3 | 26.81 | 80.43 | |
| 7 | 030404035001 | 插座 | 普通暗插座 10A | 个 | 7 | 23.61 | 165.27 | |
| 8 | 030404035002 | 插座 | 空调暗插座 16A | 个 | 2 | 105.57 | 211.14 | |
| 9 | 030411006001 | 接线盒 | 暗装插座盒、灯头盒或开关盒 86H50 型 | 个 | 19 | 8.64 | 164.16 | |
| 10 | 030411006002 | 接线盒 | 暗装空调插座盒 100H60 型 | 个 | 2 | 15.78 | 31.56 | |
| 11 | 030411001001 | 配管 | PC20 砖、混凝土结构暗配 | m | 81.3 | 10.2 | 829.26 | |
| 12 | 030411001002 | 配管 | PC40 砖、混凝土结构暗配 | m | 20.3 | 15.97 | 324.19 | |
| 13 | 030411004001 | 配线 | 管内穿线照明线路 BV-500/7001.5mm² | m | 149.2 | 3.84 | 572.93 | |

续表

| 序号 | 项目编码 | 项目名称 | 项目特征描述 | 计量单位 | 工程量 | 金额（元） | | |
|---|---|---|---|---|---|---|---|---|
| | | | | | | 综合单价 | 合价 | 其中：暂估价 |
| 14 | 030411004002 | 配线 | 管内穿线照明线路 BV－500/7002.5mm² | m | 111.6 | 4.88 | 544.61 | |
| 15 | 030411004003 | 配线 | 管内穿线照明线路 BV－500/7004mm² | m | 65.7 | 5.68 | 373.18 | |
| | | | | | | | | |
| | | | 合　计 | | | | 5287.43 | |

**问题 2：**

答 6-3-2 表　　　　　　　　　**综合单价分析表**

工程名称：住宅楼　　　　　　　　　标段：一层照明

| 项目编码 | 030411004002 | | 项目名称 | 配线 BV2.5mm² | 计量单位 | m | 工程量 | 60 |
|---|---|---|---|---|---|---|---|---|
| 清单综合单价组成明细 | | | | | | | | |
| 定额编号 | 定额项目名称 | 定额单位 | 数量 | 单价 | | | | 合价 | | | |

| 定额编号 | 定额项目名称 | 定额单位 | 数量 | 人工费 | 材料费 | 机械费 | 管理费和利润 | 人工费 | 材料费 | 机械费 | 管理费和利润 |
|---|---|---|---|---|---|---|---|---|---|---|---|
| | 管内穿照明线 BV2.5mm² | 10m | 0.10 | 8.10 | 2.70 | 0 | 3.24 | 0.81 | 0.27 | 0 | 0.32 |
| 人工单价 | | 小　计 | | | | | | 0.81 | 0.27 | 0 | 0.32 |
| 100 元/工日 | | 未计价材料费 | | | | | | 3.48 | | | |
| 清单项目综合单价 | | | | | | | | 4.88 | | | |

| 材料费明细 | 主要材料名称、规格、型号 | 单位 | 数量 | 单价（元） | 合价（元） | 暂估单价（元） | 暂估合价（元） |
|---|---|---|---|---|---|---|---|
| | 绝缘导线 BV-5002.5mm² | m | 1.16 | 3.00 | 3.48 | | |
| | 其他材料费 | | | — | 0.27 | — | |
| | 材料费小计 | | | — | 3.75 | — | |

# 模拟题二答案与解析

## 试题一：

**问题1：**

建筑、安装工程费用为：$3100 \times （35\%+30\%）\times 1.08 = 2176.20$（万元）

项目建设总投资为：$3100+2176.20+900 = 6176.20$（万元）

**问题2：**

1. 年固定资产折旧费 $=（6000-100）\times（1-4\%）\div 10 = 566.40$（万元）

2. 第2年的增值税

$=600 \times 0.8-500 \times 0.8-100 = -20$（万元）$<0$，故第2年应纳增值税额为0

第3年的增值税 $=600-500-20 = 80$（万元）

第3年的增值税附加 $=80 \times 9\% = 7.2$（万元）

3. 第2年调整所得税

$=\{[（3000-600）\times 80\%+500]-[（2000-500）\times 80\%+566.40]\} \times 25\% = 163.40$（万元）

第3年调整所得税 $=\{（3000-600）-[（2000-500）+566.40+7.2]\} \times 25\% = 81.60$（万元）

4. 第3年净现金流量 $=3000-（2000+80+7.2+81.60）= 831.20$（万元）

**问题3：**

1. 项目建设期贷款利息

项目建设期贷款利息为：$500 \times 0.5 \times 8\% = 20$（万元）

2. 年固定资产折旧费 $=（6000-100+20）\times（1-4\%）\div 10 = 568.32$（万元）

3. 第2年期初累计借款 $=500+20 = 520$（万元）

第2至第5年等额偿还的本利和 $=520 \times 8\% \times（1+8\%）^4/[（1+8\%）^4-1] = 157.00$（万元）

第2年应偿还的利息 $=520 \times 8\% = 41.60$（万元）

第2年应偿还的本金 $=157.00-41.60 = 115.40$（万元）

第3年期初累计借款 $=520-115.40 = 404.60$（万元）

第3年应偿还的利息 $=404.60 \times 8\% = 32.37$（万元）

第3年应偿还的本金 $=157.00-32.37 = 124.63$（万元）

4. 第3年的所得税

$=\{（3000-600）-[（2000-500）+568.32+32.37+7.2]\} \times 25\%$

$=73.03$（万元）

5. 第 3 年资本金净现金流量

＝3000－（2000+124.63+32.37+80+7.2+73.03）＝682.77（万元）

# 试题二：

## 问题 1：

1. 每台国产设备的购置费现值：

＝40+5×［1/（1+10%）$^3$+1/（1+10%）$^6$］+（1+6）×｛［（1+10%）$^8$-1］/10%×（1+10%）$^8$｝-40×5%/（1+10%）$^8$

＝217.24（万元）

2. 每台国产设备的寿命周期年费用：

217.24×10%×（1+10%）$^8$/［（1+10%）$^8$-1］＝40.72（万元/年）

因为 40.72 万元/年<50 万元/年，所以，应购买国产设备。

## 问题 2：

1. 人工费、材料费、施工机具使用费之和：

＝0.03 工日/m$^3$×50 元/工日+0+0.04 台班/m$^3$×800 元/台班

＝33.50（元/m$^3$）

2. 管理费：33.50×12%＝4.02（元/m$^3$）

3. 利润：（33.50+4.02）×7%＝2.63（元/m$^3$）

4. 规费和增值税：（33.50+4.02+2.63）×16%＝6.42（元/m$^3$）

国产设备挖土方的全费用综合单价：33.50+4.02+2.63+6.42＝46.57（元/m$^3$）

## 问题 3：

国产设备的费用效率

1. 效率：200×0.8×8×220×46.57/10000＝1311.41（万元）

2. 费用效率：1311.41/40.72＝32.2

结论：由于国产设备的费用效率 32.2>30，高于进口设备，故应选择购买国产设备。

## 问题 4：

购买国产设备的期望利润额＝390×0.5+420×0.4+480×0.1＝411.00（万元）

购买进口设备的期望利润额＝375×0.6+416×0.2+473×0.2＝402.80（万元）

结论：由于国产设备的期望利润额 411.00 万元>402.80 万元，高于进口设备，故应选择购买国产设备。

购买国产设备相应的产值利润率＝411÷5600＝7.3%。

# 试题三：

## 问题 1：

招标人对投标人进行资格预审应包括以下内容：

1. 投标人签订合同的权利：营业执照和资质证书；

2. 投标人履行合同的能力：人员情况、技术装备情况、财务状况等；

3. 投标人目前的状况：投标资格是否被取消、账户是否被冻结等；

4. 近三年情况：是否发生过重大安全事故和质量事故；

5. 法律、行政法规规定的其他内容。

**问题2：**

做法1中该承包商运用了多方案报价法，该方法运用不当，因为运用该报价技巧时，必须对原方案（本案例指业主的工期要求）报价，而该承包商在投标时仅说明了该工期要求难以实现，却并未报出相应的投标价。

**问题3：**

该承包商运用了不平衡报价法，承包商将属于前期的基础工程和主体结构工程的单价调高，而将属于后期工程的装饰工程的单价调低，可以在施工的早期阶段收到较多的工程款，从而可以提高承包商所得工程款的现值；而且这三类工程单价的调整幅度均在10%以内，属于合理范围。所以做法2中的报价技巧运用得当。

以竣工时点进行折现，$F = A_1 (F/A, 1\%, 6) \times (F/P, 1\%, 18) + A_2 (F/A, 1\%, 12) \times (F/P, 1\%, 6) + A_3 (F/A, 1\%, 6)$

调价前：

$$F = \frac{1100}{6} \times \frac{(1+1\%)^6 - 1}{1\%} \times (1+1\%)^{18} + \frac{4560}{12} \times \frac{(1+1\%)^{12} - 1}{1\%} \times (1+1\%)^6 + \frac{3340}{6} \times \frac{(1+1\%)^6 - 1}{1\%} = 9889.56 （万元）$$

调价后：

$$F = \frac{1200}{6} \times \frac{(1+1\%)^6 - 1}{1\%} \times (1+1\%)^{18} + \frac{4800}{12} \times \frac{(1+1\%)^{12} - 1}{1\%} \times (1+1\%)^6 + \frac{3000}{6} \times \frac{(1+1\%)^6 - 1}{1\%} = 9932.84 （万元）$$

结论：采用了不平衡报价法后，终值增加了 = 9932.84 - 9889.56 = 43.28 （万元）

**问题4：**

该承包商运用了突然降价法，该方法运用得当，原投标文件的递交时间比规定的投标截止时间仅提前1天多，这既是符合常理的，又为竞争对手调整、确定最终报价留有一定的时间，起到了迷惑竞争对手的作用。若提前时间太多，会引起竞争对手的怀疑，而在开标前1小时突然递交一份补充文件，这时竞争对手已不可能再调整报价了。

"招标单位的有关工作人员拒收承包商的补充材料"不妥，因为承包商在投标截止时间之前所递交的任何正式书面文件都是有效文件，都是投标文件的有效组成部分，也就是说，补充文件与原投标文件共同构成一份投标文件，而不是两份相互独立的投标文件。

# 试题四：

**问题1：**

事件1：工期索赔成立，因为开工后第10天的基础工程施工是关键工作，并且是不可抗力造成的延误和清理修复花费的时间，所以可以索赔工期；模板损失费用，修复损坏的模板及支撑，清理现场时的窝工及机械闲置费用索赔不成立，因为不可抗力期间工地堆放的承包人部分周转材料损失及窝工闲置费用应由承包人承担；修理和清理工作发生的费用索赔成立，因为修理和清理工作发生的费用应由业主承担。

事件 2：工期和费用索赔均不能成立，因为此事件是承包人施工质量原因造成的，费用增加和工期延误应由承包人自己承担，且此事件并没有造成工期的延误。

事件 3：工期索赔成立，因为第 35 天时，结构安装工程是关键工作，且发生延误是因为发包人采购设备不全造成，属于发包方原因；现场施工增加的费用索赔成立，因为发包方原因造成的采购费用和现场施工的费用增加，应由发包人承担；采购费用 3500 元费用索赔不成立，因为是承包人自行决定采购补全，发包方未确认。

事件 4：工期和费用均不能索赔，因为承包人自身决定增加投入加快进度，相应工期不会增加，费用增加应由施工方承担。施工单位自行赶工，工期提前，最终可以获得工期奖励。

**问题 2：**

事件 1 可以索赔 3 天；事件 2 索赔 0 天；事件 3 可以索赔 6 天；事件 4 索赔 0 天。总工期索赔 3+6=9（天），实际工期=240+9−5=244（天）。

| 施工过程 | 工作队编号 | 施工进度(单位：天) | | | | | | | | | | | |
|---|---|---|---|---|---|---|---|---|---|---|---|---|---|
| | | 20 | 40 | 60 | 80 | 100 | 120 | 140 | 160 | 180 | 200 | 220 | 240 |
| 基础工程 | I | ① | ② | ③④ | | | | | | | | | |
| 结构安装 | II-1 | | ① | | ③ | | | | | | | | |
| 结构安装 | II-2 | | | ② | | ④ | | | | | | | |
| 室内装修 | III-1 | | | | | ① | ③ | | | | | | |
| 室内装修 | III-2 | | | | | ② | | ④ | | | | | |
| 室外工程 | IV | | | | | | ① | ② | ③ | ④ | | | |

答 4-1 图　加快流水施工进度计划

按此施工时，计划工期为 180 天，可以提前 60 天完成项目，可以得到 30 万元工期提前奖励。

**问题 3：**

事件 1 费用索赔：30×80×（1+18%）×（1+16.5%）=3299.28（元）；

事件 3 费用索赔 = ［3×30×50+60×80×（1+18%）+6×1600×60%］×（1+16.5%）= 18551.46（元）；总费用索赔额为 3299.28+18551.46 = 21850.74 元。

工期奖励 = （240+9-244）×5000 = 25000（元）。

**问题 4：**

1. 确定流水步距 $K = \min \{20, 40, 40, 20\} = 20$

2. 确定专业队数目：$b_1 = t_1/K = 20/20 = 1$；$b_2 = 40/20 = 2$；$b_3 = 40/20 = 2$；$b_4 = 20/20 = 1$

专业工作队总数 $n'$ 为：1+2+2+1 = 6

工期 $T = （m+n'-1）K + \sum G + \sum Z - \sum C = （4+6-1）×20 = 180$（天）

按此施工时，计划工期为 180 天，可以提前 60 天完成项目，可以得到 30 万元工期提前奖励。

# 试题五：

**问题 1：**

顺延工期和补偿费用的要求成立。

A 工作开始时间推迟属建设单位原因且 A 工作在关键线路上。

**问题 2：**

顺延工期要求成立。因该事件为不可抗力事件且 G 工作在关键线路上。

补偿费用要求不成立。因属施工单位自行赶工行为。

**问题 3：**

1. 事件 1 发生后应批准工程延期 1 个月。

2. 事件 4 发生后应批准工程延期 0.5 个月。

其他事件未造成工期延误，故该工程实际工期为（20+1+0.5）月 = 21.5（月）。

**问题 4：**

答 5-1 表　　　　　　　　1~7 月投资情况表（单位：万元）

| 月份 | 第1月 | 第2月 | 第3月 | 第4月 | 第5月 | 第6月 | 第7月 | 合计 |
|---|---|---|---|---|---|---|---|---|
| 拟完工程计划投资 | 130 | 130 | 130 | 300 | 330 | 210 | 210 | 1440 |
| 已完工程计划投资 | 70 | 130 | 130 | 300 | 210 | 210 | 204 | 1254 |
| 已完工程实际投资 | 70 | 130 | 130 | 310 | 210 | 228 | 222 | 1300 |

7 月末投资偏差 = 1254-1300 = -46（万元）<0，投资超支。

7 月末进度偏差 = 1254-1440 = -186（万元）<0，进度拖延。

**问题 5：**

该项目的销项税为 2100/（1+9%）×9% = 173.39（万元）；

该项目的应纳增值税为 173.39-100 = 73.39（万元）；

该项目的利润为：2100/（1+9%）-（1800-100）= 226.61（万元）；

该项目的成本利润率为：226.61/（1800-100）= 13.33%。

# 试题六：

## Ⅰ.土木建筑工程

**问题1：**

答 6-1-1 表　　　　　　　　　　分部分项工程量清单表

| 序号 | 项目编码 | 项目名称 | 项目特征描述 | 单位 | 工程数量 |
|---|---|---|---|---|---|
| 1 | 010502001001 | 矩形柱 | 1.预拌混凝土<br>2.强度 C30 | m³ | 2.22 |
| 2 | 010502002001 | 构造柱 | 1.预拌混凝土<br>2.强度 C30 | m³ | 1.38 |
| 3 | 010503002001 | 矩形梁 | 1.预拌混凝土<br>2.强度 C30 | m³ | 8.39 |
| 4 | 010505001001 | 现浇板 | 1.预拌混凝土<br>2.强度 C30 | m³ | 7.31 |

工程量计算过程

1. 矩形柱：

Z-1：$0.24×0.24×4.8×4=1.11$（m³）

KZ-1：$0.24×0.24×4.8×4=1.11$（m³）

合计 $=1.11+1.11=2.22$（m³）

2. 构造柱：

GZ：$0.24×0.24×4.8×4+0.24×0.03×4.8×8=1.38$（m³）

3. 矩形梁

$KL1=0.24×0.6×（7.2-0.24）×2=2.00$（m³）

$L1=0.24×0.5×（12-0.24×3）×2=2.71$（m³）

$L2=0.24×0.45×（12-0.24×3）×2=2.44$（m³）

$L3=0.24×0.4×（7.2-0.24×3）×2=1.24$（m³）

矩形梁的工程量 $=2.00+2.71+2.44+1.24=8.39$（m³）

4. 现浇板

板的工程量 $=（4-0.24）×（2.4-0.24）×0.1×9=7.31$（m³）

**问题2：**

答 6-1-2 表　　　　　　　　　　钢筋工程量计算表

| 位置 | 型号及直径 | 钢筋图形 | 计算式 | 单根长度（m） | 单根重量（kg） |
|---|---|---|---|---|---|
| 上部通长筋 | φ22 | | $7200+15×22×2$ | 7.86 | 23.454 |

续表

| 位置 | 型号及直径 | 钢筋图形 | 计算式 | 单根长度（m） | 单根重量（kg） |
|---|---|---|---|---|---|
| 下部通长筋 | Φ22 | | 7200+15×22×2 | 7.86 | 23.454 |
| 箍筋 | φ8 | | (240−25×2)×2+<br>(600−25×2)<br>×2+10×8×2 | 1.64 | 0.648 |

**问题3：**

综合单价计算过程

人工费＝（9.94×96+11.63）/10＝96.59（元/m³）

材料费＝（10.15×420+9.91×7.8+10.99×2+90.75）/10＝445.30（元/m³）

机械费＝7.12/10＝0.71（元/m³）

人+材+机＝96.59+445.30+0.71＝542.60（元/m³）

综合单价＝540.6×（1+12%+7%）＝645.70（元/m³）

**问题4：**

现浇板混凝土清单量＝方案量＝7.5m³

现浇板模板工程量＝75m²

模板的综合单价＝（2388.82+3435.27+291.52）/100×（1+12%+7%）＝72.78（元/m²）

含模板的混凝土综合单价＝（75×72.78+7.5×645.70）/7.5＝1373.46（元/m³）

答6-1-3表　　　　　　　现浇板综合单价分析表

| 项目编码 | 010505001001 | | | 项目名称 | | 现浇板 | | 计量单位 | m³ | | 工程量 | 7.5 |
|---|---|---|---|---|---|---|---|---|---|---|---|---|
| 清单综合单价组成明细 | | | | | | | | | | | | |
| 定额编号 | 定额名称 | 定额单位 | 数量 | 单价（元） | | | | 合价（元） | | | | |
| | | | | 人工费 | 材料费 | 施工机具使用费 | 管理费和利润 | 人工费 | 材料费 | 施工机具使用费 | 管理费和利润 | |
| 4-40 | 混凝土 | 10m³ | 0.1 | 965.87 | 4453.03 | 7.12 | 1030.94 | 96.59 | 445.3 | 0.71 | 103.1 | |
| 13-37 | 模板 | 100m² | 0.1 | 2388.82 | 3435.27 | 291.52 | 1161.97 | 238.88 | 343.53 | 29.15 | 116.20 | |
| 人工单价 | | 小计 | | | | | | 335.47 | 788.83 | 29.86 | 219.3 | |
| 96元/工日 | | 未计价材料费（元） | | | | | | | | | | |
| 清单项目综合单价（元/m³） | | | | | | | | 1373.46 | | | | |
| | | 主要材料名称、规格、型号 | | | 单位 | 数量 | | 单价（元） | 合计（元） | 暂估单价（元） | 暂估合价（元） | |
| | | 预拌混凝土 C30 | | | m³ | 1.015 | | 420 | 426.3 | | | |
| | | 草袋 | | | m² | 1.099 | | 2 | 2.20 | | | |
| | | | | | | | | | | | | |
| | | 其他材料费（元） | | | | | | | 360.33 | | | |
| | | 材料费小计（元） | | | | | | | 788.83 | | | |

**问题5：**

答6-1-4表　　　　　　　　　　其他项目清单与计价汇总表

| 序号 | 项目名称 | 计量单位 | 金额（元） | 结算金额（元） | 备注 |
|---|---|---|---|---|---|
| 1 | 暂列金额 | 元 | 300000.00 | | |
| 2 | 材料暂估价 | 元 | — | | 不计入总价 |
| 3 | 专业工程暂估价 | 元 | 200000.00 | | |
| 4 | 计日工 10×110+2.6×410+10×120+2×30.50<br>=3427.00（元） | 元 | 3427.00 | | |
| 5 | 总包服务费 200000×5%=10000.00（元）<br>320000×1%=3200.00（元） | 元 | 13200.00 | | |
| | 合计 | | 516627.00 | | |

# Ⅱ. 管道和设备工程

**问题1：**

工程量的计算：

1. 计算管道安装工程量

中压无缝钢管 $\phi133\times6$

$L_1$：$8.2+3+3+1+1.6\times3=20$（m）

中压无缝钢管 $\phi108\times5$

$L_2$：$(3.6-1.6)\times3+3+3+7+12+5+0.5+[4.5+(3.6-1.2)+1.8]\times2=53.90$（m）

$L_3$：$(4.6-2.6)\times2+5+3+(5.2-4.6)=12.60$（m）

$L_2+L_3=53.90+12.60=66.50$（m）

2. 计算管件、阀门、法兰安装工程量。

碳钢管件：$DN125$ 三通 3 个，焊接盲板 1 个；$DN100$ 弯头 7 个，三通 6 个；

法兰阀门：$DN125$ 3 个，$DN100$ 截止阀 3 个，$DN100$ 止回阀 2 个；

安全阀：$DN100$ 1 个；

碳钢对焊法兰 $DN125$ 3 片；

碳钢对焊法兰 $DN100$ 2 副。成副安装与单片安装的法兰宜分别列项。焊接盲板（封头）按管件连接计算工程量，以"个"为单位计量；配法兰的盲板不计安装工程量。碳钢对焊法兰 $DN100$：9 片。

3. 计算管架制作安装工程量。

工程量计算规则：管架制作安装，按设计图示质量以"kg"为计量单位。单件支架质量有 100kg 以下和 100kg 以上时，应分别列项。

该题道道支架为普通支架，其中 $\phi133\times6$ 管支架共 5 处，每处 26kg；$\phi108\times5$ 管支架共 20 处，每处 25kg。工程量为 $26\times5+25\times20=630$（kg）。

4. 计算 L3-$\phi$108×5 管道 6 个焊口做 X 光射线无损探伤，胶片规格为 80mm×150mm。

计算规则：无损探伤，管材表面超声波探伤应根据项目特征（规格），按管材无损探伤长度以"m"为计量单位，或按管材表面探伤检测面积以"$m^2$"计算；焊缝 X 光射线、Y 射线和磁粉探伤应根据项目特征（底片规格，管壁厚度），以"张（口）"计算。

每个焊口的长度为：

$$L = \pi D = 3.14 \times 108 = 339.12 \text{（mm）}$$

胶片规格为 80mm×150mm，搭接长度为 25mm：每个焊口需要的胶片数量为：L/（胶片长度-搭接长度×2）= 339.12/（150-25×2）= 3.39 片，即每个焊口需要 4 片。6 个焊口需要 24 张。

5. 计算管道刷油、绝热、保护层工程量。

管道刷油：

$L_1$：3.14×0.133×20 = 8.35（$m^2$）

$L_2$：3.14×0.108×53.9 = 18.28（$m^2$）

$L_3$：3.14×0.108×12.6 = 4.27（$m^2$）

$L_1 + L_2 + L_3$ = 8.35+18.28+4.27 = 30.90（$m^2$）

管道绝热：

$L_3$：3.14×（0.108+0.06×1.033）×0.06×1.033×12.6 = 0.417（$m^3$）

管道保护层：

$L_3$：3.14×（0.108+0.06×2.1+0.0082）×12.6 = 9.58（$m^2$）

问题 2：

答 6-2-1 表　　　　　分部分项工程和单价措施项目清单与计价表

| 序号 | 项目编码 | 项目名称 | 项目特征描述 | 计量单位 | 工程量 | 金额（元） | | |
|---|---|---|---|---|---|---|---|---|
| | | | | | | 综合单价 | 合价 | 其中：暂估价 |
| 1 | 030802001001 | 中压碳钢管道 | 碳钢无缝钢管 D133×6mm、电焊弧、水压试验、空气吹扫 | m | 20 | | | |
| 2 | 030802001002 | 中压碳钢管道 | 碳钢无缝钢管 D108×5mm 电焊弧、水压试验、空气吹扫 | m | 66.5 | | | |
| 3 | 030805001001 | 中压碳钢管件 | DN125，三通，电焊弧 | 个 | 3 | | | |
| 4 | 030805001002 | 中压碳钢管件 | DN125，焊接盲板，电焊弧 | 个 | 1 | | | |
| 5 | 030805001003 | 中压碳钢管件 | DN100，弯头，电焊弧 | 个 | 7 | | | |
| 6 | 030805001004 | 中压碳钢管件 | DN100，三通，电焊弧 | 个 | 6 | | | |
| 7 | 030808003001 | 中压法兰阀门 | DN125，J41H-25，对焊法兰连接 | 个 | 3 | | | |
| 8 | 030808003002 | 中压法兰阀门 | DN100，逆止阀 H41H-25，对焊法兰连接 | 个 | 2 | | | |

续表

| 序号 | 项目编码 | 项目名称 | 项目特征描述 | 计量单位 | 工程量 | 金额（元） | | |
|---|---|---|---|---|---|---|---|---|
| | | | | | | 综合单价 | 合价 | 其中：暂估价 |
| 9 | 030808003003 | 中压法兰阀门 | DN100，J41H-25，对焊法兰连接 | 个 | 3 | | | |
| 10 | 030808005001 | 中压安全阀 | DN100，安全阀 A41H-25，对焊法兰连接 | 个 | 1 | | | |
| 11 | 030811002001 | 中压碳钢焊接法兰 | DN125，电焊弧 | 片 | 3 | | | |
| 12 | 030811002002 | 中压碳钢焊接法兰 | DN100，电焊弧 | 副 | 2 | | | |
| 13 | 030811002003 | 中压碳钢焊接法兰 | DN100，电焊弧 | 片 | 9 | | | |
| 14 | 030815001001 | 管架制作安装 | 普通支架 | kg | 630 | | | |
| 15 | 030816003001 | 焊缝 X 光射线探伤 | 胶片 80mm×150mm | 张 | 24 | | | |
| 16 | 031201001001 | 管道刷油 | 除锈，油漆 | m² | 30.9 | | | |
| 17 | 031208002001 | 管道绝热 | $L_3$ 管：采用岩棉管壳（厚度为60mm） | m³ | 0.417 | | | |
| 18 | 031208007001 | 铝箔保护 | $L_3$ 管：铝箔保护层 | m² | 9.58 | | | |

**问题 3：**

答 6-2-2 表　　　　　　　　　　综合单价分析表

| 项目编码 | 030802001001 | 项目名称 | 中压碳钢管道 $\phi133×6$ | 计量单位 | m | 工程量 | 1 |
|---|---|---|---|---|---|---|---|

清单综合单价组成明细

| 定额编号 | 定额项目名称 | 定额单位 | 数量 | 单价（元） | | | | 合价（元） | | | |
|---|---|---|---|---|---|---|---|---|---|---|---|
| | | | | 人工费 | 材料费 | 机械费 | 管理费和利润 | 人工费 | 材料费 | 机械费 | 管理费和利润 |
| | 中压管道电弧焊 | 10m | 0.1 | 184.22 | 15.65 | 158.71 | 147.38 | 18.42 | 1.57 | 15.87 | 14.74 |
| | 中低压管道水压试验 | 100m | 0.01 | 599.96 | 76.12 | 32.30 | 479.97 | 6.00 | 0.76 | 0.32 | 4.80 |
| | 管道空气吹扫 | 100m | 0.01 | 205.63 | 75.67 | 32.60 | 164.50 | 2.06 | 0.76 | 0.33 | 1.65 |
| 人工单价 | | | 小计 | | | | | 26.48 | 3.09 | 16.52 | 21.19 |
| 100 元/工日 | | | 未计价材料费（元） | | | | | 323.68 | | | |
| 清单项目综合单价（元/m） | | | | | | | | 390.96 | | | |

| 材料费明细 | 主要材料名称、规格、型号 | 单位 | 数量 | 单价（元） | 合价（元） | 暂估单价（元） | 暂估合价（元） |
|---|---|---|---|---|---|---|---|
| | 碳钢无缝钢管 $\phi133×6$ | kg | 58.85 | 5.5 | 323.68 | — | — |
| | 或：碳钢无缝钢管 $\phi133×6$ | m | 0.941 | 343.97 | 323.68 | — | — |
| | 其他材料费（元） | | | | 3.09 | — | — |
| | 材料费小计（元） | | | | 326.77 | — | — |

说明：φ133×6 管道 62.54kg/m，单价 5.50 元/kg。

62.54kg/m×5.50 元/kg＝343.97（元/m）

当工程量为 1m 时，消耗量 0.941m，折算为 0.941m×62.54kg/m＝58.85（kg）。

## Ⅲ. 电气和自动化控制工程

**问题 1：**

1. 钢管 φ25 工程量计算：10+7+（0.2+0.1）×2+（0.2+0.3+0.2）×2＝19（m）

2. 钢管 φ40 工程量计算：8+12+（0.2+0.1）×2+（0.2+0.3+0.2）×2＝22（m）

3. 配线 BV4mm² 工程量计算：

｛10+7+（0.2+0.1）×2+（0.2+0.3+0.2）×2+［1+（0.9+2）］×2｝×4

＝26.8×4＝107.2（m）

（两个预留规则，电机处出管口后、配电箱盘面尺寸半周长）

4. 电缆 YJV4×16 工程量计算：

8+12+（0.2+0.1）×2+（0.2+0.3+0.2）×2+（1+2+1.5）×2＝31（m）

5. 电缆桥架 200×100 工程量计算：22+［3-（2+0.1）］×2＝23.8（m）

6. 电缆 YJV4×50 工程量计算：

22+［3-（2+0.1）］×2+（0.9+2+1.5）×2＝32.6（m）

（1.5m 是每个电力电缆头预留的最小检修余量）

考虑 2.5% 的附加长度，总长度为 32.6×（1+2.5%）＝33.42（m）

7. 接地母线工程量计算：

接地母线图示长度＝0.8+0.3+0.7+0.5+2+5+5＝14.3（m）

考虑 3.9% 的附加长度，总长度为＝14.3×1.039＝14.86（m）

**问题 2：**

答 6-3-1 表　　　　分部分项工程和单价措施项目清单与计价表

| 序号 | 项目编码 | 项目名称 | 项目特征描述 | 计量单位 | 工程量 | 金额（元） | |
|---|---|---|---|---|---|---|---|
| | | | | | | 综合单价 | 合价 |
| 1 | 030404017001 | 配电箱 | 定型动力配电箱，落地式安装，900×2000×600（宽×高×厚）。基础型钢 10 号槽钢制作，其重量为 10kg/m | 台 | 2 | 2705.06 | 5410.12 |
| 2 | 030411001001 | 配管 | Φ25 钢管暗敷 | m | 19 | 27.16 | 516.04 |
| 3 | 030411004001 | 配线 | BV4m² 穿管敷设 | m | 107.2 | 6 | 643.2 |
| 4 | 030408003002 | 电缆保护管 | Φ40 钢管暗敷 | m | 22 | 43.09 | 947.98 |
| 5 | 030408001002 | 电力电缆 | YJV4×16m² 穿管敷设 | m | 31 | 90.82 | 2815.42 |
| 6 | 030408001003 | 电力电缆 | YJV4×50m² 沿桥架敷设 | m | 33.42 | 414.12 | 13839.89 |
| 7 | 030408006001 | 电力电缆头 | YJV4×16mm² | 个 | 4 | 92.68 | 370.72 |
| 8 | 030408006002 | 电力电缆头 | YJV4×50mm² | 个 | 2 | 186.96 | 373.92 |
| 9 | 030411003001 | 电缆桥架 | 200×100 | m | 23.80 | 83.58 | 1990.20 |

续表

| 序号 | 项目编码 | 项目名称 | 项目特征描述 | 计量单位 | 工程量 | 综合单价 | 合价 |
|---|---|---|---|---|---|---|---|
| | | | | | | 金额（元） | |
| 10 | 030409002001 | 接地母线 | 镀锌扁钢接地母线 40×4mm | m | 14.86 | 21.20 | 315.03 |
| 11 | 030409001001 | 接地极 | 镀锌角钢接地极 L 50×50×5（mm），每根 L=2.5m | 根 | 3 | 88.90 | 266.7 |
| 12 | 030414011001 | 接地装置电气调整试验 | 接地电阻测试，小于 4Ω | 系统 | 1 | 76.01 | 76.01 |
| 小计 | | | | | | | 27565.23 |

**问题 3：**

配电箱综合单价计算：

说明：配电箱项目特征包括：名称，型号，规格，基础形式、材质、规格，接线端子材质、规格，端子板外部接线材质、规格，安装方式。工作内容包括：本体安装，基础型钢制作、安装，焊、压接线端子，补刷（喷）油漆，接地。

配电箱底盘尺寸（0.9+0.6）×2=3（m）

基础型钢 10 号槽钢的净量：3m×10kg/m=30（kg），消耗量为 30×（1+5%）=31.5（kg）

$[69.66+31.83+0+69.66×（55\%+45\%）+2000]$ + $\{[5.02+1.32+0.41+5.02×（55\%+45\%）]×30+31.5×3.5\}$ + $\{[9.62+3.35+0.93+9.62×（55\%+45\%）]×3\}$

=2171.15+（353.1+110.25）+70.56=2705.06（元/台）

答 6-3-2 表　　　　　　　　　综合单价分析表

| 项目编码 | | 030404017001 | | 项目名称 | | 动力配电箱 | 计量单位 | | 台 | |
|---|---|---|---|---|---|---|---|---|---|---|
| 清单综合单价组成明细 | | | | | | | | | | |
| 定额编号 | 定额名称 | 定额单位 | 数量 | 单价（元） | | | | 合价（元） | | |
| | | | | 人工费 | 材料费 | 机械费 | 管理费和利润 | 人工费 | 材料费 | 机械费 | 管理费和利润 |
| | 成套配电箱安装（落地式） | 台 | 1 | 69.66 | 31.83 | 0 | 69.66 | 69.66 | 31.83 | 0 | 69.66 |
| | 基础槽钢制作 | kg | 30 | 5.02 | 1.32 | 0.41 | 5.02 | 150.6 | 39.6 | 12.3 | 150.6 |
| | 基础槽钢安装 | m | 3 | 9.62 | 3.35 | 0.93 | 9.62 | 28.86 | 10.05 | 2.79 | 28.86 |
| | | | | | | | | | | | |
| | | | | | | | | | | | |
| 人工单价 | | 小　计 | | | | | | 249.12 | 81.48 | 15.09 | 249.12 |
| 100 元/工日 | | 未计价材料费（元） | | | | | | 2110.25 | | | |

| 清单项目综合单价（元/m²） | | | | | 2705.06 | | |
|---|---|---|---|---|---|---|---|
| 材料费明细 | 主要材料名称、规格、型号 | 单位 | 数量 | 单价（元） | 合价（元） | 暂估单价（元） | 暂估合价（元） |
| | 成套配电箱安装 | 台 | 1 | 2000 | 2000 | | |
| | 基础槽钢 | kg | 31.5 | 3.5 | 110.25 | | |
| | 其他材料费（元） | | | | 81.48 | | |
| | 材料费小计（元） | | | | 2191.73 | | |

**问题4：**

各项费用的计算过程如下：

1. 分部分项工程清单计价合计 = 100 + 100×10%×（54%+46%）= 110.00（万元）

2. 措施项目清单计价如下：

（1）脚手架搭拆费 = 100×10%×8% + 100×10%×8%×25%×（54%+46%）

= 0.8 + 0.2 = 1.00（万元）

（2）安全防护、文明施工措施费 = 2.00（万元）

（3）其他措施项目费 = 3.00（万元）

措施项清单计价合计 = 1+2+3 = 6.00（万元）

3. 其他项目清单计价合计 = 暂列金额 + 专业工程暂估价 + 总承包服务费

= 1+2+2×3% = 3.06（万元）

4. 规费 = （分部分项工程费 + 措施项目费 + 其他项目费）×5%

= （110+6+3.06）×5% = 5.953（万元）

5. 税金 = （110+6+3.06+5.953）×9% = 125.013×9% = 11.25（万元）

6. 投标报价合计 = 110+6+3.06+5.953+11.25 = 136.26（万元）

答6-3-3表　　　　　　单位工程投标报价汇总表

| 序号 | 汇总内容 | 金额（万元） | 其中 | | |
|---|---|---|---|---|---|
| | | | 暂估价（万元） | 安全文明施工费（万元） | 规费（万元） |
| 1 | 分部分项工程 | 110.00 | | | |
| 1.1 | 略 | | | | |
| 1.2 | 略 | | | | |
| 1.3 | 略 | | | | |
| …… | 略 | | | | |
| 2 | 措施项目 | 6.00 | | | |
| 2.1 | 安全文明施工费等 | 2.00 | | 2.00 | |
| 2.2 | 模板工程、脚手架工程等 | 4.00 | | | |

续表

| 序号 | 汇总内容 | 金额（万元） | 其　中 | | |
|---|---|---|---|---|---|
| | | | 暂估价（万元） | 安全文明施工费（万元） | 规费（万元） |
| 3 | 其他项目 | 3.06 | | | |
| 3.1 | 暂列金额 | 1.00 | | | |
| 3.2 | 专业工程暂估价 | 2.00 | | | |
| 3.3 | 计日工 | | | | |
| 3.4 | 总包服务费 | 0.06 | | | |
| 4 | 规费 | 5.95 | | | 5.95 |
| 5 | 税金＝［（1）＋（2）＋（3）＋（4）］×10% | 11.25 | | | |
| 投标报价合计＝（1）＋（2）＋（3）＋（4）＋（5） | | 136.26 | | | |

# 模拟题三答案与解析

## 试题一：

**问题1：**

建筑安装工程造价综合差异系数：

$17.18\% \times 1.21 + 58.31\% \times 1.26 + 9.18\% \times 1.38 + 15.33\% \times 1.41 = 1.29$

项目的建筑安装工程费用为：

$2000 \times 5000 \times 1.29 / 10000 = 1290.00$（万元）

**问题2：**

基本预备费 $=$（$1290.00 + 5000 + 1200$）$\times 10\% = 749.00$（万元）

静态投资 $= 1290.00 + 5000 + 1200 + 749.00 = 8239.00$（万元）

建设期各年的静态投资额分别为：

第1年　$8239.00 \times 40\% = 3295.60$（万元）

第2年　$8239.00 \times 60\% = 4943.40$（万元）

价差预备费 $= 3295.60 \times$〔（$1+3\%$）$^1$（$1+3\%$）$^{0.5}$（$1+3\%$）$^{1-1} - 1$〕$+ 4943.40 \times$〔（$1+3\%$）$^1 \times$（$1+3\%$）$^{0.5}$（$1+3\%$）$^{2-1} - 1$〕$= 528.55$（万元）

第一年建设期利息 $= 7000 \times 40\% \times 0.5 \times 8\% = 112.00$（万元）

第二年建设期利息 $=$（$7000 \times 40\% + 112.00$）$\times 8\% + 7000 \times 60\% \times 0.5 \times 8\% = 400.96$（万元）

建设期利息 $= 112.00 + 400.96 = 512.96$（万元）

流动资金 $= 20 \times 45 = 900.00$（万元）

项目的建设投资 $= 8239 + 528.55 + 512.96 + 900.00 = 10180.51$（万元）

**问题3：**

年固定资产折旧费：（$9000 - 70$）$\times$（$1-5\%$）$/8 = 1060.44$（万元）

第8年的固定资产余值：$1060.44 \times$（$8-6$）$+$（$9000 - 70$）$\times 5\% = 2567.38$ 万元

**问题4：**

答1-1表　　　　　　　项目投资现金流量表（单位：万元）

| 序号 | 项目 | 建设期 | | 运营期 | | | | | |
|------|------|--------|------|------|------|------|------|------|------|
| | | 1 | 2 | 3 | 4 | 5 | 6 | 7 | 8 |
| 1 | 现金流入 | 0 | | 1680 | 2800 | 2800 | 2800 | 2800 | 5517.38 |
| 1.1 | 营业收入（不含销项税额） | | | 1560 | 2600 | 2600 | 2600 | 2600 | 2600 |
| 1.2 | 销项税额 | | | 120 | 200 | 200 | 200 | 200 | 200 |

续表

| 序号 | 项目 | 建设期 | | 运营期 | | | | | |
| | | 1 | 2 | 3 | 4 | 5 | 6 | 7 | 8 |
|---|---|---|---|---|---|---|---|---|---|
| 1.3 | 补贴收入 | | | 0 | 0 | 0 | 0 | 0 | 0 |
| 1.4 | 回收固定资产余值 | | | | | | | | 2567.38 |
| 1.5 | 回收流动资金 | | | | | | | | 150 |
| 2 | 现金流出 | 3600 | 5400 | 446.53 | 795.49 | 795.49 | 795.49 | 795.49 | 795.49 |
| 2.1 | 建设投资 | 3600 | 5400 | | | | | | |
| 2.2 | 流动资金投资 | | | 150 | | | | | |
| 2.3 | 经营成本（不含进项税额） | | | 162 | 270 | 270 | 270 | 270 | 270 |
| 2.4 | 进项税额 | | | 48 | 80 | 80 | 80 | 80 | 80 |
| 2.5 | 应纳增值税 | | | 2.00 | 120 | 120 | 120 | 120 | 120 |
| 2.6 | 增值税附加 | | | 0.18 | 10.80 | 10.80 | 10.80 | 10.80 | 10.80 |
| 2.7 | 维持运营投资 | | | | | | | | |
| 2.8 | 调整所得税 | | | 84.35 | 314.69 | 314.69 | 314.69 | 314.69 | 314.69 |
| 3 | 所得税后净现金流量 | −3600 | −5400 | 1233.47 | 2004.51 | 2004.51 | 2004.51 | 2004.51 | 4721.89 |
| 4 | 累计税后净现金流量 | −3600 | −9000 | −7766.53 | −5762.02 | −3757.51 | −1753.00 | 251.51 | 4973.40 |
| 5 | 折现系数（10%） | 0.9091 | 0.8264 | 0.7513 | 0.683 | 0.6209 | 0.5645 | 0.5132 | 0.4665 |
| 6 | 折现后净现金流 | −3272.76 | −4462.56 | 926.71 | 1369.08 | 1244.60 | 1131.55 | 1028.71 | 2202.76 |
| 7 | 累计折现净现金流量 | −3272.76 | −7735.32 | −6808.61 | −5439.53 | −4194.93 | −3063.38 | −2034.67 | 168.09 |

该建设项目投资财务净现值（所得税后）＝168.09（万元）

动态投资回收期（所得税后）＝（8−1）＋|−2034.67|/2202.76＝7.92（年）

建设项目动态投资回收期为7.92年小于行业基准投资回收期 $P_c=8$ 年，建设项目财务净现值为168.09万元大于零，则该建设项目可行。

# 试题二：

问题1：

根据背景资料，各技术经济指标的计算结果，见答2−1表。

答2−1表　　　　　　　　　各技术经济指标权重计算表

| | $F_1$ | $F_2$ | $F_3$ | $F_4$ | $F_5$ | 得分 | 权重 |
|---|---|---|---|---|---|---|---|
| $F_1$ | × | 4 | 3 | 4 | 3 | 14 | 14/40＝0.350 |
| $F_2$ | 0 | × | 1 | 2 | 1 | 4 | 4/40＝0.100 |
| $F_3$ | 1 | 3 | × | 3 | 2 | 9 | 9/40＝0.225 |
| $F_4$ | 0 | 2 | 1 | × | 1 | 4 | 4/40＝0.100 |
| $F_5$ | 1 | 3 | 2 | 3 | × | 9 | 9/40＝0.225 |
| 合计 | | | | | | 40 | 1.000 |

**问题2：**

列表计算各方案的功能指数，计算结果见答2-2表。

答2-2表　　　　　　　　　　　各方案功能指数

|  | 权重 | A | B | C |
|---|---|---|---|---|
| $F_1$ | 0.350 | 9×0.350＝3.150 | 8×0.350＝2.800 | 8×0.350＝2.800 |
| $F_2$ | 0.100 | 7×0.100＝0.700 | 10×0.100＝1.000 | 9×0.100＝0.900 |
| $F_3$ | 0.225 | 10×0.225＝2.250 | 9×0.225＝2.025 | 8×0.225＝1.800 |
| $F_4$ | 0.100 | 7×0.100＝0.700 | 8×0.100＝0.800 | 10×0.100＝1.000 |
| $F_5$ | 0.225 | 8×0.225＝1.800 | 8×0.225＝1.800 | 7×0.225＝1.575 |
| 合计 | 1.000 | 8.600 | 8.425 | 8.075 |
| 功能指数 | | 8.600/（8.600+8.425+8.075）＝0.343 | 8.425/（8.600+8.425+8.075）＝0.336 | 8.075/（8.600+8.425+8.075）＝0.322 |

**问题3：**

A方案的成本：1500×3000/10000＝450.00（万元）

B方案的成本：1200×3000/10000＝360.00（万元）

C方案的成本：1050×3000/10000＝315.00（万元）

A、B、C三个方案成本合计：450.00＋360.00＋315.00＝1125.00（万元）

各方案的成本指数分别为：

$C_A＝450.00/1125.00＝0.400$

$C_B＝360.00/1125.00＝0.320$

$C_C＝315.00/1125.00＝0.280$

各方案的价值指数分别为：

$V_A＝0.343/0.400＝0.857$

$V_B＝0.336/0.320＝1.049$

$V_C＝0.322/0.280＝1.149$

因为C方案的价值指数最大，所以C方案为最佳方案。

**问题4：**

关键线路为①-③（或①-②＋②-③）；③-④；④-⑥（或⑤-⑥），计算工期为106天。

计算正常工期下的工程总费用：

总费用＝直接费＋间接费＝（2.0＋12.0＋7.0＋4.4＋9.0＋8.0＋7.56＋6.6）＋15.8＝72.36（万元）

计算各工作的直接费率，见答2-3表所示。

答2-3表　　　　　　　　　各工作的直接费率计算表

| 工作代号 | 最短时间直接费-正常时间直接费（万元） | 正常持续时间-最短持续时间（天） | 直接费率（万元/天） |
|---|---|---|---|
| ①-② | 3.0-2.0 | 20-16 | 0.250 |

续表

| 工作代号 | 最短时间直接费-正常时间直接费（万元） | 正常持续时间-最短持续时间（天） | 直接费率（万元/天） |
|---|---|---|---|
| ①-③ | 13.0-12.0 | 44-42 | 0.500 |
| ①-⑤ | 9.0-7.0 | 50-38 | 0.167 |
| ②-③ | 5.3-4.4 | 24-19 | 0.180 |
| ②-⑥ | 12.0-9.0 | 50-40 | 0.300 |
| ③-④ | 10.24-8.0 | 40-32 | 0.280 |
| ④-⑥ | 7.83-7.56 | 22-20 | 0.135 |
| ⑤-⑥ | 6.92-6.6 | 22-18 | 0.080 |

方案1：同时压缩工作①-②和①-③，组合费率为 0.250+0.5＝0.750（万元/天）；

方案2：同时压缩工作②-③和①-③，组合费率为 0.18+0.5＝0.680（万元/天）；

方案3：压缩工作③-④，直接费率为 0.280 万元/天；

方案4：同时压缩工作④-⑥和⑤-⑥，组合费率为 0.135+0.080＝0.215（万元/天）；

经比较，应采取方案4，只能将它们压缩到两者最短工作时间的最大值，即 20 天，压缩 2 天，见答 2-1 图。

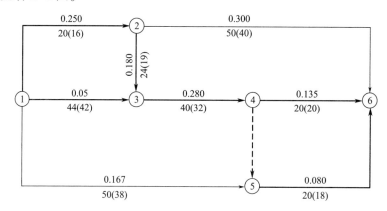

答 2-1 图　第一次压缩后的网络图

第一次压缩工期 2 天，得到了费用最低的优化工期 106-2＝104（天）。

压缩后的总费用 72.36+0.2150×2-0.20×2＝72.39（万元）

再进行压缩时只能选择压缩工作③-④，可压缩 8 天，若满足建设方要求，仅压缩 104-98＝6（天）即可，压缩 6 天的费用增加值为：0.280×6-0.20×6＝0.48（万元）。业主若奖励 0.60 万元＞0.48 万元，对施工方是有利的。

工期为 98 天时的总费用（扣除奖励）为：72.39+0.48-0.6＝72.27（万元）。

相对于正常工期下的总费用 72.36 万元，施工方可节约费用 72.36-72.27＝0.09（万元）。

# 试题三：

**问题1：**

1. 要求在领取招标文件的同时提交投标保证金不妥，可要求投标人递交投标文件时或在投标截止时间前提交投标保证金。

2. 各施工单位在同一张表格上进行了登记签收不妥，可能泄露其他潜在投标人的名称和数量等信息。

**问题2：**

1. A 投标人：工期＝4+10+6＝20（月）；报价＝420+1000+800＝2220（万元）

因工期超过 18 个月，投标文件无效。

2. B 投标人：工期＝3+9+6-2＝16（月）；报价＝390+1080+960＝2430（万元），投标文件有效。

3. C 投标人：工期＝3+10+5-3＝15（月）；报价＝420+1100+1000＝2520（万元），投标文件有效。

4. D 投标人：工期＝4+9+5-1＝17（月）；报价＝480+1040+1000＝2520（万元），投标文件有效。

5. E 投标人：工期＝4+10+6-2＝18（月）；报价＝400+830+850＝2080（万元）

E 的报价最低，B 的报价次低，两者之差＝（2430-2080）/2430＝14.4%小于15%，投标文件有效。

**问题3：**

1. B 投标人：

2430-（18-16）×40-10-20＝2320（万元）

2. C 投标人：

2520-（18-15）×40-10-15-30＝2345（万元）

3. D 投标人：

2520-（18-17）×40-10-15-20＝2435（万元）

4. E 投标人：

2080-10-15＝2055（万元）

第一中标候选人为 E 投标人；第二中标候选人为 B 投标人；第三中标候选人为 C 投标人；第四位为 D 投标人。

# 试题四：

**问题1：**

1. 事件1：工期索赔成立，工程修复和场地清理的费用索赔成立，但周转材料损失、人员窝工和机械窝工的费用索赔不成立。

理由：特大暴雨属于不可抗力，工期损失是发包人应承担的风险，并且主体结构为关键工作。

工程修复和场地清理的费用损失是发包人应承担的责任，但周转材料损失、人员窝工和机械窝工的费用损失是承包人应承担的责任。

2. 事件2：

（1）承包人向发包人提出的工期索赔和费用索赔均不成立。

理由：预留孔洞位置偏差过大是承包人应承担的责任事件，由此增加的费用和延误的工期均由承包人承担。

（2）专业分包人向承包人提出的工期索赔和费用索赔均不成立。

理由：预留孔洞位置偏差过大虽是承包人应承担的责任事件，但承包人自己安排工人进行返工处理，专业分包人没有费用损失；且设备基础与管沟工作总共加 10 天后，也不影响设备与管线安装的最早开始时间。

3. 事件 3：工期索赔成立，增加作业用工费用、人员窝工和机械窝工费用索赔均成立，但分包人自行决定采购发生的采购费索赔不成立。

理由：发包人采购成套生产设备的配套附件不全是发包人应承担的责任，且设备和管线安装是关键工作；但分包人自行决定采购补齐而发生的费用由分包人承担。

4. 事件 4 的工期索赔不成立，建设单位和施工单位共同延误，施工单位延误在前，建设单位承担 8 月 11 日至 12 日的 2 天工期延误，没有超过室内装修的总时差。

窝工费索赔成立，因为建设单位材料没有到场，导致施工单位 8 月 11~12 日的 2 天窝工损失。

5. 事件 5 的工期和费用索赔不成立。

理由：承包人将试运行部分工作提前安排是为了获得工期提前奖。

**问题 2：**

1. 各事件工期索赔：

（1）事件 1 索赔 3 天。

（2）事件 2 索赔 0 天。

（3）事件 3 索赔 6 天。

（4）事件 4 索赔 0 天。

2. 总工期索赔 3+6=9（天）

3. 施工中发生的四件事全部考虑之后，关键线路为：①-②-③-④-⑤-⑥-⑦和①-②-③-⑤-⑥-⑦，实际工期：40+（90+3）+30+（80+3+3）+30-5＝274（天）

**问题 3：**

1. 专业分包人可得到的费用索赔：

（30×3×50+6×1600×60%）×1.05×1.15+60×80×1.18×1.15＝18902.55（元）

2. 专业分包人应向承包人提出索赔。

**问题 4：**

1. 各事件费用索赔

（1）事件 1 费用索赔：30×80×1.18×1.15＝3256.80（元）

（2）事件 2 费用索赔：0

（3）事件 3 费用索赔：18902.55+6×20×50×1.05×1.15＝26147.55（元）

（4）事件 4 费用索赔：（40×2×50+2×900×60%）×1.05×1.15＝6134.1（元）

2. 总费用索赔：3256.80+26147.55+6134.1＝35538.45（元）

3. 工期将罚款：

（1）原合同工期为 270 天。

（2）新合同工期为：270+9＝279（天）。

（3）实际工期为 274 天。

工期奖励=（279-274）×5000=25000（元）

# 试题五：

**问题1：**

合同价=（2769.5+84+100）×（1+15%）=3396.53（万元）

预付款=［3396.53-30×（1+15%）］×20%=672.41（万元）

**问题2：**

分项工程费：270/2=135

措施项目费：16×0.6+（84-16）/9=17.16

其他项目费：3

第1月完成的工程款：（135+17.16+3）×（1+15%）=178.43（万元）

第1月应支付的工程款为：178.43×（1-3%）=173.08（万元）

**问题3：**

分项工程费：270/2×1.1=148.50

措施项目费：16×0.4/5+（84-16）/9=8.84

其他项目费：0

第2月完成的工程款：（148.50+8.84）×（1+15%）=180.94（万元）

第2月应签发的工程款为：180.94×（1-3%）-672.41/8-2=89.46（万元）

**问题4：**

1.绘制实际进度前锋线

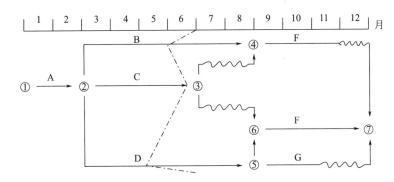

**答5-1图　进度检查计划**

2. B工作拖后1个月，即B工作进度偏差为-720/6=-120（万元）；

C工作进度正常，即C工作进度偏差为0；

D工作拖后2个月，即D工作进度偏差为-480/3=-160（万元）。

如果按原计划执行，B工作不会影响工期，因为B工作总时差为1个月；D工作将导致工程工期延误2个月，因为D工作是关键工作。

**问题5：**

实际分项工程费：

1/2A+1/2A×1.1+4/6B×1.1+2/6B×1.2+C×1.1+4/6D×1.1+2/6D×1.2+E×1.2+F×1.2+G×1.2=1/2×270+1/2×270×1.1+4/6×720×1.1+2/6×720×1.2+337.5×1.1+4/6×480×1.1+2/6×480×1.2+252×1.2+440×1.2+270×1.2=3169.15（万元）

实际措施项目费：84

实际其他项目费：3+67+5=75

实际总造价=（3169.15+84+75）×（1+15%）=3827.37（万元）

# 试题六：

## Ⅰ.土木建筑工程

问题1：

答6-1-1表                       建筑面积计算表

| 序号 | 部位 | 计量单位 | 建筑面积 | 计算过程 |
|---|---|---|---|---|
| 1 | 一层 | m² | 175.05 | 外墙结构外边线所围成的面积：3.6×6.24+3.84×11.94+3.14×1.5²×(1/2)+3.36×7.74+5.94×11.94+1.2×3.24=172.66<br>外保温的面积：外墙结构外边线长×保温层厚度<br>=68.16×0.035=2.39<br>一层建筑面积：172.66+2.39=175.05 |
| 2 | 二层 | m² | 152.33 | 外墙结构外边线所围成的面积：3.84×11.94+3.14×1.5²×(1/2)+3.36×7.74+5.94×11.94+1.2×3.24=150.20<br>外保温面积：外墙外边线长×保温层厚度=60.96×0.035=2.13<br>二层建筑面积：150.20+2.13=152.33 |
| 3 | 阳台 | m² | 5.8 | (3.36−0.035×2)×(1.8−0.035)=5.8 |
| 4 | 雨篷 | m² | 5.05 | (2.4−0.12−0.035)×4.5×1/2=5.05 |
|  | 合计 | m² | 338.23 | 175.05+152.33+5.8+5.05=338.23 |

问题2：

答6-1-2表                 分部分项工程清单工程量计算表

| 序号 | 分项工程名称 | 计量单位 | 工程数量 | 计算过程 |
|---|---|---|---|---|
| 1 | 瓦屋面 | m² | 211.12 | 坡屋面=水平投影面积×延尺系数（1/cosα）<br>设南北坡角度为α，tanα=2.4/(5.85+0.12+0.6)=0.365297<br>α=20.067°<br>secα=1/cosα=1/0.939=1.0646<br>设东西坡角度为β，tanβ=2.4/(3.6+0.72)=0.55556<br>β=29.05°<br>secβ=1/cosβ=1/0.8742=1.144<br>水平投影面积=(5.7+14.34)×(5.85+0.12+0.6)/2×2×1.064+13.14×4.32/2×2×1.144+1.2×4.44×1.144=211.12 |

续表

| 序号 | 分项工程名称 | 计量单位 | 工程数量 | 计算过程 |
|---|---|---|---|---|
| 2 | J 轴 ~ H 轴与 5 轴相交砖墙（不考虑其中的圈梁与构造柱所占的体积） | m³ | 4.06 | 按山墙,取平均高度<br>J轴墙高度:6.6<br>H轴墙高度:6.6+tanα×2.4 = 7.4767<br>0.24×2.4×(6.6+7.4767)/2 = 4.06 |
| 3 | 厨房墙面镶贴块材 | m² | 35.83 | [（3.9-0.24-0.016×2）+（3-0.24-0.016×2）]×2×（3.3-0.12）-0.9×2.1-1.5×1.8 = = 35.83<br>提示:窗台侧面、底面、顶面及门顶面、侧面镶贴的块材面积属于零星项目,应单独列项,不并入墙面 |
| 4 | 工人房水泥砂浆地面 | m² | 9.27 | （3.6-0.24）×（3-0.24） = 9.27 |
| 5 | 工人房踢脚线 | m² | 1.7 | [（3.6-0.24）+（3-0.24）]×2-0.9 = 11.34（m）<br>11.34×0.15 = 1.7（m²） |
| 6 | 工人房顶棚涂料 | m² | 9.27 | （3.6-0.24）×（3-0.24） = 9.27 |

**问题 3:**

答 6-1-3 表　　　　　分部分项工程和单价措施项目清单与计价表

| 序号 | 项目编码 | 项目名称 | 项目特征描述 | 计量单位 | 工程量 | 金额 | | |
|---|---|---|---|---|---|---|---|---|
| | | | | | | 综合单价 | 合价 | 其中:暂估价 |
| 1 | 010401003001 | 二楼 7 轴 ~ 8 轴与 J 轴 ~ G 轴卧室内墙面抹灰 | 1. 内墙立邦乳胶漆三遍（底漆一遍,面漆两遍）;<br>2. 满刮普通成品腻子膏两遍;<br>3. 面层 5mm 厚 1:0.5:3 水泥石灰砂浆罩面压光;<br>4. 底层 15mm 厚 1:1:6 水泥石灰砂浆;<br>1.5 厚 1:2.5 水泥砂浆 | m² | 33.93<br>提示:高度算至吊顶处,即 3m | — | — | — |
| 2 | 010901001001 | 瓦屋面 | 1. 铺红色水泥瓦;<br>2.25 厚 1:1:4 水泥石灰浆 | m² | 211.12 | — | — | — |
| 3 | 010902002001 | 屋面涂膜防水 | 1.1.5 厚聚氨酯涂膜防水层三遍;<br>2.20 厚 1:3 水泥砂浆找平层 | m² | 211.12 | — | — | — |
| 4 | 011001001001 | 屋面保温 | 1.40 厚现喷硬质发泡聚氨酯保温层;<br>2.10 厚 1:3 水泥砂浆找平层;<br>3.3 厚 SBS 卷材隔气层;<br>4.5 厚 1:3 水泥砂浆找平层;<br>5.120 厚现浇混凝土楼板 | m² | 211.12 | — | — | — |

续表

| 序号 | 项目编码 | 项目名称 | 项目特征描述 | 计量单位 | 工程量 | 金额 | | |
|---|---|---|---|---|---|---|---|---|
| | | | | | | 综合单价 | 合价 | 其中：暂估价 |
| 5 | 011701001001 | 综合脚手架 | 1. 混合结构；<br>2. 檐口高 7.05m；<br>提示：檐口高度是指设计室外地坪至檐口滴水的高度（平屋顶系指屋面板底高度） | m² | 338.23 | — | — | — |
| 6 | 011703001001 | 垂直运输 | 1. 混合结构；<br>2. 檐口高 7.05m；<br>提示：檐口高度是指设计室外地坪至檐口滴水的高度（平屋顶系指屋面板底高度） | m² | 338.23 | — | — | — |
| 7 | 011704001001 | 超高工程附加 | 1. 混合结构；<br>2. 檐口高 7.05m；<br>3. 层数：2；<br>4. 单层建筑物檐口高度超过20m，多层建筑物超过 6 层部分的建筑面积 | m² | 0 | — | — | — |

**问题 4：**

答 6-1-4 表　　　　　　　　**工人房水泥砂浆地面清单与计价表**

| 序号 | 项目编码 | 项目名称 | 项目特征描述 | 计量单位 | 工程量 | 金额 | | |
|---|---|---|---|---|---|---|---|---|
| | | | | | | 综合单价 | 合价 | 其中：暂估价 |
| 1 | 011101001001 | 工人房水泥砂浆地面 | 1.20 厚 1：2.5 水泥砂浆抹面压实赶光；<br>2.40 厚 C15 细石混凝土随打随抹；<br>3.3 厚聚氨酯防水涂膜二遍；<br>4.120 厚 C20 混凝土垫层；<br>5. 素土夯实 | m² | 9.27 | 176.26 | 1633.92 | — |

解析思路：清单综合单价=方案费用/清单量

根据清单表中项目特征的描述，方案费用包括四部分内容：水泥砂浆面层；40 厚细石混凝土层；3 厚聚氨酯防水层；120 厚混凝土垫层。

根据定额和基价表，四部分综合单价计算如下：

1. 水泥砂浆综合单价 = [9.59×77+（2.02×480.66+150.2×0.42+3.86×7.85+22×3.44+23.94）]×（1+12%）×（1+4.5%）/100 = 22.27（元/m²）

2. 细石混凝土综合单价 = [13.43×77+（4.04×380+41.64）+2.54]×（1+12%）×（1+4.5%）/100 = 30.59（元/m²）

3. 防水层综合单价 = [32.24×77+（102.4×17+7.65×52+70.52）]×（1+12%）×（1+4.5%）/100 = 54.91（元/m²）

4. 混凝土垫层综合单价 = [10.13×77+（10.10×400+49.97）+0.25×26.02]×（1+12%）×（1+4.5%）/10 = 570.74（元/m³）

以上四部分合价 = 22.27×9.27+30.59×9.27+54.91×9.27+570.74×9.27×0.12 = 1633.92（元）

工人房水泥砂浆地面清单综合单价 = 1633.92/9.27 = 176.26（元/m²）

**问题5：**

1. 安全文明施工费：100000×3.5% = 3500（元）

2. 措施项目费：75000+3500 = 78500（元）

3. 人工费：100000.00×8%+78500×15% = 19775（元）

4. 规费：19775×21% = 4152.75（元）

5. 增值税：（100000+78500+5500+4152.75）×9% = 16933.75（元）

答6-1-5表　　　　　　　　　　**单位工程最高投标限价汇总表**

| 序号 | 汇总内容 | 金额(元) | 其中暂估价(元) |
|---|---|---|---|
| 1 | 分部分项工程 | 100000 | |
| 2 | 措施项目 | 78500 | |
| 2.1 | 其中:安全文明措施费 | 3500 | |
| 3 | 其他项目费 | 5500 | |
| 4 | 规费(人工费21%) | 4152.75 | |
| 5 | 增值税9% | 16933.75 | |
| 最高投标限价总价合计 = 1+2+3+4+5 | | 205086.50 | |

## Ⅱ. 管道和设备工程

**问题1：**

计算自动喷淋系统管道的分部分项清单工程量：

1. DN100 水喷淋钢管：

[2.2+0.37+（3.9+4.5+1.4）+0.63+3.6+2.9]+3+[1.1+（1.4-0.4）]×2+（0.63-0.25+3.6+2.9） = 33.58（m）

2. DN80 水喷淋钢管：4.9×2 = 9.8（m）

3. DN70 水喷淋钢管：1×2 = 2（m）

4. DN50 水喷淋钢管：$[2.4+(3.9-1.8)+3.6]×2=16.2$（m）

5. DN40 水喷淋钢管：$3.6×2=7.2$（m）

6. DN32 水喷淋钢管：

$(3×3+1.9+2.9)×2=27.6$（m）

7. DN25 水喷淋钢管：

$(2.9×3+3×3+1+1.8+3.6)×2=48.2$（m）

$0.3×(4×3+3)×2=9$（m）

合计：$48.2+9=57.2$（m）

**问题2：**

**答6-2-1表　　　分部分项工程和单价措施项目清单与计价表**

工程名称：某建筑　　　　　　标段：自动喷淋系统安装　　　　第1页　共1页

| 序号 | 项目编码 | 项目名称 | 项目特征描述 | 计量单位 | 工程量 | 金额(元) | | |
| --- | --- | --- | --- | --- | --- | --- | --- | --- |
| | | | | | | 综合单价 | 合价 | 其中：暂估价 |
| 1 | 030901001001 | 水喷淋钢管 | 镀锌无缝钢管 DN100　螺纹连接　水冲洗 水压试验 | m | 35 | | | |
| 2 | 030901001002 | 水喷淋钢管 | 镀锌无缝钢管 DN50　螺纹连接　水冲洗 水压试验 | m | 20 | | | |
| 3 | 030901001003 | 水喷淋钢管 | 镀锌无缝钢管 DN32　螺纹连接　水冲洗 水压试验 | m | 30 | | | |
| 4 | 030901001004 | 水喷淋钢管 | 镀锌无缝钢管 DN25　螺纹连接　水冲洗 水压试验 | m | 60 | | | |
| 5 | 031003001001 | 螺纹阀门 | 消防专用信号蝶阀 BWSX100 | 个 | 2 | | | |
| 6 | 031003001002 | 螺纹阀门 | ZP—88 铜制自动排气阀 | 个 | 2 | | | |
| 7 | 031003001003 | 螺纹阀门 | 自动泄水阀 DN50 | 个 | 2 | | | |
| 8 | 030901006001 | 水流指示器 | ZSJZ·F　DN100 | 个 | 2 | | | |
| 9 | 030901012001 | 消防水泵接合器 | SQX100 地下式安装 | 套 | 2 | | | |
| 10 | 030901003001 | 水喷淋喷头 | DN25 水喷淋头 | 个 | 26 | | | |
| 11 | 031002001001 | 管道支架 | 管道支架现场制作安装 | kg | 120 | | | |
| 12 | 030905001001 | 水灭火控制装置调试 | 按水流指示器数量以点计算 | 点 | 2 | | | |

**问题3：**

答6-2-2表　　　　　　　　　　综合单价分析表

工程名称：某厂区　　　　　　　标段：室外消防给水管网安装　　　　　第1页　共1页

| 项目编码 | 030901001004 | | 项目名称 | | DN25水喷淋钢管 | | 计量单位 | | m | 工程量 | 1 |
|---|---|---|---|---|---|---|---|---|---|---|---|

清单综合单价组成明细

| 定额编号 | 定额名称 | 定额单位 | 数量 | 单价 | | | | 合价 | | | |
|---|---|---|---|---|---|---|---|---|---|---|---|
| | | | | 人工费 | 材料费 | 机械费 | 管理费和利润 | 人工费 | 材料费 | 机械费 | 管理费和利润 |
| 7-1 | DN25水喷淋管安装，螺纹连接 | 10m | 0.1 | 205.66 | 10.33 | 5.35 | 164.53 | 20.57 | 1.03 | 0.54 | 16.45 |
| 7-57 | DN50以内自动喷水灭火系统管网水冲洗 | 100m | 0.01 | 285.89 | 129.54 | 11.28 | 228.71 | 2.86 | 1.30 | 0.11 | 2.29 |
| | | | | | | | | | | | |
| 人工单价 | | | 小计 | | | | | 23.43 | 2.33 | 0.65 | 18.74 |
| 120元/工日 | | | 未计价材料费 | | | | | 11.79 | | | |
| | 清单项目综合单价 | | | | | | | 56.94 | | | |

| 材料费明细 | 主要材料名称、规格、型号 | | 单位 | | 数量 | | 单价（元） | 合价（元） | 暂估单价（元） | 暂估合价（元） |
|---|---|---|---|---|---|---|---|---|---|---|
| | DN25水喷淋管 | | m | | 1.02 | | 5.63 | 5.74 | | |
| | 管件（综合） | | 个 | | 0.723 | | 8.37 | 6.05 | | |
| | 其他材料费 | | | | | | | 2.33 | | |
| | 材料费小计 | | | | | | | 14.12 | | |

**问题4：**

报价浮动率=1-（198.45÷216.70）=8.42%

消防水泵接合器综合单价=［476.42+274.59×（50%+30%）+504］×（1-8.42%）

=1200.09×0.92=1099.04（元）

# Ⅲ.电气和自动化控制工程

**问题1：**

1. ϕ20钢管暗配工程量计算式：

（4-1.5-0.3）+8+（4-3）+5+（4-3）+7+7+7+4+0.2=42.4（m）

2. $\phi15$ 钢管暗配工程量计算式：

$7+5+5+8+5+4+(4-1.5)+7+4.5+2.5+0.2+0.3=51$ （m）

3. NH-BV-1.5mm$^2$ 电线的工程量计算式：

$\{[(4-1.5-0.3)+8+(4-3)+5+(4-3)+7+7+7+4+0.2]+(0.5+0.3)\}\times2$

$=[42.4+(0.5+0.3)]\times2=86.4$ （m）

4. NH-RVS-2×1.5mm 电线的工程量计算式：

$\{[(4-1.5-0.3)+8+(4-3)+5+(4-3)+7+7+7+4+0.2]+(0.5+0.3)+$

$[7+5+5+8+5+4+(4-1.5)+7+4.5+2.5+0.2+0.3]\}$

$=42.4+(0.5+0.3)+51$

$=94.2$ （m）

答 6-3-1 表　　　　　　分部分项工程和单价措施项目清单计价表

工程名称：商店　　　　　　　　　　标段：一层火灾自动报警系统

| 序号 | 项目编码 | 项目名称 | 项目特征描述 | 计量单位 | 工程量 | 金额(元) | | |
|---|---|---|---|---|---|---|---|---|
| | | | | | | 综合单价 | 合价 | 其中：暂估价 |
| 1 | 030904001001 | 点型探测器 | 智能型光电感应探测器 JTY-GD-3001 | 个 | 12 | 171.88 | 2062.56 | |
| 2 | 030904003001 | 按钮 | 手动报警按纽 J-SPA-M-YAI | 个 | 1 | 216.61 | 216.61 | |
| 3 | 030904008001 | 模块(接口) | 控制模块 HJ-1825 | 个 | 1 | 545.95 | 545.95 | |
| 4 | 030904008002 | 模块(接口) | 输入模块 HJ-1750B | 个 | 2 | 450.81 | 901.62 | |
| 5 | 030904008003 | 模块(接口) | 短路隔离器 HJ-175 | 个 | 1 | 604.52 | 604.52 | |
| 6 | 030904009001 | 区域报警控制器 | 火灾报警控制器 2N-905 壁挂式安装 | 台 | 1 | 4937.38 | 4937.38 | |
| 7 | 030904004001 | 消防警铃 | 警铃 YAE-1 | 个 | 1 | 101.42 | 101.42 | |
| 8 | 030411001001 | 电气配管 | $\phi20$ 焊接钢管沿墙、楼板暗配 | m | 42.4 | 15.11 | 640.66 | |
| 9 | 030411001002 | 电气配管 | $\phi15$ 焊接钢管沿墙、楼板暗配 | m | 51 | 13.76 | 701.76 | |
| 10 | 030411004001 | 电气配线 | NH-BV-1.5mm$^2$ | m | 86.4 | 4.37 | 377.74 | |
| 11 | 030411004002 | 电气配线 | NH-RVS-2×1.5mm | m | 94.2 | 10.06 | 947.24 | |
| 12 | 030905001001 | 自动报警系统调试 | 16 点 | 系统 | 1 | 4563.13 | 4563.13 | |
| 合计 | | | | | | | 16600.59 | |

**问题2：**

**答6-3-2表**　　　　　　　　　**工程量清单综合单价分析表**

工程名称：商店　　　　　　　　　　标段：一层火灾自动报警系统

| 项目编码 | 030411001002 | 项目名称 | 电气配管 φ15 钢管沿墙、楼板暗配 | | | 计量单位 | m |
|---|---|---|---|---|---|---|---|
| 清单综合单价组成明细 | | | | | | | |

| 定额编号 | 定额项目名称 | 定额单位 | 数量 | 单价(元) | | | | 合价(元) | | | |
|---|---|---|---|---|---|---|---|---|---|---|---|
| | | | | 人工费 | 材料费 | 机械费 | 管理费和利润 | 人工费 | 材料费 | 机械费 | 管理费和利润 |
| 2-1210 | 刚性阻燃管砖混结构暗配 φ15 | 100m | 0.01 | 569.52 | 23.60 | 0 | 569.52 | 5.70 | 0.24 | 0 | 5.70 |
| | | | | | | | | | | | |
| | | | | | | | | | | | |
| 人工单价 | | 小计 | | | | | | 5.70 | 0.24 | 0 | 5.70 |
| 100 元/工日 | | 未计价材料费(元) | | | | | | 2.12 | | | |
| 清单项目综合单价(元/m) | | | | | | 13.76 | | | | | |

| 材料费明细 | 主要材料名称、规格、型号 | 单位 | 数量 | 单价(元) | 合价(元) | 暂估单价(元) | 暂估合价(元) |
|---|---|---|---|---|---|---|---|
| | 钢管 φ15 | m | 1.06 | 2 | 2.12 | — | — |
| | | | | | | | |
| | 其他材料费(元) | | | | 0.24 | — | — |
| | 材料费小计(元) | | | | 2.36 | — | — |

# 模拟题四答案与解析

## 试题一：

**问题1：**

拟建项目的建设投资 $=2200\times(40/30)^{0.7}\times(1+9\%)^2=3196.93$（万元）

**问题2：**

建设投资贷款年实际利率 $=(1+5.84\%/12)^{12}-1=6\%$

建设期贷款利息：

第一年建设期利息 $=1000\times0.5\times6\%=30.00$（万元）

第二年建设期利息 $=(1000+30.00)\times6\%+1000\times0.5\times6\%=91.80$（万元）

建设期贷款利息合计 $=30.00+91.80=121.80$（万元）

**问题3：**

答1-1表　　　　　　　　借款还本付息计划表（单位：万元）

| 项目 | 计算期 | | | | | | | |
|---|---|---|---|---|---|---|---|---|
| | 1 | 2 | 3 | 4 | 5 | 6 | 7 | 8 |
| 借款1 | | | | | | | | |
| 期初借款余额 | | 2121.80 | 2121.80 | 1636.78 | 1122.66 | 577.69 | | |
| 当期还本付息 | | | 612.33 | 612.33 | 612.33 | 612.35 | | |
| 其中：还本 | | | 485.02 | 514.12 | 544.97 | 577.69 | | |
| 付息 | | | 127.31 | 98.21 | 67.36 | 34.66 | | |
| 期末借款余额 | 1030.00 | 2121.80 | 1636.78 | 1122.66 | 577.69 | 0.00 | | |
| 借款2 | | | | | | | | |
| 期初借款余额 | | | 320.00 | 640.00 | 640.00 | 640.00 | 640.00 | 640.00 |
| 当期还本付息 | | | | | | | | |
| 其中：还本 | | | | | | | | 640.00 |
| 付息 | | | 12.80 | 25.60 | 25.60 | 25.60 | 25.60 | 25.60 |
| 期末借款余额 | | | 320.00 | 640.00 | 640.00 | 640.00 | 640.00 | 0.00 |
| 合计 | | | | | | | | |

续表

| 项目 | 计算期 | | | | | | | |
|---|---|---|---|---|---|---|---|---|
| | 1 | 2 | 3 | 4 | 5 | 6 | 7 | 8 |
| 期初借款余额 | 0.00 | 2121.80 | 2441.80 | 2276.78 | 1762.66 | 1217.69 | 640.00 | 640.00 |
| 当期还本付息 | 0.00 | 0.00 | 612.33 | 612.33 | 612.33 | 612.35 | 0.00 | 0.00 |
| 其中:还本 | 0.00 | 0.00 | 485.02 | 514.12 | 544.97 | 577.69 | 0.00 | 640.00 |
| 付息 | 0.00 | 0.00 | 140.11 | 123.81 | 92.96 | 60.26 | 25.60 | 25.60 |
| 期末借款余额 | 1030.00 | 2121.80 | 1956.78 | 1762.66 | 1217.69 | 640.00 | 640.00 | 0.00 |

固定资产总额=（700+800+1000+1000）−540=2960.00（万元）

年固定资产折旧额=（2960.00+121.8）×（1−4%）/10=295.85（万元）

运营期末固定资产余值=295.85×（10−6）+（2960.00+121.8）×4%=1306.67（万元）

**问题4：**

1. 增值税及附加

第3年的增值税=60×80×17%×0.7−120×0.7=487.20（万元）

第3年的增值税附加=487.20×9%=43.85（万元）

第6年的增值税=60×80×17%−120=696.00（万元）

第6年的增值税附加=696.00×9%=62.64（万元）

2. 总成本

第3年总成本=2240+295.85+540/6+140.11=2765.96（万元）

第6年总成本=3200+295.85+540/6+60.26+20=3666.11（万元）

3. 所得税

第3年所得税

=｛[（60×80−60×80×17%）×70%+500]−（2765.96−120×70%+43.85）｝×25%=140.75（万元）

第6年所得税=[（60×80−60×80×17%）−（3666.11−120+62.64）]×25%=93.81（万元）

**问题5：**

第3年资本金净现金流量

=（60×80×70%+500）−（485.02+140.11+160+2240+487.20+43.85+140.75）

=163.07（万元）

**问题6：**

年产量盈亏平衡点：

$$BEP(Q)=\frac{3666.11×0.4}{60/(1+17\%)-60/(1+17\%)×0.6-(60/(1+17\%)×17\%-6)×9\%}=72.35（万件）$$

结果表明，当项目产量小于72.35万件时，项目开始亏损；当项目产量量大于72.35万件时，项目开始盈利。

# 试题二：

问题1：

答2-1表　　　　　　　　　　指标权重计算表

|  | $F_1$ | $F_2$ | $F_3$ | $F_4$ | $F_5$ | 得分 | 修正得分 | 权重 |
|---|---|---|---|---|---|---|---|---|
| $F_1$ | × | 0 | 1 | 1 | 1 | 3 | 4 | 4/15＝0.267 |
| $F_2$ | 1 | × | 1 | 1 | 1 | 4 | 5 | 5/15＝0.333 |
| $F_3$ | 0 | 0 | × | 0 | 1 | 1 | 2 | 2/15＝0.133 |
| $F_4$ | 0 | 0 | 1 | × | 1 | 2 | 3 | 3/15＝0.200 |
| $F_5$ | 0 | 0 | 0 | 0 | × | 0 | 1 | 1/15＝0.067 |
| 合计 | | | | | | 10 | 15 | 1.000 |

计算各方案的综合得分

A方案：7×0.267+9×0.333+10×0.133+8×0.200+6×0.067=8.198

B方案：10×0.267+8×0.333+9×0.133+7×0.200+6×0.067=8.333

C方案：8×0.267+10×0.333+8×0.133+6×0.200+7×0.067=8.199

结论：B方案的综合得分最高，故选择B方案为最佳设计方案。

问题2：

计算方案一的人工工日消耗

设屋面防水工程施工所用的工作延续时间为$X$

即 $X=(12+2+2)+1\%X$

$X=16$（小时/$m^3$）=2（工日/$m^3$）

屋面防水工程施工所消耗的工日数量是：

(时间定额+其他用工)×(1+人工幅度差)=(2+1)×(1+3%)=3×1.03=3.1（工日）

问题3：

计算方案二的施工机具使用台班消耗

机械纯工作1h的正常生产率为：60×0.75/10=4.50（$m^3$/h）

施工机械台班产量定额为：4.50×8×0.85=30.60（$m^3$/台班）

施工机械台班时间定额为：1/30.60=0.033（台班/$m^3$）

预算定额的机械台班消耗指标：0.033×(1+23%)=0.04（台班/$m^3$）

问题4：

方案一每10$m^3$工程量的人材机费用为：

[3.1×100+500×(1+2%)+5+0.375×800]×10

=11250元=1.13（万元）

方案二每10$m^3$工程量的人材机费用为：

$[7.9×100+500×(1+2\%)+5+0.04×800]×10$

$=13370$ 元 $=1.34$（万元）

**问题 5：**

以 $10m^3$ 为工程量单位，设工程量为 $Q$，当工期为 12 个月时：

方案一的费用 $C_1=1.13Q+30×12+150=1.13Q+510$（万元）

方案二的费用 $C_2=1.34Q+20×12+220=1.34Q+460$（万元）

令 $1.13Q+510=1.34Q+460$

解得 $Q=238×10^1m^3$

因此，当 $Q<238×10^1m^3$ 时，$C_2<C_1$，应采用方案二；

$Q=238×10^1m^3$ 时，$C_2=C_1$，采用方案一、方案二均可；

$Q>238×10^1m^3$ 时，$C_1<C_2$，应采用方案一。

# 试题三：

**问题 1：**

世界银行贷款项目采购程序包括：

1. 发布总采购公告；

2. 资格预审和资格定审；

3. 准备招标文件；

4. 发布具体合同招标广告（投标邀请书）；

5. 开标；

6. 评标；

7. 授予合同或拒绝所有投标；

8. 合同谈判和签订合同。

**问题 2：**

事件 1：招标人准备了一份总采购通告，拟在向投标人公开发售之前 30 天送交世界银行不妥。

理由：当某一项目的资金来源已经初步确定（如已初步确定由世界银行提供货款，本国配套资金也已基本落实），项目初步设计已经完成，项目评估已经或接近完成，在项目评估阶段已经确定了须以国际竞争性招标方法进行采购的那部分设备和工程，就可以准备这样一份总采购通告，并及早送交世界银行，安排免费在联合国出版的《发展商务报》上刊登，送交世界银行的时间最迟不应迟于招标文件已经准备好，将向投标人公开发售之前 60 天。

事件 2：招标人按照这些合格承包商近一年来各自签订的所有工程合同金额大小排序，通知前 10 名购买招标文件不妥。

理由：应通知所有合格的承包商购买招标文件。资格预审首先确定投标人是否有投标资格，在有优惠待遇的情况下，也可确定其是否有资格享受本国或地区优惠待遇。资格预审预先规定评审标准及合格要求，并将合同的规模和合格要求通知愿意参加预审的承包商或供应商。经过评审后，凡符合标准的，都应准予投标，而不应限定预审合格的投标人的数量。

事件3：不妥。

理由：招标文件发出后如有任何补充、澄清、勘误或更改，包括对投标人提出的问题所做出的答复，都必须在距投标截止期足够长的时间以前，发送原招标文件的每一个收件人。

事件4：不妥。

理由：对于投标，提交标书的方式不得加以限制（如规定必须寄交某邮政信箱），以免延误。

事件5：妥当。

理由：符合相关的开标规定。

事件6：妥当。

理由：符合相关规定。

**问题3：**

项目总采购公告不是投标邀请书。项目总采购公告是世界银行及其他国际开发机构所要求的，目的是使所有合格而且有能力、符合要求的投标人不受歧视地能有公平的投标机会，同时使业主或购货人能进一步了解市场供应情况，有助于经济、有效地达到采购的目的。

投标邀请书是具体合同的招标广告。

**问题4：**

如果在投标前未进行过资格预审，则应在评标后对标价最低并拟授予合同的标书的投标人进行资格定审，以便审定他是否有足够的人力财力资源有效地实施采购合同。资格定审的标准应在招标文件中明确规定，其内容与资格预审的标准相同。如果评标价最低的投标人不符合资格要求，就应拒绝这一投标，而对次低标的投标人进行资格定审。

# 试题四：

**问题1：**

1. 如果不改变原施工进度计划总工期和工作工艺关系，工作 B 在第 2 月初开始，第 3 月底结束；工作 C 在第 4 月初开始，第 6 月底结束（或安排在 4~6、5~7、6~8、7~9、8~10、9~11 月均可）；工作 H 开始时间不变。这样安排 B、C、H 三项工作最合理。

2. 此时 B、C、H 三项工作的专业施工队最少的工作间断时间为 5 个月。

**问题2：**

事件 1 施工单位能索赔工期 4 个月。

索赔价款 = (100×100×80% + 10×500) × (1+7%) × (1+9%) = 15161.9（元）

**问题3：**

F 延长的时间为 200/400/7 = 3.5（月）< 总时差 6 个月，所以不能索赔工期。

工程量的变动率＝200/400×100%＝50%>15%，超出部分的综合单价应进行调整。

可以索赔的工程款＝［400×15%×360＋（200－400×15%）×360×0.9］×（1＋16%）×（1＋25%）×（1＋7%）×（1＋9%）＝113238.4（元）。

**问题4：**

1．G、H、L三项工作流水施工的工期计算如下：

① 错位相减求得差数列：

```
   G与H间              H与L间
    2，5                 2，4
 －   2，4            －    2，5
 ──────────         ──────────
  2，3，－4           2，2，－5
```

② 在差数列中取最大值求得流水步距：

G与H间的流水步距＝max（2，3，－4）＝3（月）

H与L间的流水步距＝max（2，2，－5）＝2（月）

G、H、L三项工作的流水施工工期为：（3＋2）＋（2＋3）＝10（月）

注：此题也可直接应用答4-1图分析得出流水施工工期：

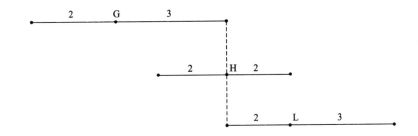

**答4-1图　流水工期分析过程**

流水工期＝3+2+2+3＝10（月）

2．此时工程总工期为：4+6+10＝20（月），可以满足原竣工日期要求。

# 试题五：

**问题1：**

1．合同价＝（142.20+9+12）×（1+7%）×（1+9%）＝190.340（万元）

2．材料预付款：［142.20+9－3］×（1+7%）×（1+9%）×20%＝34.569（万元）

3．安全文明施工费工程款＝3×60%×（1+7%）×（1+9%）＝2.099（万元）

**问题2：**

A分项工程量偏差：（1000－800）/800×100%＝25%>15%

A分项工程单价：240×0.9＝216（元/m³）

A分项工程费＝1000×216＝21.6（万元）

A分项工程价款＝21.6×（1+7%）×（1+9%）＝25.192（万元）

**问题 3：**

第 2 个月：

1. 1000×216/3/10000+66/2＝40.2

2. (3×40%+6)/3＝2.40

3. 6.8×(1+12%)＝7.616

第 2 个月实际完成的工程款：(40.2+2.4+7.616)×(1+7%)×(1+9%)＝58.567（万元）

第 2 个月业主应支付的工程款：58.567×90%＝52.710（万元）

第 3 个月：

1. 21.6/3+66/2+1500×400/3/10000＝60.2

2. (3×40%+6)/3＝2.40

3. 0

第 3 个月实际完成的工程款：(60.2+2.40)×(1+7%)×(1+9%)＝73.010（万元）

第 3 个月业主应支付的工程款：73.010×90%－34.569/3＝54.186（万元）

第 4 个月：

1. 1500×400/3/10000＝20.00（万元）

2. (3×40%+6)/3＝2.40

3. 2.8

第 4 个月实际完成的工程款：(20+2.40+2.8)×(1+7%)×(1+9%)＝29.391（万元）

第 4 个月业主应支付的工程款：29.391×90%－34.569/3＝14.929（万元）

**问题 4：**

分项工程项目：

拟完工程计划投资＝(19.2+66×2/3+57×1/3)×(1+7%)×(1+9%)×(1+16%)＝95.870（万元）

已完工程计划投资＝(1000×240/10000+66+57×1/3)×(1+7%)×(1+9%)＝127.127（万元）

已完工程实际投资＝(1000×216/10000+66+1500×400/3/10000)×(1+7%)×(1+9%)＝125.494（万元）

进度偏差＝127.127－95.870＝31.257 说明进度提前 31.257 万元。

投资偏差＝127.127－125.494＝1.633 说明费用节约 1.633 万元。

**问题 5：**

第 1 个月完成工程款：1000×216/3/10000×(1+7%)×(1+9%)＝8.397（万元）

应支付：8.397×90%＝7.557（万元）

第 5 个月完成工程款：1500×400/3/10000×(1+7%)×(1+9%)＝23.326（万元）

应支付：23.326×90%－34.569/3＝9.470（万元）

实际总造价＝2.099+8.397+58.567+73.010+29.391+23.326＝194.790（万元）

竣工结算款＝194.790×(1－3%)－[34.569+2.099+7.557+52.710+54.186+17.868+9.533]＝10.424（万元）

# 试题六：

## Ⅰ.土木建筑工程

问题1：

**答 6-1-1 表**　　　　　　　　　　　　**清单工程量计算表**

| 序号 | 清单项目编码 | 清单项目名称 | 计算式 | 工程量合计 | 计量单位 |
|---|---|---|---|---|---|
| 1 | 010202008001 | 土钉 | $n=91$ 根 | 91 | 根 |
| 2 | 010202009001 | 喷射混凝土 | （1）AB 段<br>$S_1 = 8\div\sin\dfrac{\pi}{3}\times15=183.56(m^2)$<br>（2）BC 段<br>$S_2 = (10+8)\div2\div\sin\dfrac{\pi}{3}\times4$<br>$=41.57(m^2)$<br>（3）CD 段<br>$S_3 = 10\div\sin\dfrac{\pi}{3}\times20=230.94(m^2)$<br>$S=183.56+41.57+230.94$<br>$=411.07(m^2)$ | 411.07 | m² |

问题2：

**答 6-1-2 表**　　　　　　　　　　　　**清单工程量计算表**

| 序号 | 清单项目编码 | 清单项目名称 | 计算式 | 工程量合计 | 计量单位 |
|---|---|---|---|---|---|
| 1 | 010302004001 | 挖孔桩土（石）方 | （1）直芯<br>$V_1 = \pi\times\left(\dfrac{1.150}{2}\right)^2\times10.9=11.32(m^2)$<br>（2）扩大头<br>$V_2 = \dfrac{1}{3}\times1\times(\pi\times0.4^2+\pi\times0.6^2+\pi\times0.4\times0.6)$<br>$=\dfrac{1}{3}\times1\times3.14\times(0.4^2+0.6^2+0.4\times0.6)$<br>$=0.80$<br>（3）扩大头球冠<br>$V_3 = \pi\times0.2^2\times\left(R-\dfrac{0.2}{3}\right)$<br>$R=\dfrac{0.6^2+0.2^2}{2\times0.2}=1$<br>$V_3 = 3.14\times0.2^2\times\left(1-\dfrac{0.2}{3}\right)=0.12$<br>$V=(11.32+0.8+0.12)\times10$<br>$=122.40(m^3)$ | 122.40 | m³ |

| 序号 | 清单项目编码 | 清单项目名称 | 计算式 | 工程量合计 | 计量单位 |
|---|---|---|---|---|---|
| 2 | 010302005001 | 人工挖孔灌注桩 | （1）护桩壁 C20 混凝土<br>$V=\pi\times\left[\left(\dfrac{1.15}{2}\right)^2-\left(\dfrac{0.875}{2}\right)^2\right]\times10.9$<br>$=\pi\times(0.575^2-0.4375)^2\times10.9\times10$<br>$=47.65(\mathrm{m}^3)$<br>（2）桩芯混凝土<br>$V=122.4-47.65=74.75(\mathrm{m}^3)$ | 74.75 | $\mathrm{m}^3$ |

**问题3：**

方法一：按面积计

$S_{\text{清}}=\left[(1.4-0.12)+2.4+0.2\right]\times(2.7-0.24)\times(5-1)$

$+(1.5-0.12)\times(2.7-0.24)+2.4\times(2.7-0.24-0.1)\div2$

$=44.41\ (\mathrm{m}^2)$

方法二：按体积计

1. 梯段板

$V_1=0.11\times\left[(2.4\times2.4+1.4\times1.4)^{1/2}\times(2.7-0.24-0.1)\div2\right]\times9=3.25\ (\mathrm{m}^3)$

2. 平台板

$V_2=0.1\times\left[(1.4+0.12)\times(2.7+0.24)\times4+(1.5+0.12)\times(2.7+0.24)\right]=2.26\ (\mathrm{m}^3)$

3. 平台梁

$V_3=0.2\times0.25\times(2.7+0.24)\times9=1.32\ (\mathrm{m}^3)$

4. 收口梁

$V_4=0.24\times0.25\times(2.7+0.24)\times4=0.71\ (\mathrm{m}^3)$

5. 踏步

$V_5=(0.24\times0.13)\div2\times(2.7-0.24-0.1)\div2\times10\times9=1.66\ (\mathrm{m}^3)$

6. 混凝土用量：

$V=V_1+V_2+V_3+V_4+V_5=9.2\ (\mathrm{m}^3)$

**问题4：**

1. 安全文明施工费 1600000×3.5%＝56000.00（元）

2. 规费：（1600000+74000）×13%×21%＝45700.20（元）

3. 增值税：（1600000+74000+45700.2）×9%＝154773.02（元）

答6-1-3表　　　　　　　　单位工程竣工结算汇总表

| 序号 | 项目名称 | 金额 |
|---|---|---|
| 1 | 分部分项工程费 | 1600000.00 |
| 2 | 措施项目费 | 74000.00 |
| 2.1 | 单价措施费 | 18000.00 |

续表

| 序号 | 项目名称 | 金额 |
|---|---|---|
| 2.2 | 安全文明施工费 | 56000.00 |
| 3 | 规费 | 45700.20 |
| 4 | 增值税 | 154773.02 |
| | 单位工程合计 | 1874473.22 |

# Ⅱ.管道和设备工程

**问题1：**

1.

（1）矩形风管 500×300 的工程量：

$3+(4.6-0.6)+3+3+(0.4+0.4)×3+(4-0.2)+4+0.4×2=24$（m）

$24×(0.5+0.3)×2=38.40$（m$^2$）

（2）渐缩风管 500×300/250×200 的工程量：6+6=12（m）

$12×\{[(0.25+0.2)×2+(0.5+0.3)×2]÷2\}=15$（m$^2$）

（3）圆形风管 $\phi$250 的工程量：$3×(3+0.44)=10.32$（m）

$10.32×3.14×0.25=8.10$（m$^2$）

2.

（1）40m$^2$ 矩形风管 500×300 镀锌钢板消耗量：40÷10×11.38=45.52（m$^2$）

（2）40m$^2$ 矩形风管 500×300 上风管法兰、加固框、吊托支架净用量：40÷10×[52÷(1+4%)]=200（kg）

（3）防锈漆消耗量：200÷100×2.5=5（kg）

**问题2：**

答 6-2-1 表　　　　　**分部分项工程和单价措施项目清单与计价表**

工程名称：某化工厂试验办公楼　　　　标段：集中空调通风管道系统安装　　　第1页　共1页

| 序号 | 项目编码 | 项目名称 | 项目特征描述 | 计量单位 | 工程量 | 金额（元） | |
|---|---|---|---|---|---|---|---|
| | | | | | | 综合单价 | 合价 |
| 1 | 030701003001 | 空调器 | 分段式组装 ZK-20000 | 台 | 1 | | |
| 2 | 030702001001 | 碳钢通风管道 | 矩形风管 500×300，镀锌钢板，$\delta=0.75$mm，风管法兰、加固框、吊托支架制作安装，咬口连接 | m$^2$ | 40 | | |
| 3 | 030702001002 | 碳钢通风管道 | 渐缩风管 500×300/250×200，镀锌钢板，$\delta=0.75$mm，风管法兰、加固框、吊托支架制作安装，咬口连接 | m$^2$ | 18 | | |

续表

| 序号 | 项目编码 | 项目名称 | 项目特征描述 | 计量单位 | 工程量 | 金额(元) | |
|---|---|---|---|---|---|---|---|
| | | | | | | 综合单价 | 合价 |
| 4 | 030702001003 | 碳钢通风管道 | 圆形风管 $\phi250$,镀锌钢板,$\delta=0.75\text{mm}$,风管法兰、加固框、吊托支架制作安装,咬口连接 | $m^2$ | 10 | | |
| 5 | 030702010001 | 风管检查孔 | 风管检查孔 310×260T-614 现场制安 | 个 | 5 | | |
| 6 | 030702011001 | 温度、风量测定孔 | 温度测定孔 T615 现场制安 | 个 | 4 | | |
| 7 | 030703001001 | 碳钢阀门 | 矩形蝶阀 500×300 | 个 | 2 | | |
| 8 | 030703001002 | 碳钢阀门 | 矩形止回阀 500×300 | 个 | 2 | | |
| 9 | 030703001003 | 碳钢阀门 | 圆形蝶阀 $\phi250$ | 个 | 3 | | |
| 10 | 030703007001 | 散流器 | $\phi250$,成品安装 | 个 | 3 | | |
| 11 | 030703007002 | 碳钢风口 | 插板送风口 200×120 | 个 | 16 | | |
| 12 | 030703019001 | 柔性接口 | 软管接口 500×300 | $m^2$ | 0.32 | | |
| 13 | 030704001001 | 通风工程检测、调试 | $40\text{m}^2$ 矩形风管 500×300,$18\text{m}^2$ 渐缩风管渐缩风管 500×300/250×200,$10\text{m}^2$ 圆形风管 $\phi250$ | 系统 | 1 | | |
| 14 | 030704002001 | 风管漏光试验、漏风试验 | $40\text{m}^2$ 矩形风管 500×300,$18\text{m}^2$ 渐缩风管渐缩风管 500×300/250×200,$10\text{m}^2$ 圆形风管 $\phi250$ | $m^2$ | 68 | | |

**问题 3：**

答 6-2-2 表　　　　　　　　综合单价分析表

工程名称：通风空调系统

| 项目编码 | 030701003001 | 项目名称 | ZK-20000 空调器 | 计量单位 | 台 | 工程量 | 1 |
|---|---|---|---|---|---|---|---|

| 清单综合单价组成明细 | | | | | | | | | | | |
|---|---|---|---|---|---|---|---|---|---|---|---|
| 定额编号 | 定额名称 | 定额单位 | 数量 | 单价(元) | | | | 合价(元) | | | |
| | | | | 人工费 | 材料费 | 机械费 | 管理费和利润 | 人工费 | 材料费 | 机械费 | 管理费和利润 |
| 9-257 | 组合式空调机组 20000m³/h 以内 | 台 | 1 | 1289.33 | 25.21 | 271.13 | 1289.33 | 1289.33 | 25.21 | 271.13 | 1289.33 |

续表

| 定额编号 | 定额名称 | 定额单位 | 数量 | 单价(元) | | | | 合价(元) | | | |
|---|---|---|---|---|---|---|---|---|---|---|---|
| | | | | 人工费 | 材料费 | 机械费 | 管理费和利润 | 人工费 | 材料费 | 机械费 | 管理费和利润 |
| 9-226 | 50kg以内设备支架制作、安装 | 100kg | 0.471 | 685.91 | 326.23 | 29.75 | 685.91 | 323.06 | 153.65 | 14.01 | 323.06 |
| | | | | | | | | | | | |
| 人工单价 | | 小计 | | | | | | 1612.39 | 178.86 | 285.14 | 1612.39 |
| 130元/工日 | | 未计价材料费 | | | | | | 28000 | | | |
| 清单项目综合单价 | | | | | | | | 31688.78 | | | |

| 材料费明细 | 主要材料名称、规格、型号 | 单位 | 数量 | 单价(元) | 合价(元) | 暂估单价(元) | 暂估合价(元) |
|---|---|---|---|---|---|---|---|
| | 空调机组 | 台 | 1 | 28000 | 28000 | | |
| | 其他材料费 | | | | 178.86 | | |
| | 材料费小计 | | | | 28178.86 | | |

**问题4：**

（1）全费用单价=（38+30+25+38×100%+38×20%）×（1+9%）元=151.07（元）

（2）增值税应纳税额=（38+30+25+38×100%+38×20%）×9%-（30×13%+25×15%+38×5%)=12.47-9.55=2.92（元）

## Ⅲ.电气和自动化控制工程

**问题1：**

1. 避雷网（25×4镀锌扁钢）工程量计算：

[14×2+（8+14+8)×2+（11.5+2.5)×4+（26-21)×4]+（1+3.9%)=170.40（m）

2. 避雷引下线（利用主钢筋）工程量计算：

（21-1.8+0.6)×4+（24-1.8+0.6)×2=124.8（m）

3. 接地母线（埋地40×4镀锌扁钢）工程量计算：

[5×18+（3+0.7+1.8)×5+（3+2.5+0.7+1.8)]×（1+3.9%)=130.39（m）

答6-3-1表　　　　分部分项工程和单价措施项目清单与计价表

工程名称：标准厂房　　　　　　　标段：防雷接地工程

| 序号 | 项目编码 | 项目名称 | 项目特征描述 | 计量单位 | 工程量 | 金额（元） | | |
|---|---|---|---|---|---|---|---|---|
| | | | | | | 综合单价 | 合价 | 其中：暂估价 |
| 1 | 030409001001 | 接地极 | 角钢接地极L50×50×5　L=2.5m 埋深0.7m | 根 | 19 | 141.37 | 2686.03 | |

续表

| 序号 | 项目编码 | 项目名称 | 项目特征描述 | 计量单位 | 工程量 | 综合单价 | 合价 | 其中：暂估价 |
|---|---|---|---|---|---|---|---|---|
| 2 | 030409002001 | 接地母线 | 镀锌扁钢40×4 接地母线埋深0.7m | m | 130.39 | 48.14 | 6276.97 | |
| 3 | 030409003001 | 避雷引下线 | 利用建筑物柱内主筋引下，每处引下线焊接2根主筋，共6处，每一引下线设一断接卡子 | m | 124.8 | 22.11 | 2759.33 | |
| 4 | 030409005001 | 避雷网 | 避雷网　镀锌扁钢25×4沿屋顶女儿墙敷设 | m | 170.4 | 21.15 | 3603.96 | |
| 5 | 030414011001 | 接地装置调试 | 避雷网接地电阻测试 | 系统 | 1 | 2099.92 | 2099.92 | |
| | | | 合计 | | | | 17426.21 | |

**问题2：**

**答6-3-2表** 　　　　　　　　　　　**综合单价分析表**

工程名称：标准厂房 　　　　　　　　　标段：防雷接地工程

| 项目编码 | 030409003001 | | 项目名称 | 避雷引下线 | | 计量单位 | m | 工程量 | 120 |
|---|---|---|---|---|---|---|---|---|---|

| | | | | 清单综合单价组成明细 | | | | | | | |
|---|---|---|---|---|---|---|---|---|---|---|---|

| 定额编号 | 定额项目名称 | 定额单位 | 数量 | 单价 | | | | 合价 | | | |
|---|---|---|---|---|---|---|---|---|---|---|---|
| | | | | 人工费 | 材料费 | 机械费 | 管理费和利润 | 人工费 | 材料费 | 机械费 | 管理费和利润 |
| 2-746 | 避雷引下线利用建筑物主筋引下 | 10m | 0.100 | 77.90 | 16.35 | 67.41 | 31.16 | 7.79 | 1.64 | 6.74 | 3.12 |
| 2-747 | 断接卡子制作安装 | 10套 | 0.005 | 342.00 | 108.42 | 0.45 | 136.80 | 1.71 | 0.54 | 0 | 0.68 |
| 人工单价 | | 小计 | | | | | | 9.50 | 2.18 | 6.74 | 3.80 |
| 95元/工日 | | 未计价材料费 | | | | | | 0 | | | |
| 清单项目综合单价 | | | | | | | | 22.22 | | | |

| 材料费明细 | 主要材料名称、规格、型号 | | | 单位 | | 数量 | 单价（元） | 合价（元） | 暂估单价（元） | 暂估合价（元） |
|---|---|---|---|---|---|---|---|---|---|---|
| | 其他材料费 | | | | | | — | 2.18 | — | |
| | 材料费小计 | | | | | | — | 2.18 | — | |

**问题3：**

1. 安全文明施工费：185000×4.5%＝8325.00（元）

2. 措施项目费：25000+8325＝33325.00（元）

3. 总承包服务费：24765×3.5%+30000×1%＝1166.78（元）

4. 规费：（185000+33325）×8%×24%＝4191.84（元）

5. 增值税：（185000+33325+36873+4191.84）×9%＝23345.09（元）

答6-3-3表　　　　　　　　　单位工程招标控制价汇总表

| 序号 | 项目名称 | 金额(元) |
|---|---|---|
| 1 | 分部分项工程费 | 185000.00 |
| 2 | 措施项目 | 33325.00 |
| 2.1 | 其中:安全文明施工费 | 8325.00 |
| 3 | 其他项目 | 36873.00 |
| 3.1 | 暂列金额 | 10036.00 |
| 3.2 | 材料暂估价 | 3213.00 |
| 3.3 | 专业工程暂估价 | 24765.00 |
| 3.4 | 计日工 | 905.22 |
| 3.5 | 总包服务费 | 1166.78 |
| 4 | 规费 | 4191.84 |
| 5 | 税金 | 23345.09 |
| | 招标控制价 | 282734.93 |

# 模拟题五答案与解析

## 试题一：

**答案：**

**问题1：**

年固定资产折旧费=（2000−90−350）÷10=156.00（万元）

固定资产余值=156×（10−6）+350=974.00（万元）

**问题2：**

第三年的当期销项税额−当期进项税额−可抵扣固定资产进项税额=145×80%−34×80%−90=−1.20（万元）<0

所以，第三年的应纳增值税为0，第三年增值税附加为0。

第三年的调整所得税

={[（1500−145）×80%+150]−[（460−34）×80%+156.00+0]}×25%=184.30（万元）

答1-1表    项目投资现金流量表（单位：万元）

| 序号 | 项目 | 建设期 | | 运营期 | | | | | |
|---|---|---|---|---|---|---|---|---|---|
| | | 1 | 2 | 3 | 4 | 5 | 6 | 7 | 8 |
| 1 | 现金流入 | 0.00 | 0.00 | 1350.00 | 1500.00 | 1500.00 | 1500.00 | 1500.00 | 2974.00 |
| 1.1 | 营业收入（不含销项税额） | | | 1084.00 | 1355.00 | 1355.00 | 1355.00 | 1355.00 | 1355.00 |
| 1.2 | 销项税额 | | | 116.00 | 145.00 | 145.00 | 145.00 | 145.00 | 145.00 |
| 1.3 | 补贴收入 | | | 150.00 | | | | | |
| 1.4 | 回收固定资产余值 | | | | | | | | 974.00 |
| 1.5 | 回收流动资金 | | | | | | | | 500.00 |
| 2 | 现金流出 | 1000.00 | 1000.00 | 1052.30 | 770.46 | 771.74 | 771.74 | 771.74 | 771.74 |
| 2.1 | 建设投资 | 1000.00 | 1000.00 | | | | | | |
| 2.2 | 流动资金投资 | | | 500.00 | | | | | |
| 2.3 | 经营成本（不含进项税额） | | | 340.80 | 426.00 | 426.00 | 426.00 | 426.00 | 426.00 |
| 2.4 | 进项税额 | | | 27.20 | 34.00 | 34.00 | 34.00 | 34.00 | 34.00 |
| 2.5 | 应纳增值税 | | | 0.00 | 109.80 | 111.00 | 111.00 | 111.00 | 111.00 |

续表

| 序号 | 项目 | 建设期 | | 运营期 | | | | | |
|---|---|---|---|---|---|---|---|---|---|
| | | 1 | 2 | 3 | 4 | 5 | 6 | 7 | 8 |
| 2.6 | 增值税附加 | | | 0.00 | 9.88 | 9.99 | 9.99 | 9.99 | 9.99 |
| 2.7 | 维持运营投资 | | | | | | | | |
| 2.8 | 调整所得税 | | | 184.30 | 190.78 | 190.75 | 190.75 | 190.75 | 190.75 |
| 3 | 所得税后净现金流量 | −1000.00 | −1000.00 | 297.70 | 729.54 | 728.26 | 728.26 | 728.26 | 2202.26 |
| 4 | 累计税后净现金流量 | −1000.00 | −2000.00 | −1702.30 | −972.76 | −244.50 | 483.76 | 1212.02 | 3414.28 |
| 5 | 折现系数(10%) | 0.9091 | 0.8264 | 0.7513 | 0.6830 | 0.6209 | 0.5645 | 0.5132 | 0.4665 |
| 6 | 折现后净现金流 | −909.10 | −826.40 | 223.66 | 498.27 | 452.18 | 411.10 | 373.74 | 1027.35 |
| 7 | 累计折现净现金流量 | −909.10 | −1735.50 | −1511.84 | −1013.57 | −561.39 | −150.29 | 223.45 | 1250.80 |

**问题3：**

计算项目的静态投资回收期：

静态投资回收期=(6−1)+|−244.5|/728.26=5.34（年）

计算期末累计折现后净现金流量1250.80万元。

本项目的静态投资回收期为5.34年小于基准投资回收期8年；累计财务净现值为1250.80万元>0；所以，从财务角度分析该项目可行。

**问题4：**

第一年项目建设期贷款利息为：2000/2×60%×0.5×6%=18.00（万元）

第二期项目建设期贷款利息为：

(2000/2×60%+18)×6%+2000/2×60%×0.5×6%=55.08（万元）

利息合计：18.00+55.08=73.08（万元）

年固定资产年折旧费=(2000−90+73.08−350)÷10=163.31（万元）

固定资产余值=163.31×(10−6)+350=1003.24（万元）

**问题5：**

答1-2表　　　　　　　借款还本付息表（单位：万元）

| 项目 | 计算期 | | | | | |
|---|---|---|---|---|---|---|
| | 1 | 2 | 3 | 4 | 5 | 6 |
| 期初借款余额 | | 618 | 1273.08 | 982.06 | 673.58 | 346.59 |
| 当期还本付息 | | | 367.40 | 367.40 | 367.40 | 367.39 |
| 其中:还本 | | | 291.02 | 308.48 | 326.99 | 346.59 |
| 付息 | | | 76.38 | 58.92 | 40.41 | 20.80 |
| 期末借款余额 | 618 | 1273.08 | 982.06 | 673.58 | 346.59 | 0.00 |

第 3 年的所得税

$= \{[(1500-145)×80\%+150]-[(460-34)×80\%+163.31+76.38+0]\}×25\%$

$= 163.38$（万元）

**问题6：**

第三年现金流入：$1500×80\%+150=1350$（万元）

第三年现金流出：$460×80\%+291.02+76.38+500+163.38=1398.78$（万元）

第三年折现后净现金流量：$(1350-1398.78)/(1+10\%)^3=-36.65$（万元）

# 试题二：

**问题1：**

答 2-1 表 各方案功能权重计算表

|  | $F_1$ | $F_2$ | $F_3$ | $F_4$ | $F_5$ | 得分 | 权重 |
|---|---|---|---|---|---|---|---|
| $F_1$ | × | 3 | 3 | 4 | 4 | 14 | $14/40=0.350$ |
| $F_2$ | 1 | × | 2 | 3 | 3 | 9 | $9/40=0.225$ |
| $F_3$ | 1 | 2 | × | 3 | 3 | 9 | $9/40=0.225$ |
| $F_4$ | 0 | 1 | 1 | × | 2 | 4 | $4/40=0.100$ |
| $F_5$ | 0 | 1 | 1 | 2 | × | 4 | $4/40=0.100$ |
| 合计 | | | | | | 40 | 1.000 |

**问题2：**

1. 计算 A 方案的功能指数

$W_A = 2×0.350+3×0.225+1×0.225+3×0.100+2×0.100=2.100$

$W_B = 3×0.350+1×0.225+2×0.225+2×0.100+1×0.100=2.025$

$W_C = 1×0.350+2×0.225+3×0.225+1×0.100+1×0.100=1.675$

所以，A 方案的功能指数 $F_A = 2.100÷(2.100+2.025+1.675)=0.362$

2. A 方案的成本指数 $C_A = 9300÷(9300+8500+7400)=0.369$

3. A 方案的价值指数 $V_A = F_A/C_A = 0.362÷0.369=0.981$

因为 B 方案的价值指数最大，所以应选择 B 方案。

**问题3：**

答 2-2 表 功能指数和目标成本降低额计算表

| 功能项目 | 功能评分 | 功能指数 | 目前成本（万元） | 目标成本（万元） | 目标成本降低额（万元） |
|---|---|---|---|---|---|
| 面层 | 30 | 0.441 | 38.80 | 35.28 | 3.52 |
| 基层 | 23 | 0.338 | 28.50 | 27.04 | 1.46 |
| 保温层 | 15 | 0.221 | 17.80 | 17.68 | 0.12 |
| 合计 | 68 | 1.000 | 85.10 | 80.00 | 5.10 |

由计算结果可知：功能项目改进最优先的为面层，其次为基层、保温层。

**问题4：**

A方案净年值的期望值为：

$(310×0.3+290×0.6+260×0.1)-3000(A/P,8\%,50)-30$

$=(310×0.3+290×0.6+260×0.1)-3000/12.233-30$

$=17.76$（万元）

B方案净年值的期望值为：

$(385×0.2+370×0.5+315×0.3)-2000(A/P,8\%,50)-80$

$=(385×0.2+370×0.5+315×0.3)-2000/12.233-80$

$=113.01$（万元）

C方案净年值的期望值为：

$(115×0.35+120×0.55+70×0.1)-700(A/P,8\%,50)-50$

$=(115×0.35+120×0.55+70×0.1)-700/12.233-50$

$=6.03$（万元）

因为B方案的净年值最大，所以应选择B方案。

# 试题三：

**问题1：**

1. 要求"中标人必须将绿化工程分包给本市园林绿化公司"不妥。招标人不得指定分包人。

2. "投标截止时间为2017年11月10日"不妥。根据《招投标法实施条例》从出售招标文件到投标截止日期的时间不得少于20日，而2017年10月25日~2017年11月10日共17天。

3. "投标保证金的金额：10万元"不妥。投标保证金的金额不应超过项目估算价（210万元）的2%。

4. "签字或盖章要求"不妥。投标文件不需项目经理盖章。

5. "开标时间为2017年11月20日8时"不妥。开标时间应与投标截止时间相同。

6. "评标委员构成：7人，其中招标代表3人，技术专家3人，经济专家1人"不妥。评标委员会中的技术经济专家不应少于2/3，即至少5人。

7. "履约担保的金额：招标控制价的10%"不妥。履约担保应不超过中标合同价的10%。

**问题2：**

为争取中标，该施工单位应压缩工作C、M；工期＝30-2-2＝26（周）；报价＝200+2.5×2+2×2＝209（万元）

**问题3：**

评标价＝209-4×4＝193（万元）；签约合同价＝209（万元）

## 试题四：

**问题 1：**

事件 1：工期不能索赔，因为虽然是业主责任没有及时提供施工场地，但 B 延误 4 天没有超过它的总时差 30 天；费用可以索赔，因为业主责任没有及时提供施工场地给施工单位造成工人和机械窝工损失。

事件 2：索赔合理，停电是业主承担的风险事件。

事件 3：工期索赔不合理，理由：F 工作为非关键工作，业主责任延误 4 天，没有超过其总时差；

针对业主负责采购的材料未按时进场而提出的费用索赔合理，因为这是由业主承担的风险事件；针对脚手架倾倒提出的索赔不合理，因为这是由承包商承担的风险事件。

**问题 2：**

事件 1 不能索赔工期，事件 2 可索赔工期 2 天，事件 3 不能索赔工期。150+2−150＝2，应当获得 2 天赶工奖励，总计 2×1.2＝2.4（万元）

**问题 3：**事件 1：B 工作人窝工费：20×150×50%＝1500（元）

B 工作机械窝工费 5×800×60%＝2400（元）

总计：（1500+2400）×（1+9%）＝4251（元）

事件 2：D 工作索赔款：（18×150+2×500）×（1+10%）×（1+9%）+2×800×60%×（1+9%）＝5482.7（元），由于 D 缩短 1 天不会使工期缩短，所以从经济角度考虑业主不应当要求 D 改变施工方案。

C 工作费用索赔：（40×150×50%+2×1000×60%）×（1+9%）＝4578（元）

事件 3：索赔费用：（4×20×150×50%+4×1200×60%）×（1+9%）＝9679.20（元）

被批准的为 4251+4578+5482.7+9679.20＝23990.90（元）

**问题 4：**

| | 3月 | | | 4月 | | | 5月 | | | 6月 | | | 7月 | | |
|---|---|---|---|---|---|---|---|---|---|---|---|---|---|---|---|
| | 3-12 10 | 13-22 20 | 23-4.1 30 | 2-11 10 | 12-21 20 | 22-5.1 30 | 2-11 10 | 12-21 20 | 22-31 30 | 1-10 10 | 11-20 20 | 21-30 30 | 1-10 10 | 11-20 20 | 21-30 30 |
| | | | | C | | | ④ | | | F | | ⑦ | | I | |
| | A ② | D | | | | ⑤ | | | G | | ⑧ | J | | | ⑨ |
| ① | B ③ | E | | | | ⑥ | | | H | | | | | | |
| | 10 | 20 | 30 | 40 | 50 | 60 | 70 | 80 | 90 | 100 | 110 | 120 | 130 | 140 | 150 |

答 4-1 图

F 工作实际进度比计划进度延迟 20 天，影响工期延期 10 天，G 工作实际进度比计划进度同步，不影响工期，H 工作实际进度比计划进度延迟 10 天，不影响工期。

## 试题五：

**问题 1：**

1. 合同价为：$(72+20.4+64+36+15.2+14+30+18+20×1\%)×(1+18\%)=318.364$（万元）

2. 材料预付款为：$(72+20.4+64+36+15.2+14)×(1+18\%)×25\%=65.372$（万元）

3. 安全文明施工费：$20×(1+18\%)×70\%×90\%=14.868$（万元）

**问题 2：**

拟完工程计划投资累计 $=(72+20.4+36/4+15.2/2)×(1+18\%)=128.62$（万元）

已完工程计划投资累计 $=(72+20.4)×(1+18\%)=109.032$（万元）

进度偏差 $=109.032-128.62=-19.588$（万元），进度拖延 19.588 万元。

**问题 3：**

第 5 个月承包商完成工程款为：

C 分项工程：执行原单件的量 $800×1.15=920$（$m^3$），执行新单件的量 $1000-920=80$（$m^3$）

$(420×800+80×800×0.95)/10000=39.68$（万元）

D 分项工程：$36/4+20/4×1\%=9.05$（万元）

E 分项工程：$15.2/3=5.067$（万元）

计日工费用 $=5×(1+15\%)=5.75$（元）

措施项目费 $=(30-20×70\%)/5=3.2$（万元）

小计：$(39.68+9.05+5.067+5.75+3.2)×(1+18\%)=74.041$（万元）

业主应支付承包商报工程款为：$74.041×90\%-20/4-65.372/4=45.294$（万元）

**问题 4：**

实际造价 $=318.364+[5×1.15+(120×800+80×800×0.95)/10000]×1.18-18×1.18-5=317.411$（万元）

结算尾款 $=317.411-65.372-210-317.411×3\%-20=12.517$（万元）

## 试题六：

### I．土木建筑工程

**问题 1：**

建筑面积 $=3.3×5.24+3.24×7.04+0.06×(6.54+7.04)×2=41.73$（$m^2$）

**问题 2：**

清单工程量计算思路：

1. 平整场地 $=$ 首层建筑面积 $=41.73$（$m^2$）

2. 女儿墙

中心线长 $=(7.04-0.24)×2+(6.54-0.24)×2=26.2$（$m$）

其中构造柱体积 $=0.24×0.24×0.5×8+0.24×0.03×0.5×16$（马牙槎）$=0.29$（$m^3$）

清单量 $=26.2×0.24×(0.56-0.06)-0.29=2.85$（$m^3$）

3. 混凝土压顶 $=26.2m$，或 $=26.2×0.24×0.06=0.38$（$m^3$）

**4. 屋面卷材防水**

水平投影面积 $= 3.3×(5-0.24)+(3-0.24)×(7.04-0.24×2) = 33.81$（$m^2$）或

$= 1.8×3-0.24)+(5-0.24)×(6.54-0.24×2) = 33.81$（$m^2$）

女儿墙内周长 $= (7.04-0.24×2)×2+(6.54-0.24×2)×2 = 25.24$（m）

泛水面积 $= 0.56×25.24 = 14.13$（$m^2$）

屋面防水清单量 $= 33.81+14.13 = 47.94$（$m^2$）

**5. 屋面保温工程量** = 屋面防水中的水平投影面积 = 33.81（$m^2$）

**6. 外墙保温工程量**

墙面外保温面积（保温层中心线所围成的面积）$= (7.04+0.06×2)×2×(3.56+0.15)+(6.54+0.06×2)×2×(3.56+0.15)-3×1.8-1.8×1.8×2-0.9×2.1 = 88.77$（$m^2$）

其中：0.06m（保温层构造做法）$= 0.02+0.01+0.06/2$

外门窗侧壁面积 $= 3.4$（$m^2$）

外墙保温清单量 $= 88.77+3.4 = 92.17$（$m^2$）

**7. 水泥砂浆地面**

$S = 3.06×4.76+3.36×2.76+2.76×2.96 = 32.01$（$m^2$）

**8. 踢脚线**

长度 $= (5-0.24)×2+(3.3-0.24)×2+(3-0.24)×2+(3.6-0.24)×2+(3-0.24)×2+$
　　　$(3.2-0.24)×2-0.9-0.8×4$

　　　$= 35.22$（m）

或面积 $= 35.22×0.15 = 5.28$（$m^2$）

**9. 内墙面刷涂料**

内墙面抹灰 $S = (15.64+12.24+11.44)×2.7-(0.9×2.1+0.8×2.1×4+3.0×1.8+1.8×1.8×2) = 39.32×2.7-20.49 = 85.67$（$m^2$）

内墙面涂料 $S = (15.64+12.24+11.44)×(2.7-0.15)-0.9×(2.1-0.15)-0.8×(2.1-0.15)×4-3.0×1.8-1.8×1.8×2 = 39.32×(2.7-0.15)-19.88 = 80.39$（$m^2$）

内门窗侧壁面积为 $5.8m^2$

涂料清单量 $= 80.39+5.8 = 86.19$（$m^2$）

**10. 石膏板吊顶**

$S = 3.06×4.76+3.36×+2.76+2.76×2.96 = 32.01$（$m^2$）

**11. 块料外墙面**

外墙镶贴后的外表面积

$= (7.04+0.103×2)×2×(3.56+0.15)+(6.54+0.103×2)×2×(3.56+0.15)-3×1.8-1.8$
　　　$×1.8×2-0.9×2.1$

　　　$= 90.05$（$m^2$）

其中：0.103m（构造做法的总厚度）$= 0.02+0.01+0.06+0.008+0.005$

**12. 块料零星项目**

外门窗侧壁面积 $= 3.4$（$m^2$）

外墙块材零星项目清单量 $= 3.4$（$m^2$）

13. 综合脚手架

$S = 建筑面积 = 41.73$（$m^2$）

14. 垂直运输

$S = 建筑面积 = 41.73$（$m^2$）

**答 6-1-1 表　　分部分项与单价措施项目清单与计价表**

| 序号 | 项目编码 | 项目名称 | 项目特征描述 | 计量单位 | 工程量 | 综合单价 | 合价 | 其中：暂估价 |
|------|----------|----------|--------------|----------|--------|----------|------|-------------|
| 1 | 010101001001 | 平整场地 | 土壤类别：二类土；挖填平衡 | $m^2$ | 41.73 | | | |
| 2 | 010401003001 | 女儿墙 | 墙厚240mm，标准砖砌筑，M5水泥砂浆 | $m^3$ | 2.85 | | | |
| 3 | 010507005001 | 混凝土压顶 | 60厚，C20预拌混凝土 | $m^3$ | 0.38 | | | |
| 4 | 010902001001 | 屋面卷材防水 | 二毡三油SBS卷材 | $m^2$ | 47.94 | | | |
| 5 | 011001001001 | 屋面保温 | 泡沫混凝土板厚120厚，其下5厚防水砂浆找平 | $m^2$ | 33.81 | | | |
| 6 | 011001003001 | 外墙保温 | 1.1：2水泥砂浆10 mm厚；2.外墙面胶粉聚苯颗粒30mm厚 | $m^2$ | 92.17 | | | |
| 7 | 011101001001 | 水泥砂浆地面 | 面层20mm厚1：2水泥砂浆地面压光；垫层为100mm厚C10素混凝土垫层（中砂，砾石5~40mm）；垫层下为素土夯实 | $m^2$ | 32.01 | | | |
| 8 | 011105001001 | 踢脚线 | 水泥砂浆踢脚线，高150mm | m | 35.22 | | | |
| 9 | 011406001001 | 内墙面刷涂料 | 抹灰面上满刮普通成品腻子膏两遍，刷内墙立邦乳胶漆三遍（底漆一遍，面漆两遍） | $m^2$ | 86.19 | | | |
| 10 | 011302001001 | 石膏板吊顶 | 木吊杆；轻钢龙骨；纸面石膏板1200×2400×12；顶棚底面标高为2.7m | $m^2$ | 32.01 | | | |
| 11 | 011204003001 | 块料外墙面 | 砖墙外抹20厚1：3水泥砂浆；10厚1：1（重量比）水泥专用胶粘剂；60厚挤塑聚苯板外墙外保温 | $m^2$ | 90.05 | | | |
| 12 | 011206002001 | 块料零星项目 | 1.1：2.5水泥砂浆10mm厚；2.8mm厚1：2水泥砂浆粘贴100mm×100mm×5mm的白色外墙砖 | $m^2$ | 3.4 | | | |

| 序号 | 项目编码 | 项目名称 | 项目特征描述 | 计量单位 | 工程量 | 金额(元) | | |
|---|---|---|---|---|---|---|---|---|
| | | | | | | 综合单价 | 合价 | 其中：暂估价 |
| 13 | 011701001001 | 综合脚手架（建筑工程） | 1. 结构：混合结构；<br>2. 檐高：3.05m；<br>3. 地下室：0；<br>4. 建筑物层数：1层 | m² | 41.73 | | | |
| 14 | 011703001001 | 垂直运输；（建筑工程） | 1. 结构：混合结构；<br>2. 檐高：3.05m；<br>3. 地下室：0；<br>4. 建筑物层数：1层 | m² | 41.73 | | | |

**问题3：**

内墙面抹灰清单量 $= (15.64+12.24+11.44) \times 2.7 - (0.9 \times 2.1 + 0.8 \times 2.1 \times 4 + 3.0 \times 1.8 + 1.8 \times 1.8 \times 2) = 39.32 \times 2.7 - 20.49 = 85.67$（m²）

内墙面抹灰方案量 $= (15.64+12.24+11.44) \times (2.7+0.15) - (0.9 \times 2.1 + 0.8 \times 2.1 \times 4 + 3.0 \times 1.8 + 1.8 \times 1.8 \times 2) = 39.32 \times 2.85 - 20.49 = 91.57$（m²）

清单综合单价 = 方案费用/清单量 = 方案量×方案单价/清单量

清单综合单价 $= 91.57 \times \{[(1357.97+839.82+117.54) \times (1+12\%) + 1357.97 \times 30\%]/100\}/85.67 = 32.07$（元/m²）

**问题4：**

假定砌筑每立方米毛石护坡的工作延续时间为 $X$，则

$X = 7.9 + (3\% + 2\% + 2\% + 16\%)X$

$X = 7.9 + (23\%)X$

$X = 7.9/(1-23\%) = 10.26$（工时）

每工日按8工时计算，则砌筑毛石护坡的人工时间定额 $= X/8 = 10.26/8 = 1.283$ 工日/m³ ×10 = 12.83（工日/10m³）

机械产量定额 $= 60/6 \times 0.4 \times 0.65 \times 8 \times 0.8 = 16.64$（m³/台班）

机械时间定额 $= 1/16.64 = 0.06$ 台班/m³ ×10 = 0.6（台班/10m³）

## Ⅱ. 管道和设备工程

**问题1：**

1. 计算卫生间给水系统中的管道和阀门安装项目分部分项清单工程量：

（1）dn40PP-R 塑料管：

$1.5 + (3.6+0.2) - (0.8+0.91+0.3) + (1+3.3) + (7.1-6.6) = 8.09$（m）

（2）dn32PP-R 塑料管：$3.3 + [(0.23-0.08) + (0.3+0.91)] \times 3 = 7.38$（m）

（3）dn25PP-R 塑料管：$0.8 \times 3 = 2.4$（m）

（4）dn20PP-R 塑料管：$[0.8 + (7.6-7.1+0.25)] \times 3 = 4.65$（m）

（5）给水系统 *DN*32 球阀 Q11F-16C：1 个

（6）给水系统 *DN*25 球阀 Q11F-16C：1+1+1=3（个）

2. 计算卫生间中水系统中的管道和阀门安装项目分部分项清单工程量：

（1）*DN*50 镀锌钢管：

$[1.9+0.55+(1.1-0.5)+0.2]+(3.6-1.4-0.2+0.25+0.2)+[0.2+(7.45-6.60+0.5)]×2=8.8$（m）

（2）*DN*40 镀锌钢管：

$[7.45-(7.45-6.60)]×2+[1.04+(0.2+0.25-0.2)]×3×2=20.94$（m）

（3）*DN*32 镀锌钢管：

$0.9×3×2=5.4$（m）

（4）*DN*25 镀锌钢管：

$[(1.4+0.2-0.12-0.2)+0.2]+(7.9-6.6+0.5)+0.9×3×2=8.68$（m）

（5）*DN*20 镀锌钢管：

$(0.2+0.62)×3+(7.9-1.3)=9.06$（m）

（6）*DN*15 镀锌钢管：

$(0.7+0.7)×3=4.2$（m）

（7）*DN*50 截止阀 J11T-10：1+1+1=3（个）

（8）*DN*40 截止阀 J11T-10：3×2=6（个）

（9）*DN*25 截止阀 J11T-10：1（个）

（10）*DN*20 截止阀 J11T-10：1×3=3（个）

**问题2：**

答 6-2-1 表　　　　　**分部分项工程和单价措施项目清单与计价表**

工程名称：某厂区　　　标段：办公楼卫生间给排水工程安装　　　第 1 页　共 1 页

| 序号 | 项目编码 | 项目名称 | 项目特征描述 | 计量单位 | 工程量 | 金额(元) | | |
| --- | --- | --- | --- | --- | --- | --- | --- | --- |
| | | | | | | 综合单价 | 合价 | 其中：暂估价 |
| 1 | 031001001001 | 镀锌钢管 | *DN*32 室内中水镀锌钢管、螺纹连接、水压试验及冲洗 | m | 6 | | | |
| 2 | 031001001002 | 镀锌钢管 | *DN*25 室内中水镀锌钢管、螺纹连接、水压试验及冲洗 | m | 9 | | | |
| 3 | 031001006001 | 塑料管 | *dn*40 室内给水 PP-R 塑料管、水压试验及冲洗 | m | 10 | | | |
| 4 | 031001006002 | 塑料管 | *dn*32 室内给水 PP-R 塑料管、水压试验及冲洗 | m | 8 | | | |
| 5 | 031003001001 | 螺纹阀门 | *DN*40 截止阀 J11T-10 螺纹连接 | 个 | 4 | | | |
| 6 | 031003001002 | 螺纹阀门 | *DN*25 截止阀 J11T-10 螺纹连接 | 个 | 2 | | | |

续表

| 序号 | 项目编码 | 项目名称 | 项目特征描述 | 计量单位 | 工程量 | 金额（元） | | |
|---|---|---|---|---|---|---|---|---|
| | | | | | | 综合单价 | 合价 | 其中：暂估价 |
| 7 | 031004003001 | 洗脸盆 | 单柄单孔台上式安装陶瓷洗脸盆 | 组 | 9 | | | |
| 8 | 031004006001 | 大便器 | 蹲式大便器、感应式冲洗阀 | 组 | 18 | | | |
| 9 | 031004007001 | 小便器 | 壁挂式小便器、感应式冲洗阀 | 组 | 9 | | | |
| | | | 本页小计 | | | | | |
| | | | 合计 | | | | | |

注：各分项之间用横线分开。

**问题 3：**

答 6-2-2 表　　　　　　　　　　　综合单价分析表

工程名称：某厂区　　　　标段：办公楼卫生间给水管道安装　　　　第 1 页　共 1 页

| 项目编码 | 031001006002 | | 项目名称 | | $dn32$ PP-R 塑料给水管 | | 计量单位 | | m | 工程量 | 8 |
|---|---|---|---|---|---|---|---|---|---|---|---|
| 清单综合单价组成明细 | | | | | | | | | | | |
| 定额编号 | 定额名称 | 定额单位 | 数量 | 单价 | | | | 合价 | | | |
| | | | | 人工费 | 材料费 | 机械费 | 管理费和利润 | 人工费 | 材料费 | 机械费 | 管理费和利润 |
| 10-1-325 | 室内塑料管热熔安装 $dn32$ | 10m | 0.1 | 120.00 | 45.00 | 26.00 | 108.00 | 12.00 | 4.50 | 2.60 | 10.80 |
| | | | | | | | | | | | |
| | | | | | | | | | | | |
| 人工单价 | | | 小计 | | | | | 12.00 | 4.50 | 2.60 | 10.80 |
| 100 元/工日 | | | 未计价材料费 | | | | | 14.48 | | | |
| 清单项目综合单价 | | | | | | | | 44.38 | | | |

| 材料费明细 | 主要材料名称、规格、型号 | 单位 | 数量 | 单价（元） | 合价（元） | 暂估单价（元） | 暂估合价（元） |
|---|---|---|---|---|---|---|---|
| | $dn32$ PP-R 塑料管 | m | 1.016 | 10.00 | 10.16 | | |
| | 管件（综合） | 个 | 1.081 | 4.00 | 4.324 | | |
| | | | | | | | |
| | 其他材料费 | | | | 4.50 | | |
| | 材料费小计 | | | | 18.98 | | |

## Ⅲ. 电气和自动化控制工程

**问题1：**

1. 照明回路WL1：

（1）钢管SC20工程量计算：

$(4.4-1.5-0.45+0.05)+1.9+(4+4)×3+3.2$（5根）$+3.2+1.10$（6根）$+(4.4-1.3+0.05)$（6根）$=39.05$（m）

上式中未标注的管内穿4根线

（2）钢管SC15（穿3根）工程量计算：$0.9+(3-0.3-1.3+0.05)=2.35$（m）

（3）管内穿2.5mm²线：

$(0.3+0.45)×4+[(4.4-1.5-0.45+0.05)+1.9+(4+4)×3+3.2]×4+3.2×5+[1.10+(4.4-1.3+0.05)]×6+[0.9+(3-0.3-1.3+0.05)]×3=3+126.4+16+25.5+7.05=177.95$（m）

2. 照明回路WL2：

（1）钢管SC20工程量计算：

$(4.4-1.5-0.45+0.05)+14.5+(4+4)$（5根）$+(4+4)×2+3.2$（5根）$+3.2+0.8$（6根）$+(4.4-1.3+0.05)$（6根）$=51.35$（m）

上式中未标注的管内穿4根线

（2）钢管SC15（穿3根）工程量计算：$1.3+(3-0.3-1.3+0.05)=2.75$（m）

（3）管内穿2.5mm²线：

$(0.3+0.45)×4+[(4.4-1.5-0.45+0.05)+14.5+(4+4)×2+3.2]×4+(4+4)×5+3.2×5+[0.8+(4.4-1.3+0.05)]×6+[1.3+(3-0.3-1.3+0.05)]×3=223.95$（m）

3. 插座回路WX1：

（1）钢管SC15工程量计算：

$(1.5+0.05)+6.3+(0.05+0.3)×3+6.4+(0.05+0.3)×2+7.17+(0.05+0.3)+7.3+(0.05+0.3)×2+6.4+(0.05+0.3)×2+7.17+(0.05+0.3)=46.14$（m）

或者$(1.5+0.05)+6.3+7.3+(6.4+7.17)×2+(0.05+0.3)×11=46.14$（m）

（2）管内穿2.5mm²线：

$(0.3+0.45)×3+[(1.5+0.05)+6.3+7.3+(6.4+7.17)×2+(0.05+0.3)×11]×3=2.25+138.24=140.67$（m）

4. 插座回路WX2：

（1）钢管SC40工程量计算：

$(1.5+0.05)+24.5+(0.5-0.3+0.05)=26.3$（m）

（2）管内穿16mm²线：

$(0.3+0.45)×5+[(1.5+0.05)+24.5+(0.5-0.3+0.05)]×5+(0.3+0.3)×5=3.75+131.5+3=138.25$（m）

照明和插座回路的钢管SC20合计：$39.05+51.35=90.40$（m）

照明和插座回路的钢管SC15合计：$2.35+2.75+46.14=51.24$（m）

管内穿线BV2.5mm²合计：$177.95+223.95+140.67=542.57$（m）

插座箱回路的钢管 SC40 合计：26.3（m）

插座箱回路的管内穿线 BV16mm² 合计 138.25（m）

答6-3-1表　　　　　　　分部分项工程和单价措施项目清单与计价表

| 序号 | 项目编码 | 项目名称 | 项目特征描述 | 计量单位 | 工程量 | 金额(元) | | |
|---|---|---|---|---|---|---|---|---|
| | | | | | | 综合单价 | 合价 | 其中：暂估价 |
| 1 | 030404017001 | 配电箱 | 照明配电箱 ALD PZ30 R－45 嵌入式安装距地 1.5m；箱体尺寸：300(宽)×450(高)×120(深)；无线端子外部接线 2.5mm²11 个；扣式接线子 16mm²5 个 | 台 | 1 | 1774.39 | 1774.39 | |
| 2 | 030404018001 | 插座箱 | 插座箱 AXPZ30 嵌入式安装,距地 0.5m；300(宽)×300(高)×120(深) | 台 | 1 | 698.08 | 698.08 | |
| 3 | 030404034001 | 照明开关 | 暗装四极开关 86K41－10；距地 1.3m | 个 | 2 | 27.3 | 54.6 | |
| 4 | 030404035001 | 插座 | 单项二、三级暗插座 86Z223－10 距地 0.3m | 个 | 6 | 21.88 | 131.28 | |
| 5 | 030411001001 | 配管 | SC40 钢管,沿砖、混凝土结构暗配 | m | 26.3 | 23.19 | 609.92 | |
| 6 | 030411001002 | 配管 | SC20 钢管,沿砖、混凝土结构暗配 | m | 90.40 | 18.70 | 1690.48 | |
| 7 | 030411001003 | 配管 | SC15 钢管,沿砖、混凝土结构暗配 | m | 51.24 | 16.25 | 832.65 | |
| 8 | 030411004001 | 配线 | 管内穿线 BV16mm² | m | 138.25 | 13.55 | 1873.29 | |
| 9 | 030411004002 | 配线 | 管内穿线 BV 2.5mm² | m | 542.57 | 3.30 | 1790.48 | |
| 10 | 030412001001 | 普通灯具 | 节能灯 22W φ350,吸顶安装 | 套 | 2 | 104.78 | 209.56 | |
| 11 | 030412005002 | 荧光灯 | 双管荧光灯,吸顶安装 2×28W | 套 | 18 | 150.7 | 2712.6 | |
| 合计 | | | | | | | 12377.33 | |

**问题2：**

答6-3-2表　　　　　　　　综合单价分析表

工程名称：配电房电气工程

| 项目编码 | 030404017001 | | | 项目名称 | 总照明配电箱 ALD | | 计量单位 | 台 | | 工程量 | 1 |
|---|---|---|---|---|---|---|---|---|---|---|---|
| 清单综合单价组成明细 | | | | | | | | | | | |
| 定额编号 | 定额名称 | 定额单位 | 数量 | 单价(元) | | | | 合价(元) | | | |
| | | | | 人工费 | 材料费 | 机械费 | 管理费和利润 | 人工费 | 材料费 | 机械费 | 管理费和利润 |
| 4-2-76 | 成套配电箱安装嵌入式半周长≤1m | 台 | 1 | 102.30 | 34.40 | 0 | 61.38 | 102.30 | 34.40 | 0 | 61.38 |

续表

| 定额编号 | 定额名称 | 定额单位 | 数量 | 单价(元) | | | | 合价(元) | | | |
|---|---|---|---|---|---|---|---|---|---|---|---|
| | | | | 人工费 | 材料费 | 机械费 | 管理费和利润 | 人工费 | 材料费 | 机械费 | 管理费和利润 |
| 4-4-14 | 无端子外部接线导线截面≤2.5mm² | 个 | 11 | 1.2 | 1.44 | 0 | 0.72 | 13.2 | 15.84 | 0 | 7.92 |
| 4-4-26 | 压铜接线端子 导线截面≤16mm² | 个 | 5 | 2.50 | 3.87 | 0 | 1.5 | 12.5 | 19.35 | 0 | 7.5 |
| 人工单价 | | | 小计 | | | | | 128 | 69.59 | 0 | 76.8 |
| 100元/工日 | | | 未计价材料费 | | | | | 1500 | | | |
| 清单项目综合单价 | | | | | | | | 1774.39 | | | |

| 材料费明细 | 主要材料名称、规格、型号 | | | 单位 | 数量 | 单价(元) | 合价(元) | 暂估单价(元) | 暂估合价(元) |
|---|---|---|---|---|---|---|---|---|---|
| | 总照明配电箱 ALD | | | 台 | 1 | 1500 | 1500 | | |
| | | | | | | | | | |
| | | | | | | | | | |
| | 其他材料费 | | | | | | 69.59 | | |
| | 材料费小计 | | | | | | 1569.59 | | |

# 模拟题六答案与解析

## 试题一：

**问题1：**

建设总投资 $=5500\times(50/30)^{0.55}\times(1+8\%)^2=8496.24$（万元）

**问题2：**

建设期贷款利息 $=3800\div2\times10\%=190.00$（万元）

年固定资产折旧费 $=(9000-500+190)\times(1-5\%)/10=825.55$（万元）

年无形资产摊销费 $=500\div8=62.50$（万元）

**问题3：**

答1-1表 　　　　　　　借款还本付息表（单位：万元）

| 项目 | 计算期 | | | | | | | | |
|---|---|---|---|---|---|---|---|---|---|
| | 1 | 2 | 3 | 4 | 5 | 6 | 7 | 8 | 9 |
| 期初借款余额 | | 3990.00 | 2992.50 | 1995.00 | 997.50 | | | | |
| 当期还本付息 | | 1396.50 | 1296.75 | 1197.00 | 1097.25 | | | | |
| 其中:还本 | | 997.50 | 997.50 | 997.50 | 997.50 | | | | |
| 付息 | | 399.00 | 299.25 | 199.50 | 99.75 | | | | |
| 期末借款余额 | 3990.00 | 2992.50 | 1995.00 | 997.50 | 0.00 | | | | |

答1-2表 　　　　　　　总成本费用估算表（单位：万元）

| 序号 | 费用名称 | 2 | 3 | 4 | 5 | 6 | 7 | 8 | 9 |
|---|---|---|---|---|---|---|---|---|---|
| 1 | 经营成本 | 1440.00 | 1600.00 | 1600.00 | 1600.00 | 1600.00 | 1600.00 | 1600.00 | 1600.00 |
| 2 | 折旧费 | 825.55 | 825.55 | 825.55 | 825.55 | 825.55 | 825.55 | 825.55 | 825.55 |
| 3 | 摊销费 | 62.50 | 62.50 | 62.50 | 62.50 | 62.50 | 62.50 | 62.50 | 62.50 |
| 4 | 利息支出 | 399.00 | 299.25 | 199.50 | 99.75 | | | | |
| 5 | 总成本费用 | 2727.05 | 2787.30 | 2687.55 | 2587.80 | 2488.05 | 2488.05 | 2488.05 | 2488.05 |

**问题4：**

第2年的增值税应纳税额 $=4000\times90\%\times17\%-150\times90\%=477$（万元）

第 2 年的增值税附加税 = 477×9% = 42.93（万元）

第 3~9 年的增值税应纳税额 = 4000×17%−150 = 530（万元）

第 3~9 年的增值税附加税 = 530×9% = 47.7（万元）

**问题 5：**

运营期第一年营业收入：4000×（1+17%）×90% = 4212.00（万元）

运营期第一年的利润总额：4212.00−（2727.05+477.00+42.93）= 965.02（万元）

运营期第一年的应纳所得税：965.02×25% = 241.26（万元）

运营期第一年的净利润：965.02−241.26 = 723.76（万元）

# 试题二：

**问题 1：**

1. A 方案的工程总造价

7200×（1+16%）= 8352.00（万元）

2. A 方案全寿命周期年度费用

$$15+8352.00\times\frac{6\%\times(1+6\%)^{50}}{(1+6\%)^{50}-1}+(50+5)\times\left[\frac{1}{(1+6\%)^{10}}+\frac{1}{(1+6\%)^{20}}+\frac{1}{(1+6\%)^{30}}+\frac{1}{(1+6\%)^{40}}\right]\times$$

$$\frac{6\%\times(1+6\%)^{50}}{(1+6\%)^{50}-1}$$

= 15+8352.00×0.063+（50+5）×（0.558+0.312+0.174+0.097）×0.063

= 545.13（万元）

**问题 2：**

计算 A 方案的年度费用效率 $CE_A$

1. 年度系统效率 $SE_A$

$SE_A$ = 4000×20×360/10000 = 2880（万元）

2. $CE_A$ = $SE_D/LCC_D$ = 2880/545.13 = 5.28

计算 B 方案的年度费用效率 $CE_B$

1. 年度系统效率 $SE_B$

$SE_B$ = 3000×15×360/10000 = 1620（万元）

2. $CE_B$ = $SE_Q/LCC_Q$ = 1620/504.77 = 3.21

计算 C 方案的年度费用效率 $CE_C$

1. 年度系统效率 $SE_G$

$SE_C$ = 3500×18×360/10000 = 2268（万元）

2. $CE_C$ = $SE_G/LCC_G$ = 2268/542.98 = 4.18

由于 A 方案的费用效率最高，因此，应选择 A 方案。

**问题 3：**

调整后的施工网络进度计划如答 2-1 图所示。

该网络进度计划的计算工期为 19（月），不能满足合同要求。

调整方案：压缩 H 工作 1 个月。

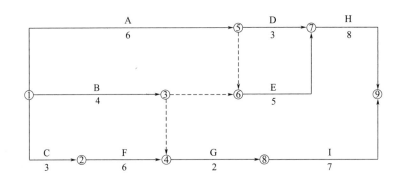

**答 2-1 图　调整后的施工网络进度计划（单位：月）**

因为，该网络进度计划的关键工作为：A、E、H。

应该压缩 H 工作总持续时间 1 个月才能按合同工期完成，并且可以与 I 工作同时完成，而 H 工作可压缩 1 个月且相应增加的费用最少。

# 试题三：

**问题 1：**

市建委指定了某具有相应资质的招标代理机构为招标人编制了招标文件做法不妥当。因为按有关规定：招标人具有编制招标文件和组织评标能力的，可以自行办理招标事宜。任何单位和个人不得强制其委托招标代理机构办理招标事宜。招标人有权自行选择招标代理机构，委托其办理招标事宜。

**问题 2：**

事件一存在以下不妥之处：

1. 1 月 20~23 日为招标文件发售时间不妥，因为按有关规定：资格预审文件或招标文件的发售期不得少于 5 日。

2. 2 月 6 日下午 4 时为投标截止时间的做法不妥当，按照有关规定：依法必须进行招标的项目，自招标文件开始发出之日起至投标人提交投标文件截止之日起，最短不得少于 20 日。

**问题 3：**

1. 投标保证金统一定为 100 万元，不妥当。理由：不能超过 80 万元。

2. 其有效期从递交投标文件时间算起总计 60 天，不妥当。理由：有效期应从投标文件截止时间算起。

**问题 4：**

承包商的投标报价浮动率

$= 1 - 10900/12000 = 9.17\%$

不亏本的前提下，设允许的最长工期为 $A$ 天，则：

$10900 = 9900 + (A - 500) \times 20 + (A - 470) \times 5$

$A = 534$（天）

按最可能工期组织施工的利润额为：

$10900 - 9900 - (500 - 485) \times 25 - (485 - 470) \times 5 = 550$（万元）

相应的成本利润率 $= 550 / (10900 - 550) = 5.31\%$

# 试题四：

## 问题1：

调整后的合同价款 $= 827.28 \times [(1 - 22\% - 40\% - 9\%) \times (1 + 10\%) + 22\% \times (1 + 5\%) + 40\% \times (1 + 6\%) + 9\% \times (1 + 3\%)] = 882.46$（万元）

## 问题2：

F 工作的工程价款 $= [126 \times (1 + 18\%) \times (1 + 5\%) + 8] \times (1 + 9\%) = 178.88$（万元）

## 问题3：

事件 2 发生后，关键线路为：B→D→F→H

应批准延长的工期为：$(7 + 15 + 6 + 5) - 30 = 3$（周）

可索赔的费用：

原计划 H 工作最早开始时间是第 24 周，增加 F 工作后 H 工作的最早开始时间是第 28 周，可索赔的机械窝工时间 $28 - 24 = 4$ 周。

窝工机械费：$4 \times 7 \times 600 = 16800$ 元；含税价款为 $4 \times 7 \times 600 \times (1 + 9\%) = 18312$（元）

## 问题4：

设税前造价为 $X$，则 $X = 827.28 - 27.8 = 799.48$（万元）

则原合同中人材机管理费利润 $= 799.48 - 38 = 761.48$；人材机管理费为 $Y$，则 $Y(1 + 5\%) = 761.48$，则 $Y = 761.48 / (1 + 5\%) = 725.219$

设原合同人材机费为 $Z$，则 $Z(1 + 18\%) = 725.219$

$Z = 614.592$，原合同中管理费为 $614.592 \times 18\% = 110.63$

每周分摊管理费 $= 110.63 / 30 = 3.69$（万元）

事件 2、3 发生后，最终工期 36 周，因为题目中给条件"对仅因业主延迟的图纸而造成的工期延误"，事件 2 发生后，合同工期是 36 周，事件 3 发生后，应补偿工期 $36 - 33 = 3$ 周，应补偿管理费 $= 3.69 \times 3 = 11.07$（万元）。

# 试题五：

## 问题1：

签约合同价：

$[(5000 \times 100 + 750 \times 420 + 100 \times 4500 + 1500 \times 150) / 10000 + 10 + 5] \times (1 + 18\%) = 193.52$（万元）

工程预付款：

$[193.52 - (6 + 5) \times (1 + 18\%)] \times 20\% = 36.108$（万元）

安全文明施工费工程款：$6 \times (1 + 18\%) \times 80\% = 5.664$（万元）

## 问题2：

第 3 个月末分项工程累计拟完工程计划投资：

$(5000×100+750×420+100×4500+750×150)/10000×(1+18\%)=162.545$（万元）

第 3 个月末分项工程累计已完工程计划投资：

$(5000×100+500×420+70×4500+750×150)/10000×(1+18\%)=134.225$（万元）

第 3 个月末分项工程进度偏差 $=134.225-162.545=-28.32$（万元）

第 3 个月末该工程进度拖延 28.32 万元。

**问题 3：**

B 分项工程：

执行原清单价的量 $750×(1+15\%)=862.5m^3$；新单价的量 $880-862.5=17.5$（$m^3$）

$[17.5×420×0.95+(380-17.5)×420]/10000×(1+18\%)=18.789$（万元）

C 分项工程：

$45×4500/10000×(1+18\%)=23.895$（万元）

D 分项工程：

$400×150/10000×(1+18\%)=7.08$（万元）

总价措施工程款：$1×(1+18\%)=1.18$（万元）

临时用工：

$(50×60+120×100)/10000×(1+18\%)=1.77$（万元）

临时工程：

报价浮动率 $=1-193.52/200=3.24\%$

调整后全费用单价 $=500×(1+18\%)×(1-3.24\%)=570.884$（元/$m^3$）

$570.884×300/10000=17.127$（万元）

应支付工程款为：

$(18.789+23.895+7.08+1.18+1.77+17.127)×80\%-36.108/3=43.837$（万元）

**问题 4：**

A 分项工程：$5000×100×1.18/10000=59$（万元）

B 分项工程：$[17.5×420×0.95+(880-17.5)×420]/10000×1.18=43.569$（万元）

C 分项工程：$115×4500/10000×1.18=61.065$（万元）

D 分项工程：$1550×150/10000×1.18=27.435$（万元）

实际造价 $=59+43.569+61.065+27.435+10×1.18+1.77+17.127+5=221.925+5=226.766$（万元）

质保金 $=193.52×3\%=5.806$（万元）

竣工结算款 $=226.766×(1-80\%)-5.806=39.547$（万元）

**问题 5：**

应计增值税（销项税额）$=226.766/(1+9\%)×9\%=18.724$（万元）；

应纳增值税 $=18.737-7=11.737$（万元）；

该合同成本为 $=160+9+1=170$（万元）；

利润为 $=226.766-18.724-170=38.042$（万元）

成本利润率 $=38.042/170=22.378\%$

# 试题六：

## Ⅰ. 土木建筑工程

问题1：

答6-1-1表　　清单工程量计算书

| 序号 | 项目名称 | 计量单位 | 工程量 | 计算式 |
|---|---|---|---|---|
| 1 | 叠合板 DBD-67-3612-1 | 块或 m³ | 3 块 | 3×0.246＝0.738m³ |
| 2 | 叠合板 DBD-67-3615-1 | 块或 m³ | 3 块 | 3×0.308＝0.924m³ |
| 3 | 叠合板 DBD-67-3620-1 | 块或 m³ | 3 块 | 3×0.410＝1.23m³ |
| 4 | 叠合板 DBDS1-67-4915-22 | 块或 m³ | 1 块 | 1×0.349＝0.349m³ |
| 5 | 叠合板 DBDS1-67-4918-22 | 块或 m³ | 1 块 | 1×0.432＝0.432m³ |
| 6 | 叠合板 DBDS1-67-4924-22 | 块或 m³ | 1 块 | 1×0.582＝0.582m³ |
| 7 | 后浇混凝土（叠合板） | m³ | 5.17 | （5.7-0.2）×（4.9-0.2）×0.07+（3.6-0.2）×（4.9-0.2）×0.07×3＝5.17 |

问题2：

答6-1-2表　　分部分项工程量清单与计价表

| 序号 | 项目编码 | 项目名称 | 项目特征描述 | 计量单位 | 工程量 | 金额(元) 综合单价 | 金额(元) 合价 |
|---|---|---|---|---|---|---|---|
| 1 | 010505003001 | 后浇混凝土板 | 1.70 厚现浇；2.预拌混凝土 C30 | m³ | 5.17 | 628.95 | 3251.67 |
| 2 | 010512001001 | 叠合板 | 1.60 厚预制；2. C30 | m³ | 4.26 | 3598.95 | 15331.53 |

后浇混凝土综合单价＝5159.55/10×（1+15%）×（1+6%）＝628.95（元/m³）

叠合板混凝土综合单价＝29523.78/10×（1+15%）×（1+6%）＝3598.95（元/m³）

问题3：

答6-1-3表　　叠合板综合单价分析表

| 项目编码 | 010512001001 | 项目名称 | | 叠合板 | | 计量单位 | | m³ | 工程量 | | 4.26 |
|---|---|---|---|---|---|---|---|---|---|---|---|
| 清单综合单价组成明细 | | | | | | | | | | | |
| 定额编号 | 定额名称 | 定额单位 | 数量 | 单价(元) 人工费 | 单价(元) 材料费 | 单价(元) 施工机具使用费 | 单价(元) 管理费和利润 | 合价(元) 人工费 | 合价(元) 材料费 | 合价(元) 施工机具使用费 | 合价(元) 管理费和利润 |
| 1-4 | 叠合板 | 10m³ | 0.1 | 2307.46 | 27155.91 | 60.41 | 4428.567+2037.14 ＝6465.71 | 230.75 | 2715.56 | 6.04 | 646.57 |

续表

| 定额编号 | 定额名称 | 定额单位 | 数量 | 单价(元) | | | | 合价(元) | | | |
|---|---|---|---|---|---|---|---|---|---|---|---|
| | | | | 人工费 | 材料费 | 施工机具使用费 | 管理费和利润 | 人工费 | 材料费 | 施工机具使用费 | 管理费和利润 |
| | | | | | | | | | | | |
| | | | | | | | | | | | |
| 人工单价 | | 小计 | | | | | | 230.75 | 2715.56 | 6.04 | 646.57 |
| 113.00/工日 | | 未计价材料(元) | | | | | 0.00 | | | | |
| | | 清单项目综合单价(元/t) | | | | | 3598.92 | | | | |

| 主要材料名称、规格、型号 | 单位 | 数量 | 单价(元) | 合价(元) | 暂估单价(元) | 暂估合价(元) |
|---|---|---|---|---|---|---|
| 预制混凝土叠合板 | $m^3$ | 1.005 | 2500 | 2512.5 | | |
| 立支撑杆件 | 套 | 0.273 | 150 | 40.95 | | |
| 钢支撑 | kg | 3.985 | 8.62 | 34.35 | | |
| 其他材料费(元) | | | | 127.79 | | |
| 材料费小计(元) | | | | 2715.56 | | |

**问题4：**

答6-1-4表　　　　　　　　投标报价汇总表

| 序号 | 项目名称 | 金额(元) |
|---|---|---|
| 1 | 分部分项工程量清单合计 | 1275293.74 |
| 2 | 措施项目清单合计 | 219414.62 |
| 3 | 其他项目清单合计 | 311000 |
| 3.1 | 暂列金额 | 250000 |
| 3.2 | 材料暂估价 | — |
| 3.3 | 专业工程暂估价 | 50000 |
| 3.4 | 计日工 | 9000 |
| 3.5 | 总包服务费 | 2000 |
| 4 | 规费 | 90285.42 |
| 5 | 税金 | 170639.44 |
| | 合计 | 2066633.22 |

## Ⅱ.管道和设备工程

**问题1：**

1. $\phi325\times8$ 碳钢管道工程量计算式：

地下：1.8+0.5+3.0+2.0+2.5+2.0=11.8（m）

地上：1.0+2.5+0.75+0.825+0.755+1.0+1.0+0.755+0.825+0.75+0.65=10.81（m）

合计：11.8+10.81=22.61（m）

2. $\phi219\times32$ 碳钢管道工程量计算式：

地下：[1.8+0.5+（3-2）+2.0]×2+（0.8+0.5+2.5+0.75+2.0）×2+0.8×3+1.8+2.0×5=37.9（m）

地上：（1.0+2.5+0.75+0.825+0.755+1.0）×2+（2.0+0.825+0.755+2.0）×2+1.0+0.755+0.825+0.75+0.65=28.8（m）

合计：37.9+28.8=66.7（m）

3. 管件工程量计算式：

$DN300$：弯头：2+2+2+1=7（个）

$DN200$：弯头：（2+2）×2+（1+2）×2+1×4+1+2+1=22

三通：1×2+1×3=5（个）

4. 超声波探伤工程量计算式：

DN300　低压碳钢平焊法兰11片，超声波探伤11口；

DN200　中压碳钢对焊法兰21片，超声波探伤21口。

5. 射线探伤工程量计算式：

$\phi325\times8$ 低压碳钢无缝钢管上焊口总数：（11.8÷10）×7=8.26（个）取整9个焊口；

每个 $\phi325\times8$ 管道焊口的胶片数：0.325×3.14÷（0.15-0.025×2）=10.21（张），取11张。

$\phi325\times8$ 管道胶片数小计11×9=99（张）

$\phi219\times32$ 中压碳钢无缝钢管上焊口总数：（37.9÷10）×7=26.53（个），取整27个焊口；

每个 $\phi219\times32$ 管道焊口的胶片数：0.219×3.14÷（0.15-0.025×2）=6.88（张），取7张。

$\phi219\times32$ 管道胶片数小计：7×27=189（张）

X射线探伤工程量合计：99+189=288（张）

6. 保温工程量计算式：管道绝热工程量 $V=\pi\cdot(D+1.033\delta)\cdot1.033\delta\cdot L$

$=3.14\times(0.325+1.033\times0.05)\times1.033\times0.05\times22.61+3.14\times(0.219+1.033\times0.05)\times1.033\times0.05\times66.7=1.38+2.93=4.31$（$m^3$）

7. 管道保护层工程量 $S=\pi\cdot(D+2.1\delta+0.0082)\cdot L$

$=3.14\times(0.325+2.1\times0.05+0.0082)\times22.61+3.14\times(0.219+2.1\times0.05+0.0082)\times66.7$

$=31.11+69.58=100.69$（$m^2$）

**问题2：**

**答 6-2-1 表**　　　　　　　分部分项工程和单价措施项目清单与计价表

工程名称：某泵房　　　　　　　　标段：工艺管道系统安装　　　　　　　　第 1 页 1 页

| 序号 | 项目编码 | 项目名称 | 项目特征描述 | 计量单位 | 工程量 | 金额(元) | | |
|---|---|---|---|---|---|---|---|---|
| | | | | | | 综合单价 | 合价 | |
| 1 | 030801001001 | 低压碳钢管 | φ325×8、20 号碳钢无缝钢管、氩电联焊、水压试验、水冲洗 | m | 21 | | | |
| 2 | 030802001001 | 中压碳钢管 | φ219×32、20 号碳钢无缝钢管、氩电联焊、水压试验、水冲洗 | m | 32 | | | |
| 3 | 030802001002 | 中压碳钢管 | φ168×24、20 号碳钢无缝钢管、氩电联焊、水压试验、水冲洗 | m | 23 | | | |
| 4 | 030802001003 | 中压碳钢管 | φ114×16、20 号碳钢无缝钢管、氩电联焊、水压试验、水冲洗 | m | 7 | | | |
| 5 | 030810002001 | 低压焊接法兰 | DN300　低压碳钢平焊法兰 | 副(片) | 5.5(11) | | | |
| 6 | 030811002001 | 中压焊接法兰 | DN200　中压碳钢对焊法兰 | 副(片) | 10.5(21) | | | |
| 7 | 030808003001 | 中压法兰阀门 | 阀门 Z41H-40C DN200 | 个 | 7 | | | |
| 8 | 030808003002 | 中压法兰阀门 | 阀门 H41H-40C DN200 | 个 | 1 | | | |
| 9 | 030807003001 | 低压法兰阀门 | 阀门 Z41H-15C DN300 | 个 | 3 | | | |
| 10 | 030815001001 | 管架制作安装 | 普通支架 | kg | 140 | | | |

**问题3：**

**答 6-2-2 表**　　　　　　　　　　　综合单价分析表

工程名称：某泵房　　　　　　　　标段：工艺管道系统安装　　　　　　　　第 1 页 1 页

| 项目编码 | 030802001001 | | 项目名称 | φ219×32 中压管道 | | 计量单位 | | m | 工程量 | | 32 |
|---|---|---|---|---|---|---|---|---|---|---|---|
| 清单综合单价组成明细 | | | | | | | | | | | |
| 定额编号 | 定额名称 | 定额单位 | 数量 | 单价 | | | | 合价 | | | |
| | | | | 人工费 | 材料费 | 机械费 | 管理费和利润 | 人工费 | 材料费 | 机械费 | 管理费和利润 |
| 6-411 | 中压管道氩电联焊安装 | 10m | 0.1 | 699.20 | 80.00 | 277.00 | 825.06 | 69.92 | 8.00 | 27.70 | 82.51 |
| 6-2429 | 中低压管道水压试验 | 100m | 0.01 | 448.00 | 81.3 | 21.00 | 528.64 | 4.48 | 0.81 | 0.21 | 5.29 |

续表

| 定额编号 | 定额名称 | 定额单位 | 数量 | 单价 | | | | 合价 | | | |
|---|---|---|---|---|---|---|---|---|---|---|---|
| | | | | 人工费 | 材料费 | 机械费 | 管理费和利润 | 人工费 | 材料费 | 机械费 | 管理费和利润 |
| 6-2476 | 管道水冲洗 | 100m | 0.01 | 272.00 | 102.50 | 22.00 | 320.96 | 2.72 | 1.02 | 0.22 | 3.21 |
| 人工单价 | | 小计 | | | | | | 77.12 | 9.83 | 28.13 | 91.01 |
| 100 元/工日 | | 未计价材料费 | | | | | | 901.71 | | | |
| 清单项目综合单价 | | | | | | | | 1107.8 | | | |

| 材料费明细 | 主要材料名称、规格、型号 | 单位 | 数量 | 单价（元） | 合价（元） | 暂估单价（元） | 暂估合价（元） |
|---|---|---|---|---|---|---|---|
| | φ219×32 钢管 | kg | 138.355 | 6.5 | 899.31 | — | — |
| | 水 | m³ | 0.437 | 5.50 | 2.40 | | |
| | | | | | | | |
| | 其他材料费 | | | | 9.83 | | |
| | 材料费小计 | | | | 911.54 | | |

# Ⅲ．电气和自动化控制工程

**问题 1：**

1. 钢管 G25 工程量计算：

$(0.15+0.1+1+0.1+1.4-0.2)+(1.4+0.1+30+0.1+1.4)=1.55+33=34.55$（m）

2. 钢管 G32 工程量计算：

$(0.15+0.1+7+0.1+1.5)+(6-1.5-0.5)=8.85+4=12.85$（m）

3. 钢管 G50 工程量计算：

$25+17+(0.15+0.1+0.1+0.3+0.2)×2=42+1.7=43.7$（m）

4. 导线 BV2.5mm² 工程量计算：

$(1.7+0.8)×5+[(0.15+0.1+1+0.1+1.4-0.2)+(1.4+0.1+30+0.1+1.4)]×5+(0.3+0.2)×3×5$

$=12.5+172.75+7.5=192.75$（m）

5. 导线 BV16mm² 工程量计算：

$(1.7+0.8)×4+[(0.15+0.1+7+0.1+1.5)+(6-1.5-0.5)]×4+(0.5/2+0.3+0.5/2+0.3+1)×4$

$=12+51.4+8.4=71.8$（m）

6. 导线 BV50mm² 工程量计算：

$(1.7+0.8)×4×2+[25+17+(0.15+0.1+0.1+0.3+0.2)×2]×4+1×2×4=20+174.8+8=202.8$（m）

7. 角钢滑触线 L50×50×5 工程量计算：

$(7×3+1+1)×3=69$（m）

**答6-3-1表　　　　分部分项工程和单价措施项目清单与计价表**

| 序号 | 项目编码 | 项目名称 | 项目特征描述 | 计量单位 | 工程量 | 综合单价 | 合价 |
|---|---|---|---|---|---|---|---|
| 1 | 030404017001 | 配电箱 | 动力配电箱 AP1 落地式安装，箱体尺寸 800×1700×300（mm）（宽×高×厚） | 台 | 1 | 2434.68 | 2434.68 |
| 2 | 030404018001 | 插座箱 | 插座箱嵌入式安装，箱体尺寸：300×200×150（mm）（宽×高×厚） | 台 | 2 | 582.60 | 1165.2 |
| 3 | 030407001001 | 滑触线 | 角钢滑触线，L 50×50×5 | m | 69 | 23.51 | 1622.19 |
| 4 | 030606006001 | 电机检查接线与调试 | 低压交流异步电动机 20kW | 台 | 2 | 153.16 | 306.32 |
| 5 | 030404036001 | 木质配电板 | 350×500×30（mm）（宽×高×厚）挂墙明装 | m² | 0.175 | 443.44 | 77.602 |
| 6 | 030404019001 | 控制开关 | 铁壳开关 HH3-100/3 木制配电板上安装 | 个 | 1 | 148.78 | 148.78 |
| 7 | 030411001001 | 配管 | 钢管 G25 暗配 | m | 34.55 | 15.62 | 539.671 |
| 8 | 030411001002 | 配管 | 钢管 G32 暗配 | m | 12.85 | 16.72 | 214.852 |
| 9 | 030411001003 | 配管 | 钢管 G50 暗配 | m | 43.7 | 21.17 | 925.129 |
| 10 | 030411004001 | 配线 | 管内穿线 BV2.5mm² | m | 192.75 | 5.44 | 1048.56 |
| 11 | 030411004002 | 配线 | 管内穿线 BV16mm² | m | 71.8 | 12.75 | 915.45 |
| 12 | 030411004003 | 配线 | 管内穿线 BV50mm² | m | 202.8 | 24.67 | 5003.076 |
| 合计 | | | | | | | 14401.51 |

**问题2：**

**答6-3-2表　　　　综合单价分析表**

工程名称：配电房电气工程

| 项目编码 | 030404017001 | 项目名称 | | 配电箱 AP1 | | 计量单位 | | 台 | 工程量 | | 1 |
|---|---|---|---|---|---|---|---|---|---|---|---|
| 清单综合单价组成明细 | | | | | | | | | | | |
| 定额编号 | 定额名称 | 定额单位 | 数量 | 单价（元） | | | | 合价（元） | | | |
| | | | | 人工费 | 材料费 | 机械费 | 管理费和利润 | 人工费 | 材料费 | 机械费 | 管理费和利润 |
| 2-261 | 配电箱落地式安装 | 台 | 1 | 233.91 | 20.40 | 87.79 | 116.96 | 233.91 | 20.4 | 87.79 | 116.96 |
| 2-331 | 无端子外部接线 2.5 mm² | 10 个 | 0.5 | 24.86 | 16.85 | 0 | 12.43 | 12.43 | 8.43 | 0 | 6.23 |
| 2-343 | 压铜接线端子 16mm² 以内 | 10 个 | 0.4 | 28.25 | 122.59 | 0 | 14.13 | 11.3 | 49.04 | 0 | 5.65 |

续表

| 定额编号 | 定额名称 | 定额单位 | 数量 | 单价(元) | | | | 合价(元) | | | |
|---|---|---|---|---|---|---|---|---|---|---|---|
| | | | | 人工费 | 材料费 | 机械费 | 管理费和利润 | 人工费 | 材料费 | 机械费 | 管理费和利润 |
| 2-345 | 压铜接线端子 70mm² 以内 | 10 个 | 0.8 | 85.88 | 224.36 | 0 | 42.94 | 68.70 | 179.49 | 0 | 34.35 |
| 人工单价 | | 小计 | | | | | | 326.34 | 257.36 | 87.79 | 163.19 |
| 100 元/工日 | | 未计价材料费 | | | | | | 1600 | | | |
| 清单项目综合单价 | | | | | | | | 2434.68 | | | |

| 材料费明细 | 主要材料名称、规格、型号 | | 单位 | | 数量 | 单价(元) | 合价(元) | 暂估单价(元) | 暂估合价(元) |
|---|---|---|---|---|---|---|---|---|---|
| | 配电箱 AP1 | | 台 | | 1 | 1600 | 1600 | | |
| | | | | | | | | | |
| | | | | | | | | | |
| | 其他材料费 | | | | | | 257.36 | | |
| | 材料费小计 | | | | | | 1857.36 | | |

# 模拟题七答案与解析

## 试题一：

**问题1：**

拟建项目的建设投资$=6000\times(30/20)^{0.6}\times(1+10\%)^2=9259.58$（万元）

**问题2：**

建设期贷款利息：$3000\times0.5\times6\%=90$（万元）

运营期第一年期初的借款余额：$3000+90=3090$（万元）

运营期第一年应偿还的本金：$3090/3=1030$（万元）

运营期第一年应偿还的利息：$3090\times6\%=185.40$（万元）

**问题3：**

运营期第一年需要偿还本金：1030万元

固定资产折旧费：$(9000+90)\times(1-4\%)/12=727.20$（万元）

运营期第一年偿还贷款需要的利润：$1030-727.20=302.8$（万元）

**问题4：**

运营期第一年应纳增值税：$68\times80\%-19\times80\%=39.20$（万元）

运营期第一年增值税附加：$39.20\times9\%=3.53$（万元）

运营期第一年利润总额：

$(850-68)\times80\%-\{(280-19)\times80\%+727.20+185.40\}=-495.80$（万元）

运营期第一年所得税：0

运营期第一年现金流入：$850\times80\%=680$（万元）

运营期第一年现金流出：$280\times80\%+1030+185.40+280+39.2+3.53=1762.13$（万元）

运营期第一年净现金流量：$680-1762.13=-1082.13$（万元）

## 试题二：

**问题1：**

答2-1表　　　　　　　　　　　　功能指数计算表

| 方案功能 | 功能权重 | 方案功能加权得分 | | |
|---|---|---|---|---|
| | | A | B | C |
| 结构体系 | 0.30 | $7\times0.30=2.100$ | $9\times0.30=2.700$ | $8\times0.30=2.400$ |
| 外窗类型 | 0.15 | $9\times0.15=1.350$ | $7\times0.15=1.050$ | $8\times0.15=1.200$ |

续表

| 方案功能 | 功能权重 | 方案功能加权得分 | | |
|---|---|---|---|---|
| | | A | B | C |
| 墙体材料 | 0.30 | 8×0.30=2.400 | 8×0.30=2.400 | 9×0.30=2.700 |
| 屋面类型 | 0.25 | 8×0.25=2.000 | 8×0.25=2.000 | 7×0.25=1.750 |
| 合计 | | 7.850 | 8.150 | 8.050 |
| 功能指数 | | 7.85/24.05=0.326 | 8.15/24.05=0.339 | 8.05/24.05=0.335 |

注：各方案功能加权得分之和为：7.85+8.15+8.05=24.05。

答 2-2 表　　　　　　　成本指数计算表

| 方案 | A | B | C | 合计 |
|---|---|---|---|---|
| 单方造价(元/m$^2$) | 2100 | 1990 | 1850 | |
| 成本指数 | 2100/5940=0.354 | 1990/5940=0.335 | 1850/5940=0.311 | 1.000 |

答 2-3 表　　　　　　　价值指数计算表

| 方案 | A 方案 | B 方案 | C 方案 |
|---|---|---|---|
| 功能指数 | 0.326 | 0.339 | 0.335 |
| 成本指数 | 0.354 | 0.335 | 0.311 |
| 价值指数 | 0.921 | 1.012 | 1.077 |

由答 2-3 表的计算结果可知，C 方案价值指数最高，C 方案最优。

**问题 2：**

答 2-4 表　　功能指数、成本指数、价值指数和目标成本降低额计算表

| 功能项目 | 功能得分 | 功能指数 | 目前成本（万元） | 目标成本（万元） | 目标成本降低额（万元） |
|---|---|---|---|---|---|
| 结构体系 | 30 | 0.333 | 36.8 | 29.970 | 6.830 |
| 外窗类型 | 15 | 0.167 | 15.5 | 15.030 | 0.470 |
| 墙体材料 | 20 | 0.222 | 24.6 | 19.980 | 4.620 |
| 屋面类型 | 25 | 0.278 | 27.6 | 25.020 | 2.580 |
| 合计 | 90 | | 104.5 | 90 | 14.5 |

由答 2-4 表的计算结果可知，功能改进顺序依此为：结构体系、墙体材料、屋面类型、外墙类型。

**问题 3：**

A 方案的年度寿命周期经济成本：

$85+\{720\times[(P/F,10\%,10)+(P/F,10\%,20)+(P/F,10\%,30)+(P/F,10\%,40)]\}\times$
$(A/P,10\%,50)+6150\times(A/P,10\%,50)$

$=85+[720\times(0.386+0.149+0.057+0.022)]/9.915+6150/9.915$

$=749.86$（万元）

结论：B方案的寿命周期年费用最小，故选择B方案为最佳设计方案。

# 试题三：

问题1：

1. "要求潜在投标人必须取得本省颁发的《建设工程投标许可证》" 不妥。依法必须进行招标的项目以特定行政区域或者特定行业的业绩、奖项作为加分条件或者中标条件的属于以不合理条件限制、排斥潜在投标人或者投标人。

2. 要求投标必须是国有企业不妥。依法必须进行招标的项目非法限定潜在投标人或者投标人的所有制形式或者组织形式属于招标人以不合理的条件限制、排斥潜在投标人或者投标人的行为。

3. 要求投标人领取招标文件时递交投标保证金不妥，领取招标文件不代表一定投标，不投标是不需递交投标保证金；即使投标也应在投标截止日期前递交投标保证金。

问题2：

1. A投标人：工期=4+10+6=20（个月）；报价=420+1000+800=2220（万元）

因工期超过18个月，投标文件无效。

2. B投标人：工期=3+9+6-2=16（个月）；报价=390+1080+960=2430（万元），投标文件有效。

3. C投标人：工期=3+10+5-3=15（个月）；报价=420+1100+1000=2520（万元），投标文件有效。

4. D投标人：工期=4+9+5-1=17（个月）；报价=480+1040+1000=2520（万元），投标文件有效。

5. E投标人：工期=4+10+6-2=18（个月）；报价=380+800+800=1980（万元）

E的报价最低，B的报价次低，两者之差=（2430-1980)/2430=18.5%>15%，投标文件无效。

问题3：

1. B投标人：2430-（18-16）×40=2350（万元）

2. C投标人：2520-（18-15）×40=2400（万元）

3. D投标人：2520-（18-17）×40=2480（万元）

中标候选人为B投标人。

问题4：

评标委员会主任只安排评标专家B参加第二阶段评标的做法不妥。招标人更换评标委员会成员的，被更换的成员已做出的评审结论无效，由更换后的成员重新进行评审。

# 试题四：

**问题1：**

事件1：能够提出工期索赔，因为施工过程 A 没有机动时间，强降雨属于不可抗力，属于业主应承担的风险。能够提出费用索赔，根据不可抗力的处理原则，雨后清理基坑的费用应由业主承担；但模板和脚手架损坏修理费以及停工期间人员窝工和机械闲置损失应由承包商自己承担。

事件2：能够提出工期索赔，因为施工过程 B 的第 1 施工段没有机动时间，业主供应材料晚进场属于业主应承担的责任。能够提出费用索赔，业主供应材料晚进场属于业主应承担的责任，给承包商造成的人和机械窝工费用损失应由业主承担。

事件 3 不能够提出工期和费用索赔，因为施工机械故障是承包商的责任，造成的费用损失应由承包商自己承担。

事件4：能够提出费用索赔，监理工程师要求重新检验的，查验结果合格，造成的费用损失由业主承担，但不能提出工期索赔，因为拖延的 2 天没有超过施工过程 D 第 1 段 2 天的机动时间。

**问题2：**

施工过程 D 第 3 段实际开工日期为第 88 天晨。

**问题3：**

事件1：工期索赔 5 天

事件2：工期索赔 8-5=3（天）

事件3：工期索赔 0 天

事件4：工期索赔 0 天

总计工期索赔：8（天）

该工程实际工期为：91+8+2=101（天）

工期罚款为：[101-(91+8)]×1000=2000（元）

**问题4：**

事件1：5×2×100×1.35×(1+8%)×(1+9%)=1589.22（元）

事件2：(15×3×50×1.1+150×3)×1.08×1.09=3443.31（元）

事件4：(2×2×100×1.35+8×2×50×1.1+200×2+1000)×1.08×1.09=3319.70（元）

总额为：1589.22+3443.31+3319.70=8352.23（元）

# 试题五：

**问题1：**

合同价=(76.6+9+12)×(1+10%)=107.360（万元）

预付款=76.6×(1+10%)×20%=16.852（万元）

开工前支付的措施项目款=3×(1+10%)×85%=2.805（万元）

**问题2：**

1.甲种材料价格为 85 元/m³，甲增加 C 分项工程费=500×(85-80)×(1+15%)=

2875（元）

由于（50-40)/40=25%>5%，乙增加 C 分项工程费=400×40×20%×（1+15%)=3680（元）

C 分项工程的综合单价=280+(2875+3680)/1000=286.555（元/m³）

2. 3 月份完成的分部和单价措施费=32.4/3+1000/3×286.555/10000=20.352（万元）

3. 3 月份业主应支付的工程款=20.352×(1+10%)×85%+(9-3)/3×(1+10%)×85%-16.852/2=12.473（万元）

**问题3：**

第三月末分项工程和单价措施项目：

累计拟完工程计划费用=10.8+32.4+28×2/3=61.867（万元）

累计已完工程计划费用=10.8+32.4×2/3+28×2/3=51.067（万元）

累计已完工程实际费用=10.8+32.4×2/3+1000×2/3×286.555/10000=51.504（万元）

进度偏差=累计已完工程计划投资-累计拟完工程计划投资=(51.067-61.867)×1.1=-11.880（万元），实际进度拖后11.88 万元。

投资偏差=累计已完工程计划投-累计已完工程实际投资=(51.067-51.504)×1.1=-0.4807（万元），实际费用增加0.4807 万元。

**问题4：**

工程实际造价=(76.6+9+8.7)×(1+10%)+2.64=106.370（万元）

竣工结算价=106.370×(1-85%)-106.370×3%=12.764（万元）

# 试题六：

## Ⅰ.土木建筑工程

**问题1：**

1. 平整场地=24.8×15.5=384.4（m²）

2. 挖一般土方清单量=(24.6+0.1×2+0.4×2+0.1×2)×(15+0.25×2+0.4×2+0.1×2)×(4.05-0.45)=1532.52（m³）

3. 垫层混凝土清单量=(24.6+0.1×2+0.4×2+0.1×2)×(15+0.25×2+0.4×2+0.1×2)×0.1=42.57（m³）

4. 筏板基础清单量=(24.6+0.1×2+0.4×2)×(15+0.25×2+0.4×2)×0.55=229.50（m³）

5. 直形墙（剪力墙）混凝土清单量包括：

外墙长度=[(24.6+0.1×2-0.25)+(15+0.25×2-0.25)]×2=79.6（m）

内墙长度=(1.65+1.65+0.25+0.9-0.1+0.9-0.15)×4=20.4（m）

外墙混凝土清单量：79.6×0.25×(3.4-0.03)=67.06（m³）

内墙混凝土清单量：20.4×0.2×(3.4-0.03)=13.75（m³）

直形墙混凝土合计=67.06+13.75=80.81（m³）

6. 基础回填土=基础土方量-室外地坪以下所有构件所占的体积

室外地坪下所有构件的体积包括：

（1）垫层体积 = 42.57（$m^3$）

（2）筏板体积 = 229.50（$m^3$）

（3）地下室外边线所形成的体积 = 24.8×15.5×（3.4−0.45）= 1133.98（$m^3$）

基础回填土 = 1532.52−（42.57+229.50+1133.98）= 126.47（$m^3$）

7. 余土外运 = 1532.52−126.47 = 1406.05（$m^3$）

**答 6-1-1 表** 　　　　**分部分项工程和单价措施项目清单与计价表**

| 序号 | 项目编码 | 项目名称 | 项目特征描述 | 计量单位 | 工程量 | 金额(元) | |
|---|---|---|---|---|---|---|---|
| | | | | | | 综合单价 | 合价 |
| 1 | 010101001001 | 平整场地 | 1. 土壤类别：一般土；<br>2. 挖填平衡；<br>3. 机械平整 | $m^2$ | 384.40 | | |
| 2 | 010101002001 | 挖一般土方 | 1. 土壤类别：一般土；<br>2. 弃土运距：40m；<br>3. 基底钎探 | $m^3$ | 1532.52 | | |
| 3 | 010103001001 | 基础回填 | 1. 土质要求：原土回填；<br>2. 夯实：夯填；<br>3. 运输距离：40m | $m^3$ | 126.47 | | |
| 4 | 010103002001 | 余方弃置 | 弃土运距：5km | $m^3$ | 1406.05 | | |
| 5 | 010501001001 | 现浇混凝土垫层 | 1. 商品混凝土；<br>2. C15 | $m^3$ | 42.57 | | |
| 6 | 010501004001 | 满堂基础 | 1. 商品混凝土；<br>2. C30，P8 | $m^3$ | 229.50 | | |
| 7 | 010504001001 | 直形墙（−0.030标高以下） | 1. 商品混凝土；<br>2. C30 | $m^3$ | 80.81 | | |

**问题2：**

定额挖土方量，即考虑工作面及放坡后的方案工程量 = ［25.8+0.3×2+0.33×（4.05−0.45）］×［16.5+0.3×2+0.33×（4.05−0.45）］×（4.05−0.45）+1/3×0.33²×（4.05−0.45）³ = 1818（$m^3$）

其中：机械土方量 = 1818×80% = 1454.4（$m^3$），人工土方量 = 1818×20% = 363.6（$m^3$）

基底钎探量 = 25.8×16.5 = 425.7（$m^2$）

机械挖土综合单价 = 4544.94×（1+15%）/1000 = 5.23（元/$m^3$）

人工挖土综合单价 = 417.6×（1+15%）/10 = 48.02（元/$m^3$）

钎探综合单价 = 627.96×（1+15%）/100 = 7.22（元/$m^3$）

挖基础土方清单综合单价 = （1454.4×5.23+363.6×48.02+425.7×7.22）/1532.52 = 18.36（元/$m^3$）

**答6-1-2表**　　　　　　　　　　　　**基础土方综合单价分析表**

| 项目编码 | 010101002001 | | 项目名称 | | 挖一般土方 | | 计量单位 | m³ | 工程量 | | 1532.52 |
|---|---|---|---|---|---|---|---|---|---|---|---|
| 清单综合单价组成明细 | | | | | | | | | | | |
| 定额编号 | 定额名称 | 定额单位 | 数量=（方案量/清单量）/定额单位 | 单价（元） | | | | 合价（元）（定额中对应的单价×数量） | | | |
| | | | | 人工费 | 材料费 | 机械费 | 管理费和利润 | 人工费 | 材料费 | 机械费 | 管理费和利润 |
| 1-2 | 人工挖一般土方 | 10m³ | 0.0237=（363.6/1532.52）/10 | 417.60 | 0 | 0 | 62.64 | 9.91 | 0 | 0 | 1.48 |
| 1-21 | 挖土机挖一般土方 | 1000m³ | 9.49×10⁻⁴=（1454.4/1532.52）/1000 | 1520.64 | 0 | 3024.30 | 681.74 | 1.44 | 0 | 2.87 | 0.65 |
| 1-8 | 基底钎探 | 100m² | 2.78×10⁻³=（425.7/1532.52）/100 | 554.88 | 73.08 | 0 | 94.19 | 1.54 | 0.20 | 0 | 0.26 |
| | | | | | | | | | | | |
| 人工单价 | | | 小计 | | | | | 12.89 | 0.20 | 2.87 | 2.39 |
| 96元/工日 | | | 未计价材料（元） | | | | | 0 | | | |
| 清单项目综合单价（元/m²） | | | | 18.35（=12.89+0.2+2.87+2.39） | | | | | | | |
| 主要材料名称、规格、型号 | | | | 单位 | 数量 | 单价（元） | 合价（元） | 暂估单价（元） | | 暂估合价（元） | |
| | | | | | | | | | | | |
| | | | | | | | | | | | |
| 其他材料费（元） | | | | | | | 0.20 | | | | |
| 材料费小计（元） | | | | | | | 0.20 | | | | |

**问题3：**

1. 安全文明施工费：185000×4.5%=8325.00（元）

2. 措施项目费：25000+8325=33325.00（元）

3. 规费：（185000+33325）×8%×24%=4191.84（元）

4. 增值税：（185000+33325+4191.84）×11%=20026.51（元）

**答6-1-3表**　　　　　　　　　　**单位工程招标控制价汇总表**

| 序号 | 项目名称 | 金额（元） |
|---|---|---|
| 1 | 分部分项工程费 | 185000.00 |
| 2 | 措施项目 | 33325.00 |
| 2.1 | 其中:安全文明施工费 | 8325.00 |

续表

| 序号 | 项目名称 | 金额（元） |
|------|----------|-----------|
| 3 | 其他项目 | 0.00 |
| 4 | 规费 | 4191.84 |
| 5 | 税金 | 20026.51 |
| 招标控制价 | | 242543.36 |

# Ⅱ. 管道和设备工程

**问题1：**

1. 管道：

（1）$\phi325\times7$ 碳钢无缝钢管的工程量计算式：

地上：$(0.3+0.15)\times2=0.9$（m）

（2）$\phi273\times7$ 碳钢无缝钢管的工程量计算式：

地上：$(0.5+0.3)\times2+0.8+0.3+0.5+0.5+0.8+0.2+0.8=5.5$（m）

地下：$0.5+1.05+0.5=2.05$（m）

共计：$5.5+2.05=7.55$（m）

（3）$\phi219\times6$ 碳钢无缝钢管的工程量计算式：

地上：$(0.3+0.15+0.5+1.7-0.5)\times2+0.6+(2.1-1.7)+(0.3+0.3+1.05+0.8+0.2)+$
$(0.65+0.8+0.2)+(2.1-0.8)=10.9$（m）

2. 无损探伤：

（1）$\phi273\times7$ 管线的地下管段 X 射线探伤工程量计算式：

$0.273\times3.14\div(0.15-0.025\times2)=8.58$（张），取 9 张、4 个焊口的胶片数合计 $4\times9=36$（张）

（2）$\phi273\times7$ 管线的法兰有 7 片，超声波探伤为 7 口。

（3）$\phi219\times6$ 管线的法兰有 9 片，超声波探伤为 9 口。

3. 防腐蚀：

（1）地上管道：$3.14\times(0.325\times0.9+0.273\times5.5+0.219\times10.9)=12.99$（m²）

（2）地下管道：$3.14\times0.273\times2.05=1.76$（m²）

**问题2：**

**答 6-2-1 表　分部分项工程和单价措施项目清单计价表**

工程名称：某泵房工艺管道　　　　　　　　　　　　　标段：泵房管道安装

| 序号 | 项目编码 | 项目名称 | 项目特征描述 | 计量单位 | 工程量 | 金额（元） | | |
|------|----------|----------|--------------|----------|--------|-----------|---|---|
| | | | | | | 综合单价 | 合价 | 其中：暂估价 |
| 1 | 030801001001 | 低压碳钢管 | $\phi325\times7$ 碳钢无缝钢管、氩电联焊、水压试验、水冲洗 | m | 1 | | | |

续表

| 序号 | 项目编码 | 项目名称 | 项目特征描述 | 计量单位 | 工程量 | 金额（元） | | |
|---|---|---|---|---|---|---|---|---|
| | | | | | | 综合单价 | 合价 | 其中：暂估价 |
| 2 | 030801001002 | 低压碳钢管 | φ273×7 碳钢无缝钢管、氩电联焊、水压试验、水冲洗 | m | 6.5 | | | |
| 3 | 030802001001 | 中压碳钢管 | φ219×6 碳钢无缝钢管、氩电联焊、水压试验、水冲洗 | m | 10 | | | |
| 4 | 030807003001 | 低压法兰阀门 | DN250 法兰闸阀 Z41H-16C | 个 | 3 | | | |
| 5 | 030808003001 | 中压法兰阀门 | DN200 法兰止回阀 H44H-25C | 个 | 1 | | | |
| 6 | 030808003002 | 中压法兰阀门 | DN200 法兰闸阀 Z41H-25C | 个 | 3 | | | |
| 7 | 030804001001 | 低压碳钢管件 | DN300×250 异径管，焊接连接 | 个 | 2 | | | |
| 8 | 030804001002 | 低压碳钢管件 | DN250 弯头 | 个 | 6 | | | |
| 9 | 030804001003 | 低压碳钢管件 | DN250×250 三通 | 个 | 1 | | | |
| 10 | 030805001001 | 中压碳钢管件 | DN200 弯头 | 个 | 6 | | | |
| 11 | 030805001002 | 中压碳钢管件 | DN200×200 三通 | 个 | 1 | | | |
| 12 | 030810002001 | 低压碳钢焊接法兰 | DN250 平焊法兰 | 片 | 7 | | | |
| 13 | 030811002001 | 中压碳钢焊接法兰 | DN200 对焊法兰 | 片 | 9 | | | |
| 14 | 031202002001 | 管道防腐蚀 | 地上管道外壁喷砂除锈，环氧漆三遍防腐 | m² | 12.99 | | | |
| 15 | 031202008001 | 埋地管道防腐蚀 | 埋地管道外壁机械除锈，生漆两遍防腐 | m² | 1.76 | | | |
| 16 | 030816003001 | 焊缝 X 射线探伤 | φ273×7 | 张 | 36 | | | |
| 17 | 030816005001 | 焊缝超声波探伤 | φ273×7 | 口 | 7 | | | |
| 18 | 030816005001 | 焊缝超声波探伤 | φ219×6 | 口 | 9 | | | |

**问题 3：**

**答 6-2-2 表**　　　　　　　　　　**工程量清单综合单价分析表**

工程名称：泵房　　　　　　　　　　　　　　　　　　　标段：工艺管道安装

| 项目编码 | 031202002001 | | 项目名称 | φ219×6 地上管道防腐 | | 计量单位 | | m² | |
|---|---|---|---|---|---|---|---|---|---|
| 清单综合单价组成明细 | | | | | | | | | |
| 定额编号 | 定额名称 | 定额单位 | 数量 | 单价 | | | | 合价 | |
| | | | | 人工费 | 材料费 | 机械费 | 管理费和利润 | 人工费 | 材料费 | 机械费 | 管理费和利润 |
| 11-7 | 管道喷砂除锈 | 10m² | 0.1 | 241.82 | 213.56 | 221.50 | 241.82 | 24.18 | 21.36 | 22.15 | 24.18 |

续表

| 定额编号 | 定额名称 | 定额单位 | 数量 | 单价 | | | | 合价 | | | |
|---|---|---|---|---|---|---|---|---|---|---|---|
| | | | | 人工费 | 材料费 | 机械费 | 管理费和利润 | 人工费 | 材料费 | 机械费 | 管理费和利润 |
| 11-719 | 环氧漆两遍 | 10m² | 0.1 | 159.33 | 121.27 | 0 | 159.33 | 15.93 | 12.13 | 0 | 15.93 |
| 11-720 | 环氧漆增一遍 | 10m² | 0.1 | 79.10 | 51.98 | 0 | 79.10 | 7.90 | 5.20 | 0 | 7.90 |
| 人工单价 | | | 小计 | | | | | 48.01 | 38.69 | 22.15 | 48.01 |
| 120元/工日 | | | 未计价材料费 | | | | | 156.86 | | | |
| 清单项目综合单价 | | | | | | | | | | | |

| 材料费明细 | 主要材料名称、规格、型号 | | | 单位 | 数量 | 单价（元） | 合价（元） | 暂估单价（元） | 暂估合价（元） |
|---|---|---|---|---|---|---|---|---|---|
| | | | | | | | | | |
| | | | | | | | | | |
| | 其他材料费 | | | | | | 38.69 | — | |
| | 材料费小计 | | | | | | 38.69 | — | |

## Ⅲ. 电气和自动化控制工程

**问题1：**

1. PC20管：

照明回路WL1：（4+0.05-1.5-0.8）+1.88+0.7+（4+0.05-1.3）+1.43+3.6×4+3.1×7+（2.4+4+0.05+0.3-3.5-0.05）+1.95+（4+0.05-1.3）=52.51（m）

插座回路：〔0.5+0.05+2.93+（0.05+0.3）×2+3.45+（0.05+0.3）〕=7.98（m）

PC20管小计：52.51+7.98=60.49（m）

2. PC40管：

WP1回路：（1.5+0.05）+12.6+（0.5+0.05）=14.70（m）

插座箱到动力插座：（0.5+0.05+4.45+0.05+1.4）=6.45（m）

PC40管小计：14.70+6.45=21.15（m）

3. 管内穿2.5mm²线：

三线：（0.6+0.8）×3+〔（4+0.05-1.5-0.8）+1.88+1.43+3.6×2+3.1×4+（（2.4+4+0.05+0.3-3.5-0.05）））×3〕=92.38（m）

四线：（3.6×2+3.1×3）×4=66（m）

五线：〔0.7+（4+0.05-1.3）+1.95+（4+0.05-1.3）〕×5=40.75（m）

管内穿2.5mm²线合计：92.38+66+40.75=199.13（m）

4. 管内穿16mm²线：

（0.6+0.8）×5+〔（1.5+0.05）+12.6+（0.5+0.05）〕×5+（0.3+0.3）×5=83.50（m）

（0.3+0.3）×3×2+〔（0.5+0.05+2.93+（0.05+0.3）×2+3.45+（0.05+0.3）〕×3+（0.5+0.05+4.45+0.05+1.4）×3=3.6+7.98×3+6.45×3=46.89（m）

管内穿 16mm² 线合计：83.50+46.89＝130.39（m)

**答 6-3-1 表　分部分项工程和单价措施项目清单与计价表**

| 序号 | 项目编码 | 项目名称 | 项目特征描述 | 计量单位 | 工程量 | 金额(元) | | |
|---|---|---|---|---|---|---|---|---|
| | | | | | | 综合单价 | 合价 | 其中：暂估价 |
| 1 | 030404017001 | 配电箱 | 照明配电箱 AL 嵌入式安装；箱体尺寸：600×800×200(mm) | 台 | 1 | 4297.73 | 4297.73 | |
| 2 | 030404018001 | 插座箱 | 插座箱 AX 嵌入式安装；箱体尺寸：300×300×120(mm) | 台 | 1 | 698.08 | 698.08 | |
| 3 | 030411001001 | 配管 | PC20 刚性阻燃管,沿砖、混凝土结构暗配 | m | 60.49 | 11.28 | 682.33 | |
| 4 | 030411001002 | 配管 | PC40 刚性阻燃管,沿砖、混凝土结构暗配 | m | 21.15 | 17.39 | 367.80 | |
| 5 | 030411004001 | 配线 | 管内穿线 BV 2.5mm² | m | 199.13 | 3.53 | 702.93 | |
| 6 | 030411004002 | 配线 | 管内穿线 BV 16mm² | m | 130.39 | 13.55 | 1766.78 | |
| 7 | 030404034001 | 照明开关 | 四联单控暗开关 | 个 | 2 | 27.30 | 54.60 | |
| 8 | 030412005001 | 荧光灯 | 单管荧光灯,吸顶安装 | 套 | 8 | 144.94 | 1159.52 | |
| 9 | 030412005002 | 荧光灯 | 双管荧光灯,吸顶安装 | 套 | 4 | 211.30 | 845.20 | |
| 10 | 030412001001 | 普通灯具 | 吸顶安装 | 套 | 2 | 124.98 | 249.96 | |
| 11 | 030404035001 | 插座 | 插座 220V/16A | 个 | 2 | 112.59 | 225.18 | |
| 12 | 030404035002 | 插座 | 动力插座 380V/16A | 个 | 1 | 152.96 | 152.96 | |
| 合计 | | | | | | | 11203.07 | |

**问题 2：**

**答 6-3-2 表　综合单价分析表**

工程名称：配电房电气工程

| 项目编码 | 030404017001 | 项目名称 | 总照明配电箱 AL | 计量单位 | 台 | 工程量 | 1 |
|---|---|---|---|---|---|---|---|
| 清单综合单价组成明细 | | | | | | | |

| 定额编号 | 定额名称 | 定额单位 | 数量 | 单价(元) | | | | 合价(元) | | | |
|---|---|---|---|---|---|---|---|---|---|---|---|
| | | | | 人工费 | 材料费 | 机械费 | 管理费和利润 | 人工费 | 材料费 | 机械费 | 管理费和利润 |
| 4-2-77 | 成套配电箱安装嵌入式半周长≤1.5m | 台 | 1 | 131.5 | 37.9 | 0 | 78.9 | 131.5 | 37.9 | 0 | 78.9 |
| 4-1-14 | 无端子外部接线导线截面≤2.5mm² | 个 | 3 | 1.2 | 1.44 | 0 | 0.72 | 3.6 | 4.32 | 0 | 2.16 |

续表

| 定额编号 | 定额名称 | 定额单位 | 数量 | 单价(元) | | | | 合价(元) | | | |
|---|---|---|---|---|---|---|---|---|---|---|---|
| | | | | 人工费 | 材料费 | 机械费 | 管理费和利润 | 人工费 | 材料费 | 机械费 | 管理费和利润 |
| 4-4-26 | 压铜接线端子 导线截面≤16mm² | 个 | 5 | 2.5 | 3.87 | 0 | 1.5 | 12.5 | 19.35 | 0 | 7.5 |
| 人工单价 | | 小计 | | | | | | 147.6 | 61.57 | 0 | 88.56 |
| 100元/工日 | | 未计价材料费 | | | | | | 4000 | | | |
| 清单项目综合单价 | | | | | | | | 4297.73 | | | |

| 材料费明细 | 主要材料名称、规格、型号 | 单位 | 数量 | 单价(元) | 合价(元) | 暂估单价(元) | 暂估合价(元) |
|---|---|---|---|---|---|---|---|
| | 总照明配电箱 AL | 台 | 1 | 4000 | 4000 | | |
| | | | | | | | |
| | | | | | | | |
| | 其他材料费 | | | | 61.57 | | |
| | 材料费小计 | | | | 4061.57 | | |